新工科·普通高等教育机电类系列教材

云南省普通高等学校"十二五"规划教材

普通高等学校应用型本科规划系列精品教材

机械制图项目化教程

第 2 版

主　编　李　华　李锡蓉

副主编　陈　磊

参　编　张建勋　黄素芬

机 械 工 业 出 版 社

本书结合应用型本科院校制图教学方法的改革，按项目教学、任务引领的思路进行编写，对传统的制图基础理论进行优化组合，以掌握概念、强化应用为主要特色，突出实用、适用、够用和创新的"三用一新"特点。

本书符合党的二十大报告中关于"深入实施科教兴国战略、人才强国战略、创新驱动发展战略"的要求，在详细讲授基础理论知识的同时融入探索性实践内容，以增强学生的自信心和创造力，即用学科理论知识促进学生活跃思维、敢于创新，尽可能地将新思路在实践中进行创造性的转化，推动科学技术实现创新性发展。

本书共有五个项目，主要内容有：绪论、认识机械图样与平面图形绘制、绘制与识读简单立体的三面投影、绘制与识读零件图、绘制与识读装配图、轴测图绘制、附录。

本书可作为高等职业本科院校各专业 48～96 学时机械制图课程的教材，也可供相关专业师生及企业相关工程技术人员学习参考。本书配套有《机械制图项目化教程习题集》第 2 版可供参考与使用。

图书在版编目（CIP）数据

机械制图项目化教程 / 李华，李锡蓉主编 . —2 版 . — 北京：机械工业出版社，2023. 12

新工科·普通高等教育机电类系列教材

ISBN 978-7-111-74734-5

Ⅰ . ①机… Ⅱ . ①李…②李… Ⅲ . ①机械制图 – 高等学校 – 教材 Ⅳ . ①TH126

中国国家版本馆 CIP 数据核字（2024）第 004453 号

机械工业出版社（北京市百万庄大街 22 号 邮政编码 100037）
策划编辑：余 皞 责任编辑：余 皞
责任校对：张 薇 封面设计：张 静
责任印制：张 博
北京华宇信诺印刷有限公司印刷
2024 年 3 月第 2 版第 1 次印刷
184mm×260mm · 14. 25 印张 · 349 千字
标准书号：ISBN 978-7-111-74734-5
定价：48. 00 元

电话服务 网络服务
客服电话：010-88361066 机 工 官 网：www. cmpbook. com
010-88379833 机 工 官 博：weibo. com/cmp1952
010-68326294 金 书 网：www. golden-book. com
封底无防伪标均为盗版 机工教育服务网：www. cmpedu. com

前　言

　　本书是根据《普通高等学校工程图学课程教学基本要求》（2015 版），以满足现代制造业对应用型本科机械制图教学需求为目的，结合应用型本科制图教学方法的改革，按项目教学、任务引领的思路进行编写的，对传统的制图基础理论进行优化组合，以掌握概念、强化应用为主要特色，突出实用、适用、够用和创新的"三用一新"的特点。

　　项目教学法是以项目任务来驱动和展开教学进程的教学模式，将教学过程和具体的工作项目充分地融为一体，围绕具体的项目构建教学内容体系，组织实施教学，提高教学的针对性和实效性。它能在教学过程中把理论和实践有机地结合起来，充分发掘学生的创造潜能，着重培养学生的自学能力、洞察能力、动手能力、分析和解决问题的能力、协作和互助能力、交际和交流能力等综合职业能力。

　　本书总结和吸取了近年来教学改革的成功经验和同行专家的意见，在编写中参考了大量的同类教材。本书针对应用型人才的培养，在内容选取上注重实用性和实践性，不但考虑要符合学生的知识基础、心理特征和认识规律，也充分考虑了学生的接受能力，在内容编排上主次分明、详略得当，文字通俗易懂，语言自然流畅，便于组织教学。

　　本书特色可以总结为以下几点：

　　1. 全面贯彻国家现行《技术制图》《机械制图》标准及与机械制图相关的国家规定。

　　2. 按项目化形式编写，任务由具体案例引出，将主要知识点融于任务实施过程中，把职业技能训练贯穿于全书。

　　3. 本书内容编排通俗易懂，突出应用。基本理论以够用为度，减少基本知识深度探究，增强应用性、技能性学习。叙述语言简练，采用表格的形式进行对比、总结。

　　4. 注重理论联系实际，以真实完成的生产任务或绘制真实机械零件图为载体来组织教学过程。

　　5. 大量采用三维实体造型图例、案例，生动直观。

　　6. 每个任务后有总结，方便学生课后复习。附录供读者练习查阅有关标准手册时使用。

　　本书为云南省普通高等学校"十二五"规划教材项目。

　　本书共有五个项目，主要内容有：绪论、认识机械图样与平面图形绘制、绘制与识读简单立体的三面投影、绘制与识读零件图、绘制与识读装配图、轴测图绘制、附录。书中摘录了部分国家标准，由于标准会不断更新，同学们在实践中请使用最新的国家标准。

　　本书由李华、李锡蓉主编。李华编写前言、绪论、项目二，李锡蓉编写项目一、附录，黄素芬编写项目三，张建勋编写项目四，陈磊编写项目五。

　　由于项目化教学正处于探索和经验积累过程中，书中难免存在疏漏和不足，敬请同行专家和读者批评指正。

编　者

目 录

绪　　论

一、本课程的研究对象

机械制图主要是用正投影法原理，研究绘制和阅读机械图样的一门课程。

工作中，为了能正确表达机器、仪器和设备的形状、大小、规格和材料等内容，一般需要将物体按一定的投影方法和技术要求表达在图纸上，称为机械图样，简称图样，包括机械部件的零件图和装配图。通过机械图样，设计者可以表达设计对象和设计意图，制造者可以根据机械图样对产品进行加工、装配、检验及调试等操作，同时使用者可以了解产品的结构、性能及使用和维护方法等。因此，机械图样是机械制造业用以表达设计意图、进行技术交流和指导生产的重要工具，是生产中重要的技术文件，常被誉为"工程界的技术语言"或"工程师的语言"，作为一名工程技术人员，必须能够阅读和绘制机械图样。

二、本课程的性质和任务

机械制图是一门既有系统理论性又有较强实践性的主要技术基础课，是应用型本科机械类、近机械类各专业必修的主干基础平台课之一。

本课程的主要任务是：

1. 学习正投影法的基本理论及其应用。
2. 学习和贯彻国家机械制图标准中的技术要求及其有关规定。
3. 培养和发展空间想象能力、空间逻辑思维能力和创新思维能力。
4. 培养绘制和阅读机械图样的基本能力。
5. 培养一定的工程意识、实践的观点、科学的思考方法。
6. 培养学生认真负责的工作态度、严谨细致的工作作风及团队协作精神。

三、本课程的学习方法

本课程按项目化教学编写，以项目为载体，以工作任务为驱动，在学习过程中，教师的引导和组织贯穿了项目教学法的各个阶段，学生在完成任务的过程中掌握知识和技能，使项目顺利完成。简要建议以下学习方法：

1. 准备一套符合要求的绘图工具。
2. 一般情况下，项目化教学提倡学生自主学习，学习中遇到困难要及时向教师汇报。
3. 积极参与到平时的学习中来，注重学习的过程考核，积极解决实际操作过程中遇到的问题。每次完成任务后，要总结自身存在的问题和不足。
4. 若条件允许，可利用课程网站等共享教学资源按学习者的思维方式组织学习内容，进行个别化学习。
5. 建议利用 QQ 群在同学、老师间讨论交流，主动、及时解决遇到的问题。

6. 学习中注意由物画图，由图想物，分析和想象空间形体与图纸上图形之间的对应关系，逐步提高空间想象能力和空间逻辑思维能力，从而掌握正投影的基本作图方法及应用。

7. 做作业时，应先在掌握有关基本概念的基础上，按照正确的方法和步骤作图，养成正确、良好的作图习惯，遵守机械制图国家标准的有关规定。制图作业应做到：投影正确，视图选择与配置恰当，图线分明，尺寸齐全，字体工整，图面整洁美观。

四、工程图学的发展历程

从历史发展的规律看，工程图和其他学科一样，也是从人类的生产实践中产生和发展起来的。在文字出现前的很长一段时期内，人们是用图画来满足表达的基本需要。随着文字的出现，图画才渐渐摆脱其早期用途的约束而与工程活动联系起来。譬如在建造金字塔、战车、建筑物等工程项目和制造简单而有用的器械时，均已用图样作为表达设计思想的工具。

从大量的史料来看，早期的工程图样比较多的是和建筑工程联系在一起的，而后才反映到器械制造等其他方面。春秋时代的《周礼考工记》、宋代的《营造法式》《新仪象法要》及明代的《天工开物》等著作反映了我国古代劳动人民对工程图样及其相关几何知识的掌握已达到非常高的水平。

1798年，法国学者蒙日的《画法几何学》问世。该书全面总结了前人的经验，用几何学的原理，提供了在二维平面上图示三维空间形体和图解空间几何问题的方法，从而奠定了工程制图的基础，于是，工程图样在各技术领域中广泛使用，在推动现代工程技术和人类文明的发展中发挥了重要的作用。

200余年来，画法几何没有太大的变化，仅在绘图工具方面有不断的改变。人类在实践中创造了各种绘图工具，从三角板、圆规、丁字尺、一字尺到机械式绘图机，这些绘图工具至今仍在广泛应用着。毋庸置疑，这种手工方式的绘图是一项劳累、繁琐、枯燥和费时的工作，画出的图样精度也低。近40年，随着计算机软硬件技术和外部设备的不断发展，制图技术有了重大的变化。计算机图形学（Computer Graphics，简称CG）和计算机辅助设计（Computer Aided Design，简称CAD）技术大大地改变了设计方式。早期的CAD是用计算机绘图代替人工绘制二维图形，用绘图机输出图形。但近10年来三维设计技术迅猛发展，设计工作开始就从三维入手，直接产生三维实体，然后赋予各种属性（如材料、力学特性等），再赋予加工信息，直接控制数控加工中心加工零件。

另一种先进的设计制造技术——虚拟设计（Virtual Design）、虚拟制造（Virtual Manufacturing）也正在迅速发展。这种技术借助于计算机网络和图形技术、多媒体技术、各种传感技术和其他与设计制造有关的技术，超越时间、空间的界限，将各种有关的信息迅速整理、传送，在虚拟的多维环境中实现交互设计制造，大大减少了各种不必要的浪费，降低设计和制造成本，缩短设计周期，提高了设计制造的速度和质量。

另一种不仅用于设计，也应用于各种感觉表现的技术——计算机虚拟现实（Virtual Reality）技术也在发展。这种技术借助于多媒体技术和各种仿真传感技术，将各种实体、场景活生生地表现出来，并使用户的各种感官受到刺激，进行自由交互，在虚拟的场景中漫游或操作，可达到以假乱真的程度。这种技术还处于探索和发展的初期，但它的应用前景难以估量，或许将根本改变人类的思维、生活和生产方式。

　　我国从 1967 年开始计算机绘图的研制工作，目前，计算机绘图技术已经在很多部门用于生产、设计、科研和管理工作。特别是近年来，一系列绘图软件的不断研制成功，给计算机绘图提供了极大的方便，计算机绘图技术日益普及。目前，我国的工程制图还处在手工绘图与计算机绘图并存的时期，随着我国经济建设的不断推进，工程图学定能在更加广泛的领域得到更大的发展。

项目一　认识机械图样与平面图形绘制

项目目标

1. 掌握学习机械图样绘制的方法。
2. 了解国家标准中关于图纸幅面、比例、字体及图线等方面的基本规定。
3. 掌握平面图形尺寸和线段分析的方法和步骤。
4. 熟练掌握几何作图的方法与技巧，正确使用绘图工具和仪器。
5. 掌握徒手绘图的基本方法和技巧。

任务1　绘制密封垫片平面图形

密封垫片如图1-1-1所示，它是一薄片零件，厚度约0.5mm，材料为工业标准纸板，作用是衬垫于两零件之间，装配后起密封防漏作用。

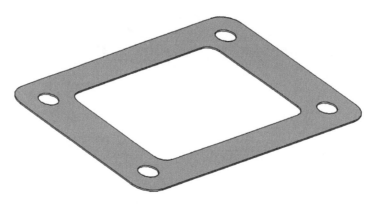

图1-1-1　密封垫片

图1-1-2为密封垫片的零件图，即表达该零件制造、检验等相关信息的图样。

如图1-1-2所示为密封垫片的机械图样。机械图样是现代工业生产中必不可少的技术资料，是产品研发、制造和使用过程中表达和交流设计思想的技术语言，也是组织和管理产品生产的重要依据，具有严格的规范性。要正确理解和识读该图样，必须首先学习国家标准中有关图纸幅面、比例、字体、图线等内容的基本规定。

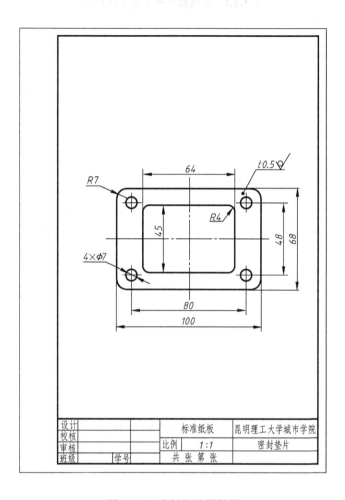

设计		标准纸板	昆明理工大学城市学院
校核			
审核		比例	*1:1*	密封垫片
班级	学号	共 张 第 张	

图 1-1-2　密封垫片零件图

1.1　机械制图国家标准简介

标准编号，例如 GB/T 14689—2008，其中"GB/T"为推荐性国家标准代号，一般简称"国标"，G、B、T 分别表示"国""标""推"字汉语拼音的第一个字母。"14689"表示该标准顺序号，"2008"表示该标准批准年号。

1. **图纸幅面和格式**（摘自 GB/T 14689—2008）

（1）**图纸幅面**（表 1-1-1）　图纸幅面是指图纸宽度与长度组成的图面，绘制图样时，应优先采用表 1-1-1 中规定的基本幅面，共 5 种，代号 A0、A1、A2、A3、A4。必要时可由基本幅面沿短边成整数倍加长。

表 1-1-1 图纸幅面和图框格式尺寸 （单位：mm）

幅面代号		A0	A1	A2	A3	A4
幅面尺寸 $B×L$		841×1189	594×841	420×594	297×420	210×297
图框尺寸	e	20			10	
	c	10			5	
	a	25				

（2）图框格式　在图样上必须用粗实线画出图框，其格式分为不留装订边和留装订边两种，如图 1-1-3 和图 1-1-4 所示。但同一产品的图样只能采用一种格式。优先采用不留装订边的格式。图框的尺寸按表 1-1-1 确定。

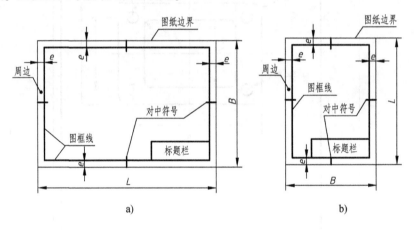

a) b)

图 1-1-3 不留装订边的图框格式
a）X 型图纸 b）Y 型图纸

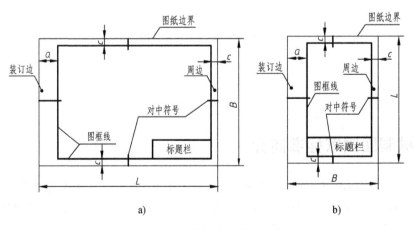

a) b)

图 1-1-4 留装订边的图框格式
a）X 型图纸 b）Y 型图纸

（3）标题栏及方位　标题栏的格式和尺寸应按 GB/T 10609.1—2008 的规定绘制。在学校制图作业中，建议采用图 1-1-5 所示的简化标题栏。

1）标题栏中的文字方向为绘图和看图的方向。若标题栏的长边置于水平方向并与图纸的长边平行，则构成 X 型图纸，如图 1-1-3a、图 1-1-4a 所示；若标题栏的长边与图纸的长边垂直，则构成 Y 型图纸，如图 1-1-3b、图 1-1-4b 所示。在此情况下，标题栏中的文字方向为看图方向。

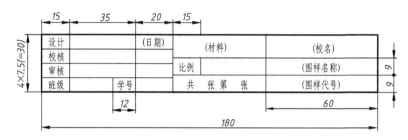

图 1-1-5　简化标题栏的格式

2）按方向符号指示的方向看图。为了利用预先印制的图纸，允许将 X 型图纸的短边置于水平位置使用，如图 1-1-6a 所示；或将 Y 型图纸的长边置于水平位置使用，如图 1-1-6b 所示。此时，看图方向与标题栏中的文字方向不一致。为明确绘制和看图方向，应在对中符号处加画方向符号，即令方向符号位于图纸下方后看图。

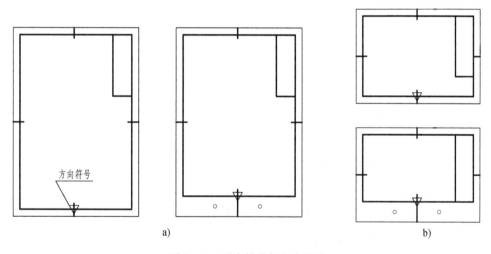

图 1-1-6　对中符号与方向符号

a）X 型图纸竖放　b）Y 型图纸横放

（4）附加符号

1）对中符号。为了便于图样复制和微缩摄影时定位，需在图纸各边的中心点处画出对中符号，如图 1-1-3、图 1-1-4 所示。对中符号用粗实线绘制，长度为从纸边界开始至伸入图框线内约 5mm。当对中符号处于标题栏范围内，伸入标题栏部分省略不画。

2）方向符号。采用 X 型图纸竖放，或 Y 型图纸横放时，需在图纸下方对中处画出方向符号，以明确绘制及看图方向。方向符号是用细实线绘制的等边三角形，如图 1-1-6 所示。方向符号的画法如图 1-1-7 所示。

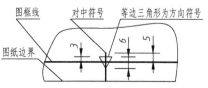

图 1-1-7　方向符号的画法

2. 比例（摘自 GB/T 14690—1993）

比例是指图中图形与其实物相应要素的线性尺寸之比，用符号"："表示，例1：2。

绘制图样时，应由表1-1-2"优先选择系列"中选取适当的绘图比例。必要时允许从表1-1-2"允许选择系列"中选取。为了从图样上直接反映出实物的大小，绘图时应尽量采用原值比例。比例一般应标注在标题栏中的"比例"栏内。

表1-1-2 比例

种 类	定 义	优先选择系列		允许选择系列		
原值比例	比值为1的比例	1：1		—		
放大比例	比值大于1的比例	$5：1$ $2：1$ $5 \times 10^n：1$ $2 \times 10^n：1$ $1 \times 10^n：1$		$4：1$ $2.5：1$ $4 \times 10^n：1$ $2.5 \times 10^n：1$		
缩小比例	比值小于1的比例	$1：2$ $1：5$ $1：10$ $1：2 \times 10^n$ $1：5 \times 10^n$ $1：1 \times 10^n$		$1：1.5$ $1：2.5$ $1：3$ $1：4$ $1：6$ $1：1.5 \times 10^n$ $1：2.5 \times 10^n$ $1：3 \times 10^n$ $1：4 \times 10^n$ $1：6 \times 10^n$		

注：n 为整数。

注意：不论采用何种比例，图形中所标注的尺寸数值必须是实物的实际大小，与图形的比例及作图准确性无关，如图1-1-8所示。

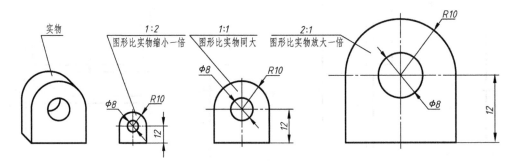

图1-1-8 图形比例与尺寸数字

3. 字体（摘自 GB/T 14691—1993）

在图样上除了表示机件形状的图形外，还要用文字和数字来说明机件的大小、技术要求和其他内容。汉字、数字和字母示例见表1-1-3。

表1-1-3 字体

字 体		示 例
长仿宋体汉字	5号	字体工整 笔画清楚 排列整齐 间隔均匀
	3.5号	横平竖直 注意起落 结构均匀 填满方格
拉丁字母	大写斜体	*ABCDEFGHIJKLMNOPQRSTUVWXYZ*
	小写斜体	*abcdefghijklmnopqrstuvwxyz*
阿拉伯数字	斜体	*0123456789*
	直体	0123456789

（续）

字　体		示　例
罗马数字	斜体	*I II III IV V VI VII VIII IX X*
	直体	I II III IV V VI VII VIII IX X
字体应用		$\phi20^{+0.021}_{0}$　R15　600r/min　$\dfrac{I}{5:1}$　$\sqrt{}$ Ra6.3

在图样和技术文件中书写汉字、数字、字母必须做到：字体工整、笔画清楚、排列整齐、间隔均匀。字体的号数用 h 表示，即字体的高度，分别为 20mm，14mm，10mm，7mm，5mm，3.5mm，2.5mm，1.8mm，大于 20mm 的按 $\sqrt{2}$ 比例递增。

汉字应采用长仿宋体，字体高度不应小于 3.5mm，字体宽度一般为字体高度的 $1/\sqrt{2}$。

书写长仿宋字的要领是：横平竖直，注意起落，结构匀称。

数字和字母分直体和斜体两种，常用斜体。斜体字字头向右倾斜，与水平线约成 75°。数字和字母分为 A 型和 B 型。A 型字体的笔画宽度为字高的 1/14，B 型字体的笔画宽度为字高的 1/10。

4. 图线（摘自 GB/T 4457.4—2002）

国家标准中规定，在机械图样中有九种线型，图线采用粗细两种线宽，它们之间的比例为 2：1。粗线的宽 d 应按图的大小和复杂程度，在 0.5～2mm 之间选择，优先选用 0.5mm、0.7mm。粗线宽度系列为 0.25mm、0.35mm、0.5mm、0.7mm、1mm、1.4mm、2mm，与之相对应的细线宽度为：0.13mm、0.18mm、0.25mm、0.35mm、0.5mm、0.7mm、1mm。机械图样中图线的代码、线型、名称、线宽以及一般应用，见表 1-1-4、图 1-1-9。绘制图线时的注意事项见表 1-1-5。

表 1-1-4　图线

代码 No	线　型	名　称	线宽	一　般　应　用
01.1	——————	细实线	$d/2$	(1) 可见过渡线 (2) 尺寸线、尺寸界线 (3) 指引线和基准线 (4) 剖面线 (5) 重合断面的轮廓线 (6) 短中心线 (7) 螺纹牙底线 (8) 辅助线
	〜〜〜	波浪线	$d/2$	
	4d 24d 6d 30°	双折线		(1) 断裂处边界线 (2) 视图与剖视图的分界线
01.2	—————— d	粗实线	d	(1) 可见棱线边 (2) 可见轮廓线 (3) 螺纹牙顶线、长度终止线 (4) 齿轮齿顶圆、齿顶线 (5) 剖切符号用线

（续）

代码 No	线　型	名　称	线宽	一　般　应　用
02.1	*12d*　*3d*	细虚线	$d/2$	（1）不可见棱线边 （2）不可见轮廓线
02.2	— — — — —	粗虚线	d	允许表面处理的表示线
04.1	*6d*　*24d*	细点画线	$d/2$	（1）轴线、对称中心线 （2）齿轮分度圆、分度线 （3）孔系分布的中心线 （4）剖切线
04.2	— · — · —	粗点画线	d	限定范围表示线
05.1	*9d*　*24d*	细双点画线	$d/2$	（1）相邻辅助零件的轮廓线 （2）可动零件的极限位置的轮廓线 （3）成形前轮廓线 （4）轨迹线 （5）中断线

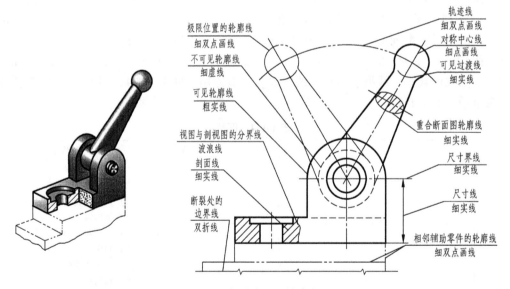

图 1-1-9　各种线型的综合应用

表 1-1-5　绘制图线的注意事项

注　意　事　项	图　例	
	正　确	错　误
（1）在同一图样中，同类图线的宽度应基本一致。虚线、点画线及双点画线的线段长度和间隔应各自大致相等	— — — — — — —	

（续）

注 意 事 项	图 例	
	正　确	错　误
（2）绘制圆的对称中心线时，圆心应为线段的交点。点画线与双点画线的首末两端应是线段而不是画。在较小的图形上绘制点画线、双点画线有困难时，可用细实线代替。轴线、对称中心线、双折线和作为中断线的双点画线，应超出轮廓线3～5mm	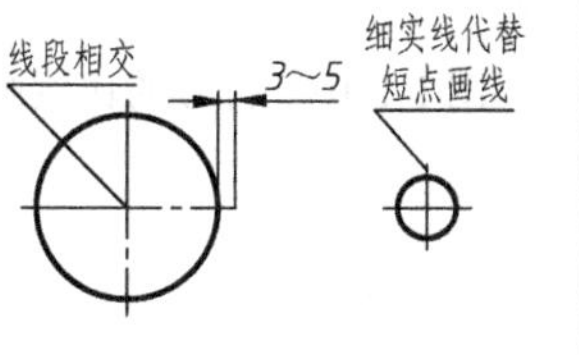 线段相交 3～5 细实线代替短点画线	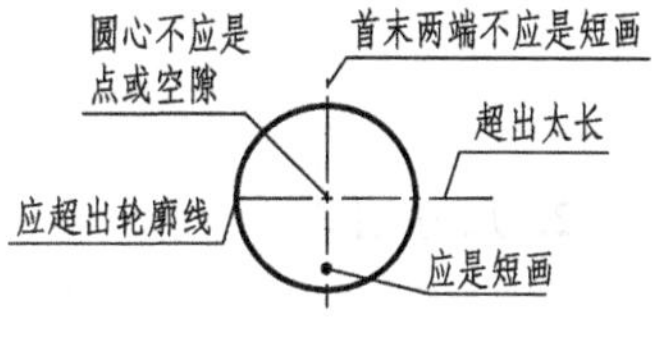 圆心不应是点或空隙 首末两端不应是短画 超出太长 应超出轮廓线 应是短画
（3）当图线相交时，都应是线段相交，不应在空隙或短画处相交。当虚线处于粗实线的延长线上时，粗实线应画到分界点，而虚线应留有空隙 （4）图线重合时的绘制顺序为：可见轮廓线→不可见轮廓线→尺寸线→辅助细实线→轴线和对称中心线→双点画线	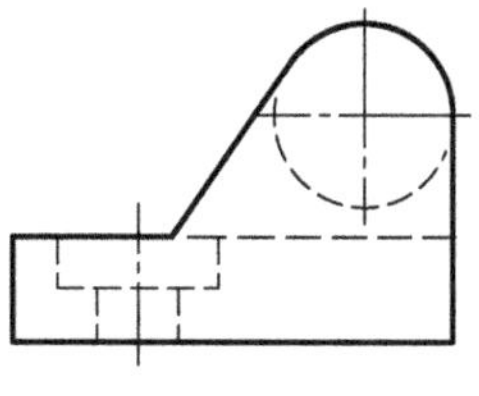	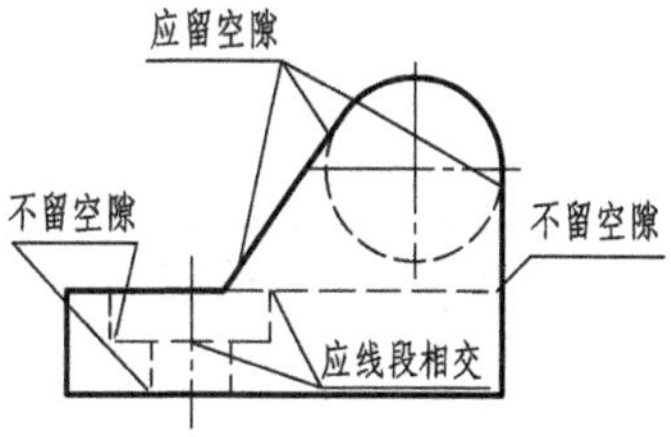 应留空隙 不留空隙 不留空隙 应线段相交
（5）当虚线圆弧和虚线直线相切时，虚线圆弧的线段应画到切点，而虚线直线需留有空隙	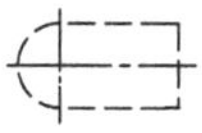	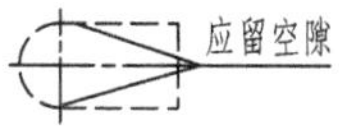 应留空隙

1.2　尺寸注法

　　图形只能表达机件的形状，而机件的大小还必须由尺寸确定。尺寸是加工制造零件的主要依据，不允许出现错误。如果尺寸标注错误、不完整或不合理，将给机械加工带来困难，甚至生产出废品而造成经济损失。下面介绍国标《机械制图　尺寸注法》中的一些基本内容，摘自 GB/T 4458.4—2003，有些内容在后续项目中还有讲述。

1. 基本规则

　　1）机件的真实大小应以图样上所注的尺寸数值为依据，与图形的大小及绘图的准确度无关。

　　2）图样中的尺寸，以毫米为单位时，不需标注单位符号或名称，如采用其他单位，则应注明相应的单位符号。

　　3）图样中所标注的尺寸，为该图样所示机件的最后完工尺寸，否则应另加说明。

　　4）机件的每一尺寸，一般只标注一次，并应标注在反映该结构最清晰的图形上。

　　5）标注尺寸时，应尽可能使用符号和缩写词。常用的符号和缩写词见表 1-1-6。

表 1-1-6　常用的符号和缩写词

名称	直径半径	球直径球半径	厚度	均布	正方形	45°倒角	深度	沉孔或锪平	埋头孔	弧长	展开
符号和缩写词	ϕ R	$S\phi$ SR	t	EQS	□	C	⊽	⊔	∨	⌒	↺

　　符号比例画法如图 1-1-10 所示，h 为字体高度。

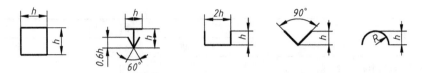

图 1-1-10 符号的比例画法

2. 尺寸组成

每个完整的尺寸一般由尺寸界线、尺寸线和尺寸数字组成，称为尺寸三要素。如图 1-1-11a 所示。

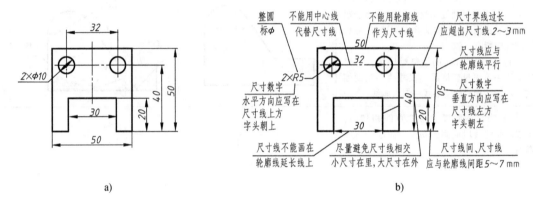

a) b)

图 1-1-11 尺寸的基本要素及正误对照

a）正确注法 b）错误注法

（1）尺寸界线　尺寸界线用细实线绘制，并应由图形的轮廓线、轴线或对称中心线处引出。也可利用轮廓线、轴线或对称中心线作尺寸界线。

尺寸界线一般应与尺寸线垂直，并超出尺寸线 2～3mm。当尺寸界线过于贴近轮廓线时，也允许倾斜画出；在光滑过渡处标注尺寸时，应用细实线将轮廓线延长，从它们的交点处引出尺寸界线，如图 1-1-12 所示。

（2）尺寸线　尺寸线用细实线绘制。尺寸线不能用其他图线代替，一般也不得与其他图线重合或画在其延长线上。标注线性尺寸时，尺寸线应与所标注的线段平行，尺寸线间、尺寸线与轮廓线间距离为 5～7mm。当有几条相互平行的尺寸线时，应小尺寸在里大尺寸在外，避免尺寸线与尺寸界线相交，如图 1-1-11b 所示。

尺寸线的终端有箭头或斜线，如图 1-1-13 所示。箭头适用于各种类型的图样。机械图样中一般采用箭头作为尺寸线的终端。

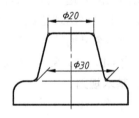

图 1-1-12 光滑过渡处尺寸标注

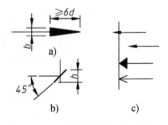

图 1-1-13 箭头的形式和画法

a）箭头画法 b）斜线画法 c）箭头错误画法

注：d——粗实线宽度；h——字体高度。

（3）尺寸数字　尺寸数字用来表达所注尺寸的数值。要求标注尺寸时一定要仔细认真、字迹清楚，应避免可能造成误解的一切要素。尺寸数字的注法见表 1-1-7。

表 1-1-7 尺寸数字的注法

说　明	图　例
（1）线性尺寸数字的方向以标题栏文字方向为准，一般应注写在尺寸线的上方，也允许注写在尺寸线的中断处。水平方向，尺寸数字写在尺寸线上方，字头朝上；垂直方向尺寸，尺寸数字写在尺寸线左方，字头朝左；倾斜尺寸，尺寸数字字头保持朝上趋势，尽可能避免在图示30°范围内标注尺寸，无法避免时，可按图 b 所示形式引出标注。非水平方向尺寸还可按图 c 方式标注	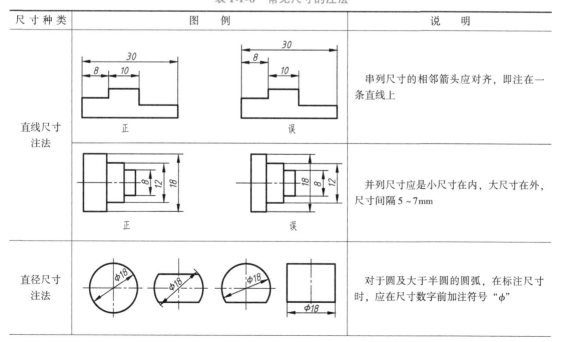　a)　　b)　　c)
（2）尺寸数字不可被任何图线所通过；当不可避免时必须把图线断开	
（3）标注参考尺寸时，应将尺寸数字加上圆括号	

3. 常见尺寸注法

根据国家标准有关规定，表 1-1-8 列举了常见尺寸的标注示例以供参考。

表 1-1-8 常见尺寸的注法

尺寸种类	图　例	说　明
直线尺寸注法	正　　误	串列尺寸的相邻箭头应对齐，即注在一条直线上
直线尺寸注法	正　　误	并列尺寸应是小尺寸在内，大尺寸在外，尺寸间隔 5~7mm
直径尺寸注法		对于圆及大于半圆的圆弧，在标注尺寸时，应在尺寸数字前加注符号"ϕ"

（续）

尺寸种类	图　例	说　明
半径尺寸注法	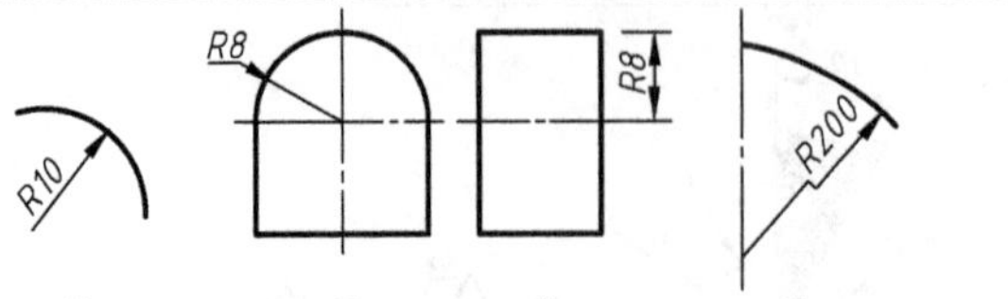 *R10*　*R8*　*R8*　*R200* 正　　正　　误　　正	对于半圆及小于半圆的圆弧，在标注尺寸时，应在尺寸数字前加注符号"*R*"，且尺寸线或尺寸线的延长线应通过圆心
球面尺寸注法	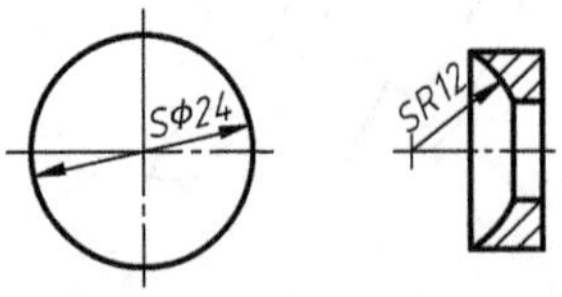 *SΦ24*　*SR12*	标注球面的直径或半径时，应在符号"*Φ*"或"*R*"前再加注符号"*S*"
狭小尺寸注法	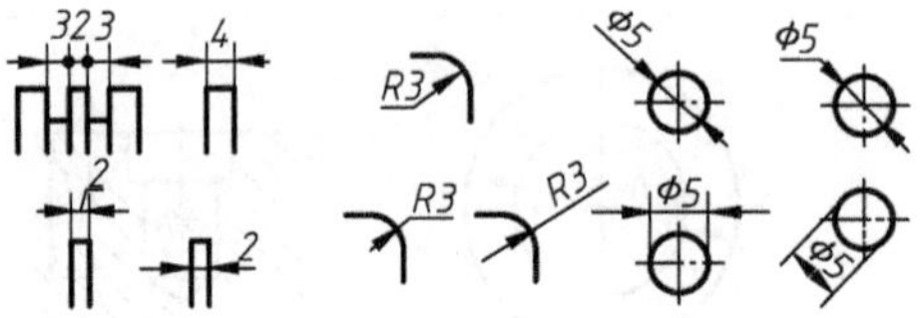 *3 2 3*　*4*　*Φ5*　*Φ5* *2*　*2*　*R3*　*R3 Φ5*　*Φ5*	当没有足够位置画箭头或注写数字，箭头可画在外面，或用小圆点代替箭头，但两端箭头仍应画出。尺寸数字也可采用旁注或引出标注
角度尺寸注法	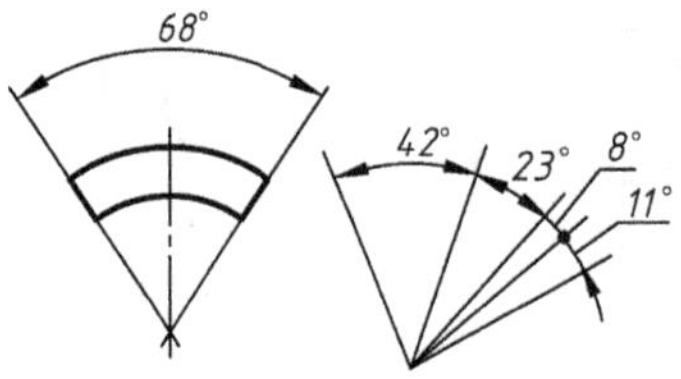 *68°*　*42° 23° 8°*　*11°*	角度数字一律写成水平方向，字头朝上。尺寸线应以圆弧表示，该圆弧的圆心应是该角的顶点。角的两条边为尺寸界线。起止符号应以箭头表示，若没有足够位置画箭头，可用圆点代替
弧长和弦长注法	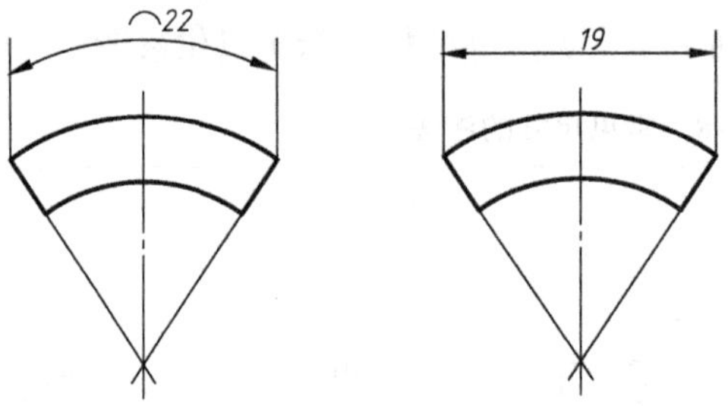 *⌒22*　*19*	标注弧长时，应在尺寸数字左方加注符号"⌒"。弧长及弦长的尺寸界线应平行于该弦的垂直平分线
对称机件尺寸注法	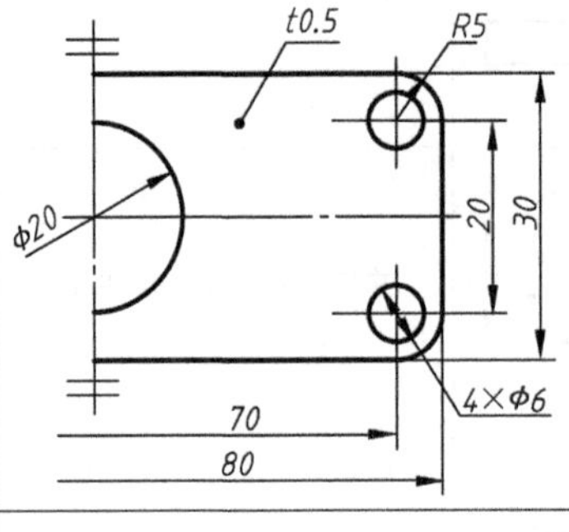 *t0.5*　*R5*　*Φ20*　*20*　*30*　*70*　*80*　*4×Φ6*	对称机件的图形只画一半或略大于一半时，尺寸线应略超出对称中心线或断裂处的边界，且只在尺寸线一端画箭头。当机件为薄板时，可在厚度尺寸数字前加厚度符号"*t*"
正方形结构尺寸注法	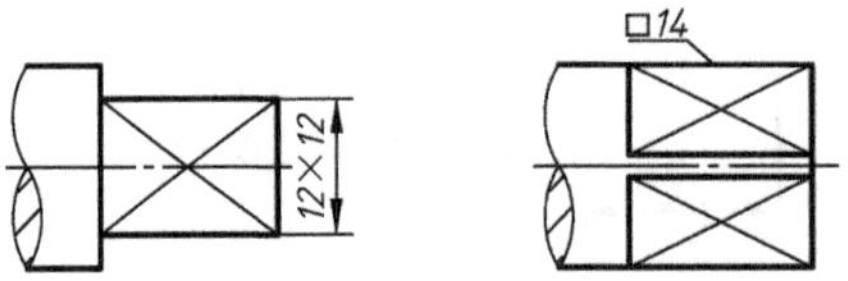 *□14*　*12×12*	机件为正方形时，可在边长尺寸数字前加注符号"□"，或用"边长×边长"代替"□边长"。图中相交的两细实线是平面符号

4. 尺寸的简化注法

表1-1-9中列出了国家标准《技术制图》（GB/T 16675.2—2012）的一些常见简化注法。

表 1-1-9　常见尺寸简化注法

简化注法内容	简化图例	说　明
成组要素的注法	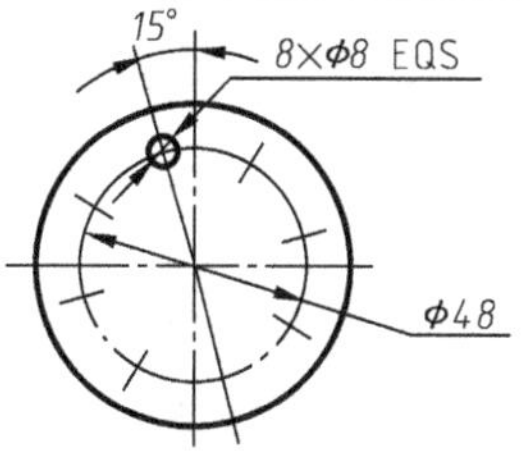	在同一图形中，对于尺寸相同的孔、槽等成组要素，可仅在一个要素上注出其尺寸和数量。如左图中 8×φ8 EQS 和下图中 7×1×φ7
断续的同一表面	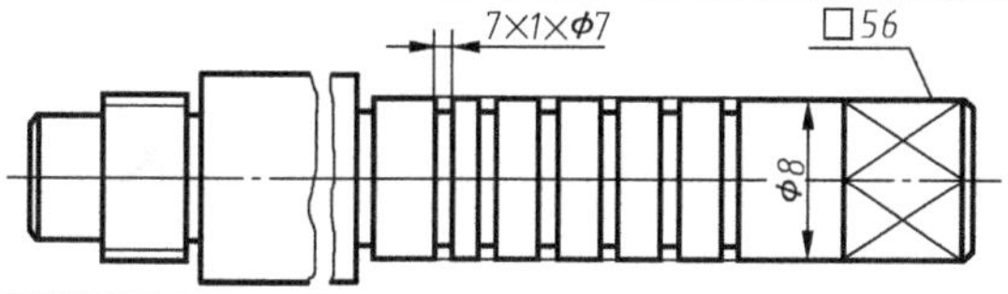	对于不连续的同一表面，可用细实线连接后标注一次尺寸，如左图中 φ8
各类孔的注法	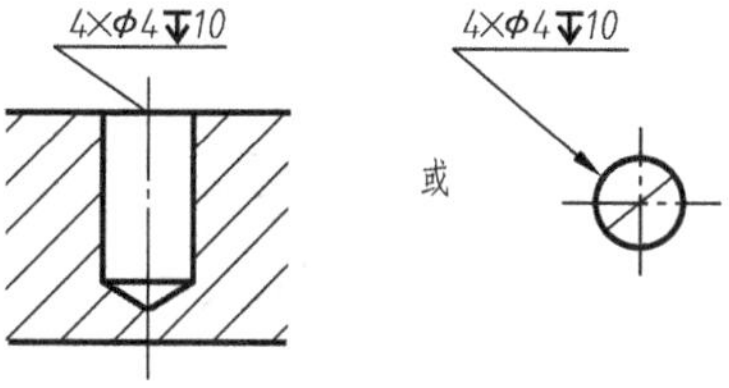	一般孔，可采用旁注和符号相结合的方法标注。左图中的标注表示 4 个均布光孔，直径为 φ4mm，深度为 10mm
	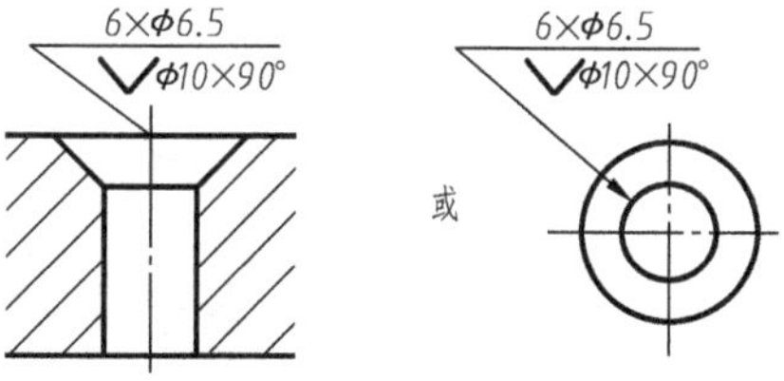	锥形沉孔，可采用旁注和符号相结合的方法标注。左图中的标注表示 6 个均布的、直径为 φ6.5mm 的孔，沉孔直径为 φ10mm，锥角为 90°
	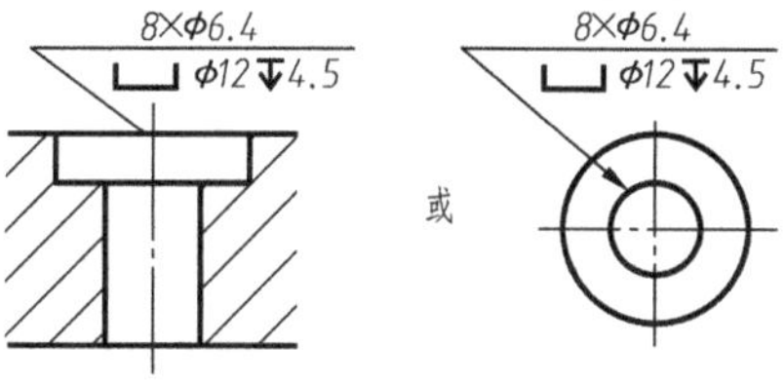	柱形沉孔，可采用旁注和符号相结合的方法标注。左图中标注表示 8 个均布的、直径为 φ6.4mm 的通孔，沉孔直径为 φ12mm，沉孔深 4.5mm
	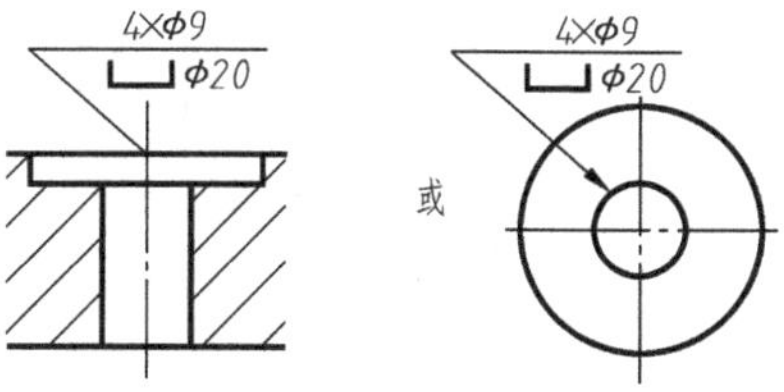	锪平面，可采用旁注和符号相结合的方法标注。左图中的标注表示锪平直径 φ20mm，锪平深度不需标注，一般锪平到不出现毛面为止
圆锥销孔的注法	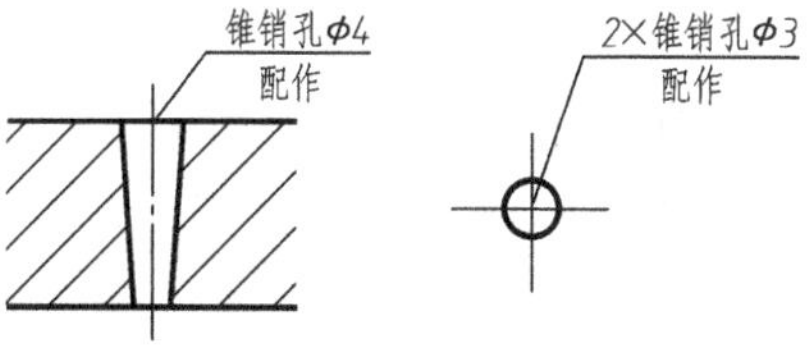	圆锥销孔的尺寸按左图引出，其中 φ4 和 φ3 为与其相配的圆锥销的公称直径

1.3 尺规绘图的工具及其使用

绘制图样有两种方法：手工绘图和计算机绘图，本书只介绍手工绘图方法。正确使用手工绘图工具和仪器是保证手工绘图质量和加快绘图速度的一个重要方面。常用的手工绘图工具和仪器有：图板、丁字尺、三角板、圆规、分规、比例尺、曲线板、铅笔等。现将常用的手工绘图工具和仪器的使用方法简介如下。

1. 图板、丁字尺和三角板

图板是画图时铺放图纸的垫板。图板的左边是导向边。

丁字尺是画水平线的长尺。画图时，应使尺头紧靠图板左侧的导向边。水平线必须自左向右画，如图 1-1-14a 所示。

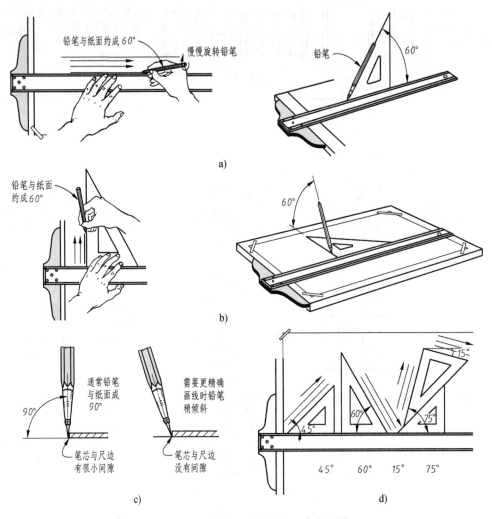

图 1-1-14 用图板、丁字尺和三角板画线

a）自左向右画水平线 b）自下而上画铅垂线 c）画线时铅笔的位置 d）画 15° 倍角的倾斜线

三角板除直接用来画直线外，也可配合丁字尺画铅垂线，三角板的直角边紧靠着丁字

尺，自下而上画线，如图 1-1-14b 所示。画线时铅笔笔芯与尺子的位置，如图 1-1-14c 所示。三角板还可配合丁字尺画与水平线成 15°倍角的斜线。如图 1-1-14d 所示。

使用铅笔绘图时，用力要均匀，用力过大会刮破图纸或在图纸上留下无法擦除的凹痕，甚至折断铅芯。画长线时要一边画一边旋转铅笔，使线条保持粗细一致。画线时，从侧面看笔身要垂直纸面，从正面看，笔身要与纸面成约 60°，如图 1-1-14a、b 所示。

2. 圆规和分规

圆规是画圆及圆弧的工具，也可当作分规来量取长度和等分线段。圆规种类有：大圆规、弹簧圆规、点圆规。使用圆规时应使圆规的针尖略长于铅芯，如图 1-1-15a 所示。画大圆时，圆规的针脚和铅芯均应保持与纸面垂直，如图 1-1-15b 所示。

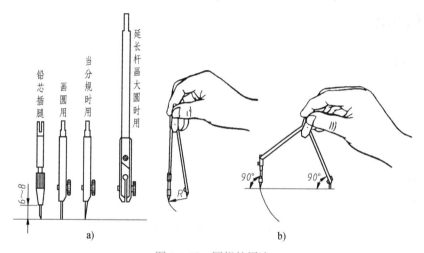

图 1-1-15　圆规的用法
a）铅芯和针脚高低的调整及延长杆　b）画圆时，针脚和针芯脚都应垂直于纸面

分规是用来正确量取线段和分割线段的工具。为了量度尺寸准确，分规的两个针尖应调整得一样长，并使两针尖合拢时能成为一点。用分规分割线段时，将分规的两针尖调整到所需距离，然后，使分规两针尖沿线段交替做圆心顺序摆动行进，如图 1-1-16 所示。

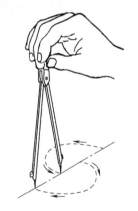

3. 曲线板

曲线板用来描绘各种非圆曲线。用曲线板描绘曲线时，首先要把找出的各点徒手轻轻地勾描出来，然后根据曲线的曲率变化，选择曲线板上合适部分（至少吻合 3～4 点），如图 1-1-17 所示，前一段重复前次所描，中间一段是本次描，后一段留待下次描，以此类推。

图 1-1-16　用分规等分线段

4. 铅笔

铅笔有木质铅笔和活动铅笔两种。铅笔铅芯有软硬之分，"B"表示软铅，标号有 B、2B、……、6B，数字越大表示铅芯越软。"H"表示硬铅，标号有 H、2H、……、6H，数字越大表示铅芯越硬。"HB"表示中软铅。画细线用 H 或 HB 铅笔（或铅芯），一般削（磨）成锥形，如图 1-1-18b 所示。画粗实线用 B 或 2B 铅笔（或铅芯），一般削（磨）成扁形，如图 1-1-18a 所示。加深圆弧时用的铅芯一般要比画粗实线的铅芯软一些。

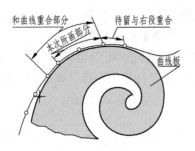

图 1-1-17 用曲线板描绘曲线

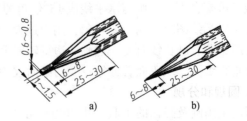

图 1-1-18 铅笔的削法
a）画粗线用 b）画细线用

1.4 几何作图

1. 等分直线段

将 AB 直线段 n 等份，作图方法如图 1-1-19 所示。

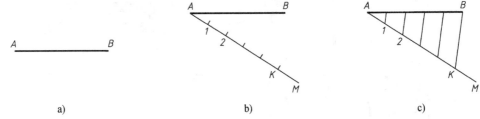

图 1-1-19 等分线段为 n 等份

a）已知直线段 AB b）过 A 点做辅助线 AM，以适当长为单位，在 AM 上量取 n 等份，得 1，2，…，K 点
c）连接 KB，过 1，2，…，作 KB 的平行线与 AB 相交，即可将 AB 分为 n 等份

2. 正多边形的画法

由于正多边形的边数不同，其画法各异。等边三角形、正方形很容易用两个三角板与丁字尺配合来画出，以下介绍正五边形、正六边形的作法。

（1）正六边形 正六边形作法有内接和外切正六边形两种。内接正六边形，即已知对角线长度 D 画正六边形，如图 1-1-20a、b 所示。图 1-1-20a 是直接六等分圆周所得；图 1-1-20b 则是利用三角板与丁字尺配合，作出正六边形。外切正六边形是在已知对边距离 S 时作正六边形，如图 1-1-20c 所示。

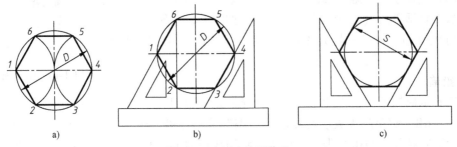

图 1-1-20 正六边形作法

a）已知对角线长度 D，作正六边形方法一 b）已知对角线长度 D，作正六边形方法二
c）已知对边距离 S，作正六边形方法三

（2）正五边形 已知正五边形外接圆，作正五边形，作法如图 1-1-21 所示。

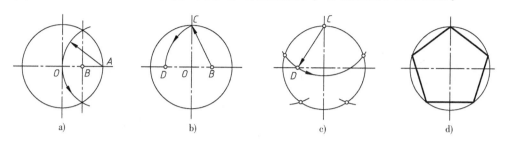

图 1-1-21 正五边形作法

a）作半径的中点 B b）以 B 为圆心，BC 为半径画弧得 D 点

c）CD 即为五边形边长，等分圆周得 5 个顶点 d）连接 5 个顶点即为正五边形

3. 斜度和锥度

（1）斜度 机械图样中需要标注铸造拔模斜度、锻造斜度、楔键的斜度等。斜度是指一直线或平面对另一直线或平面的倾斜程度，大小是它们之间夹角的正切值，代号"S"，$S = \tan\alpha = (H - H_1)/L$，斜度概念及符号如图 1-1-22 所示，$h$ 为字体高度，符号的线宽为 $h/10$。

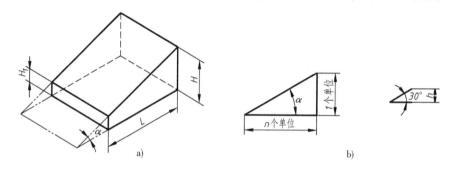

图 1-1-22 斜度概念及符号

a）斜度概念 b）斜度符号

在图样中，斜度通常以 $1:n$ 的形式标注，并在 $1:n$ 之前加注符号"∠"，符号的方向与倾斜方向一致。图 1-1-23 所示为斜度 $1:5$ 的作图步骤及标注。

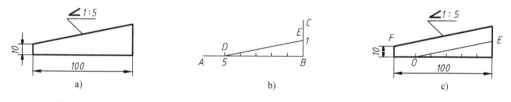

图 1-1-23 斜度作图步骤及标注

a）已知图形 b）在 AB 上取 5 个单位得 D 点，BC 上取 1 个单位得 E 点，连接 DE 得 $1:5$ 斜度线

c）过已知点 F 作 DE 平行线并标注

（2）锥度 锥度是指正圆锥体的底圆直径与圆锥高度之比。如果是锥台，则为上下两底圆直径差与锥台高度的比值。在图样中常以 $1:n$ 的形式标注，并在 $1:n$ 前加注符号"▷"，注在与引出线相连的基准线上，符号所示的方向与锥度方向一致。锥度概念及符号如图 1-1-24

所示，h 为字体高度，符号的线宽为 h/10。图 1-1-25 为锥度 1∶5 的作图步骤及标注。

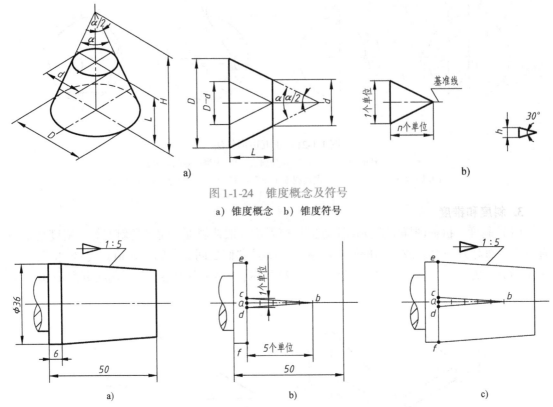

图 1-1-24　锥度概念及符号

a) 锥度概念　b) 锥度符号

图 1-1-25　锥度作法步骤及标注

a) 已知图形　b) 过 a 取 5 个单位得 b 点，作等腰三角形 bcd 求锥度线，ac 为 1 个单位

c) 过已知点 e、f 作锥度线的平行线，修剪多余线、标注、加深得 a 图

4. 圆弧连接

很多机件常具有光滑连接的表面，如图 1-1-26 所示。因此绘制这些工程图时就会遇到圆弧连接的作图问题。圆弧连接，是用已知半径的圆弧光滑地连接两已知直线或圆弧。这种起连接作用的圆弧称为连接弧。

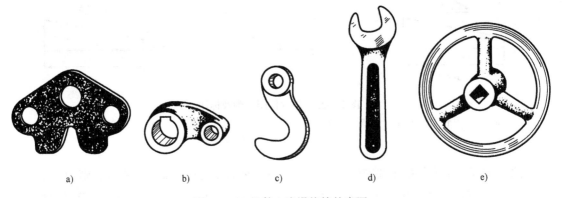

图 1-1-26　机件上光滑连接的表面

a) 垫片　b) 连杆　c) 钩子　d) 扳手　e) 手轮

（1）圆弧连接的作图原理　作图时要保证光滑连接，关键是准确地求出连接弧的圆心及连接点（切点），再按已知半径作连接弧。求连接弧圆心和切点的基本作图原理见表 1-1-10。

表 1-1-10　圆弧连接的基本作图原理

类　　别	圆弧与已知直线相切	圆弧外连接圆弧（外切）	圆弧内连接圆弧（内切）
图例	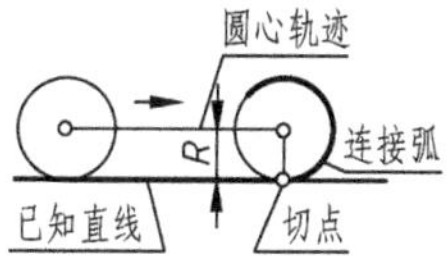	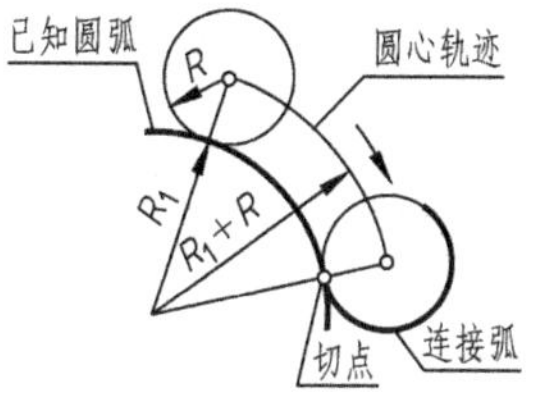	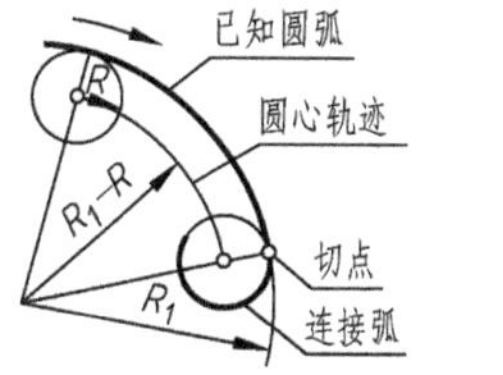
连接圆弧圆心及切点	（1）连接圆弧的圆心轨迹是平行于已知直线的直线，且距离为连接弧的半径 R （2）由圆心作已知直线的垂线垂足即为切点	（1）连接圆弧的圆心轨迹是与已知圆弧同心的圆，该圆半径为两圆弧半径之和（$R_1 + R$） （2）两圆心的连线线与已知圆弧的交点即为切点	（1）连接圆弧的圆心轨迹是与已知圆弧同心的圆，该圆半径为两圆弧半径之差（$R_1 - R$） （2）两圆心的连心线之延长线与已知圆弧的交点即为切点

（2）圆弧连接的作图方法与步骤

圆弧连接作图步骤见表 1-1-11。

表 1-1-11　圆弧连接基本作图原理

连接要求		已知条件	作图方法和步骤		
			（1）求圆心 O	（2）求切点 T_1、T_2	（3）画连接弧、加深
用圆弧连接两直线	连接锐角两边	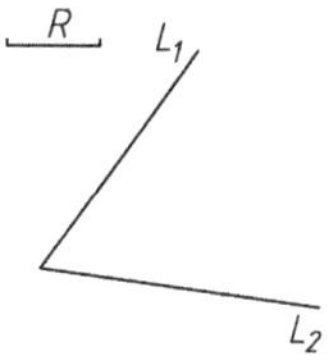	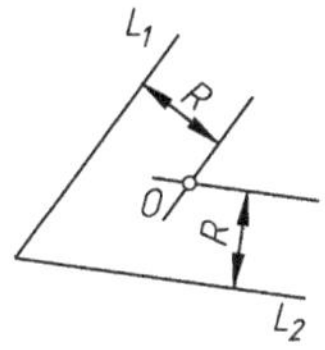	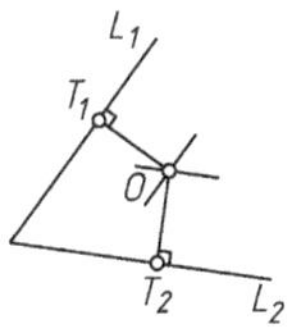	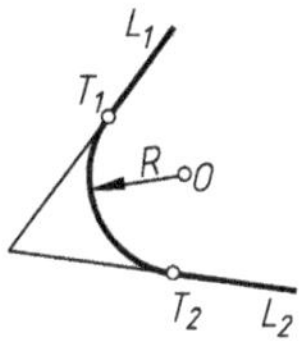
	连接钝角两边	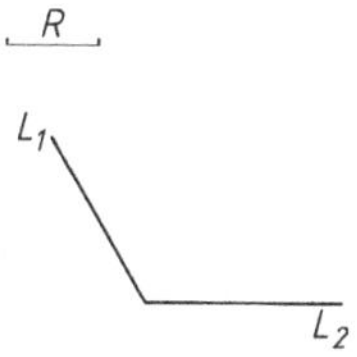	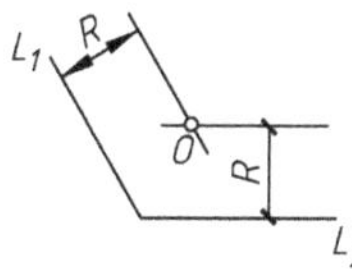	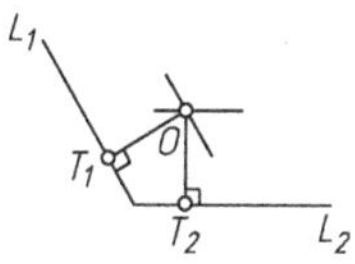	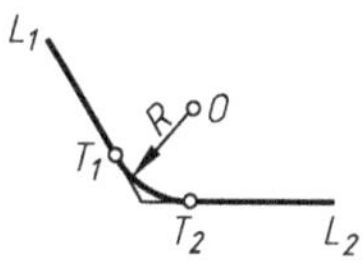
	连接直角两边		（1）求切点 T_1、T_2	（2）求圆心 O	（3）画连接弧、加深

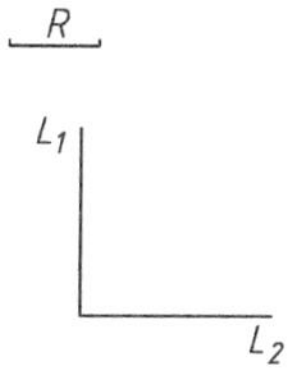

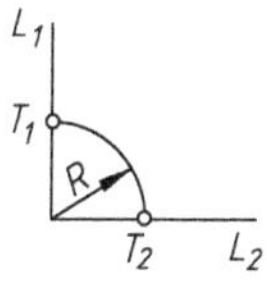

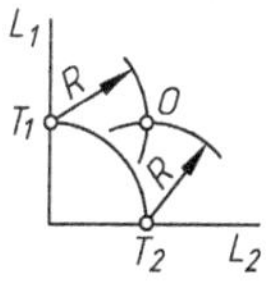

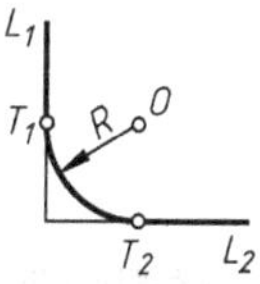

（续）

连接要求	已知条件	作图方法和步骤		
		（1）求圆心 O	（2）求切点 T_1、T_2	（3）画连接弧、加深
用圆弧连接一直线和一圆弧	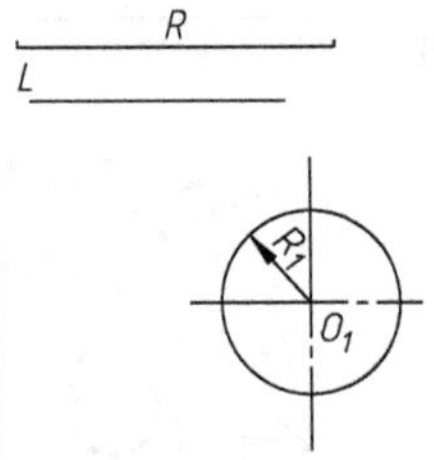	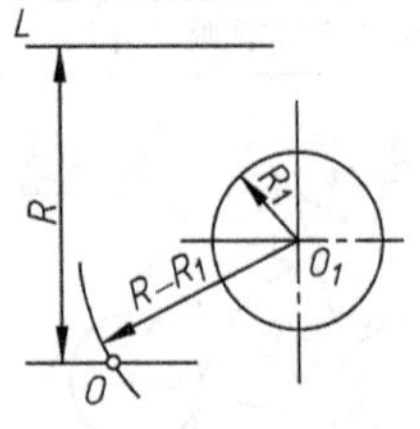	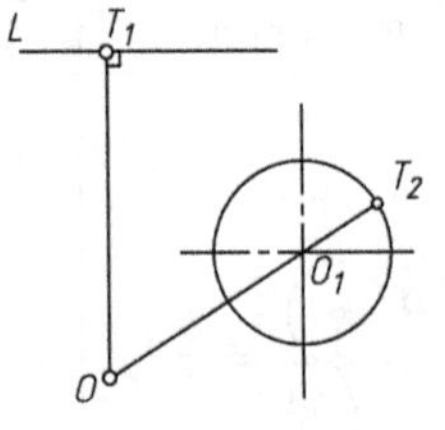	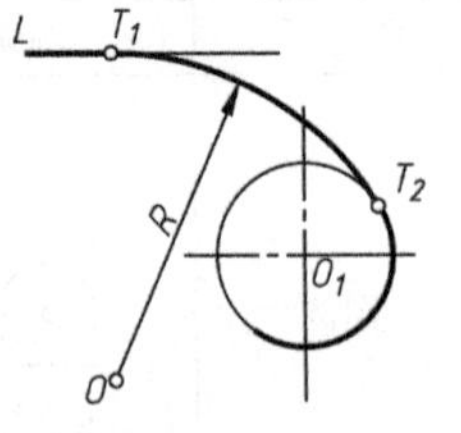
用圆弧连接两圆弧 外连接	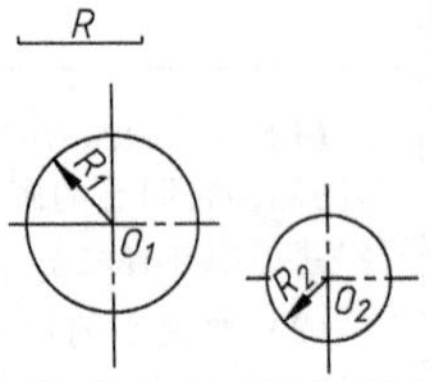	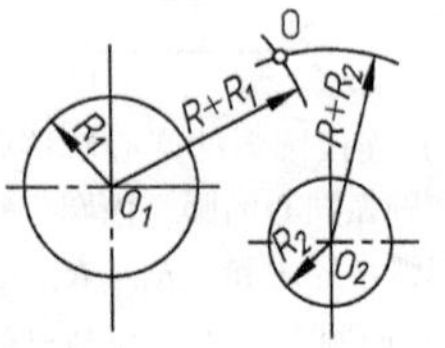	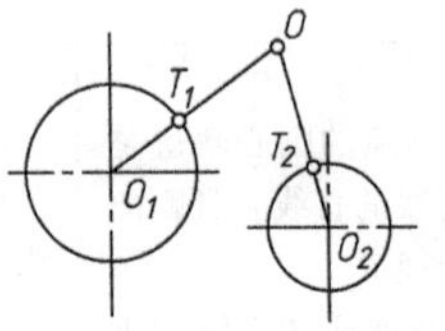	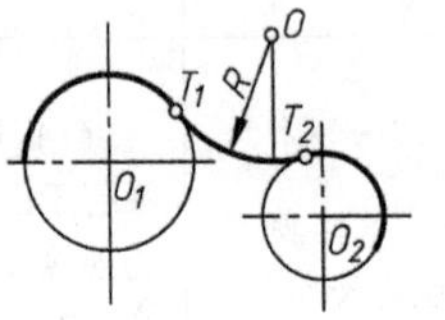
用圆弧连接两圆弧 内连接	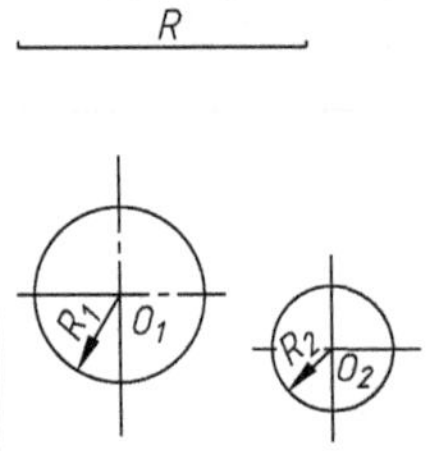	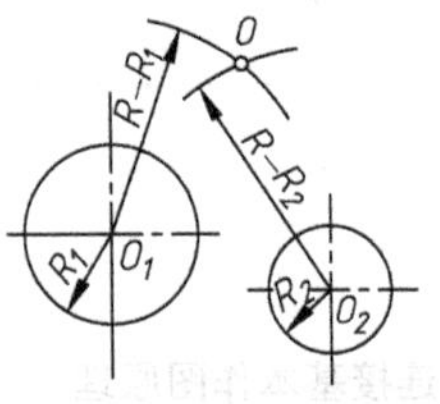	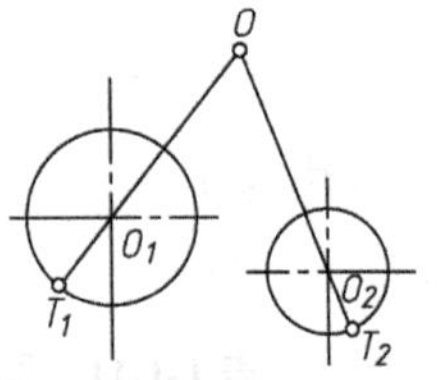	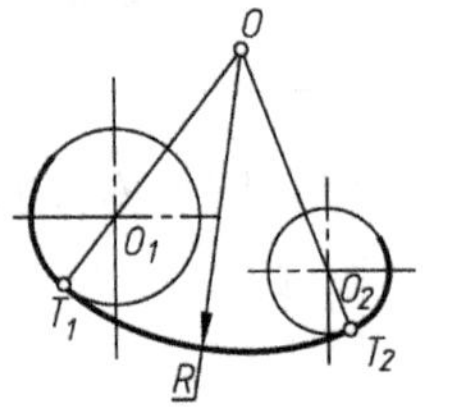
用圆弧连接两圆弧 混合连接	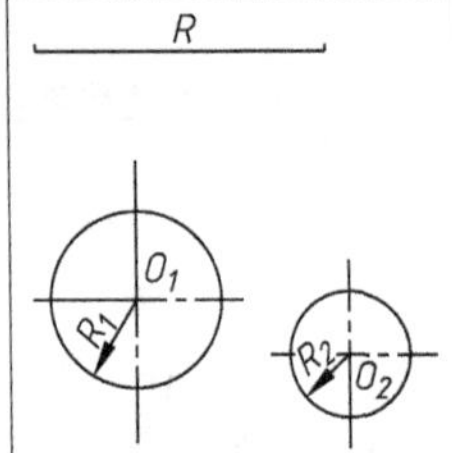	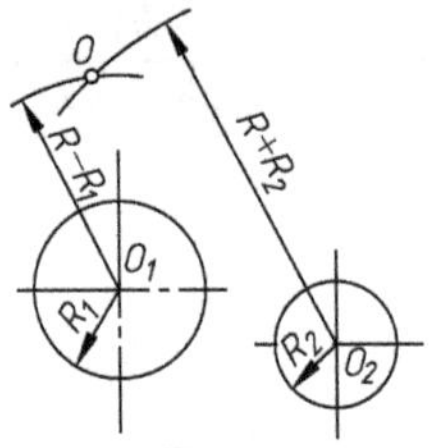	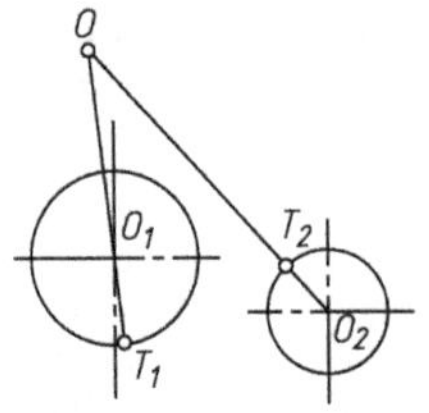	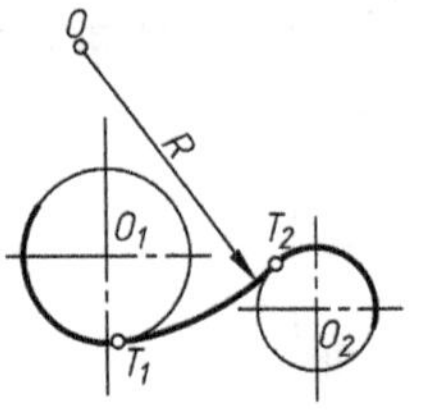
过定点	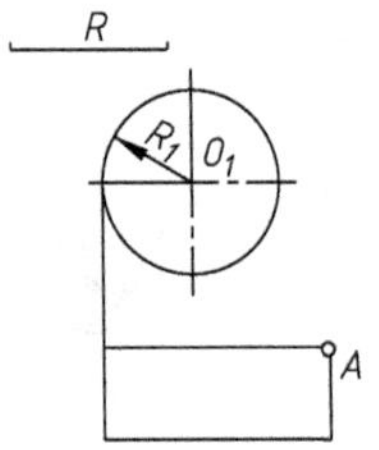 题目： 用半径 R 的圆弧外切已知弧 O_1，并过定点 A	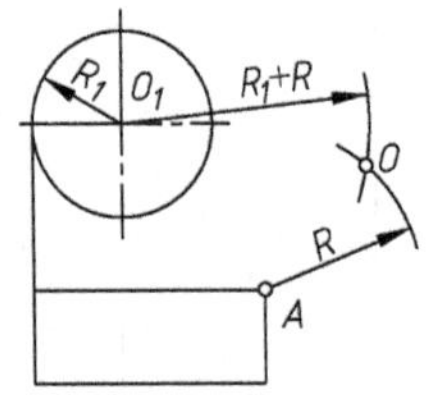 步骤1：求圆心 （1）以 O_1 为圆心，(R_1+R) 为半径画弧 （2）以 A 为圆心，R 为半径画弧 （3）以上两辅助弧交点即为连接弧圆心 O	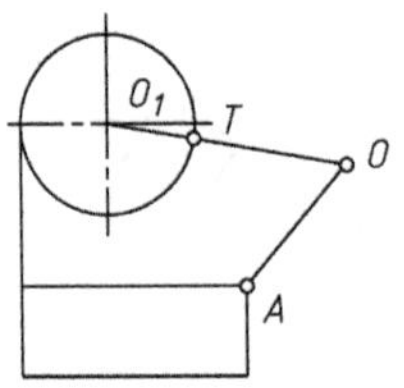 步骤2：求切点 连接 O_1O，与已知圆弧的交点即为外切切点 T	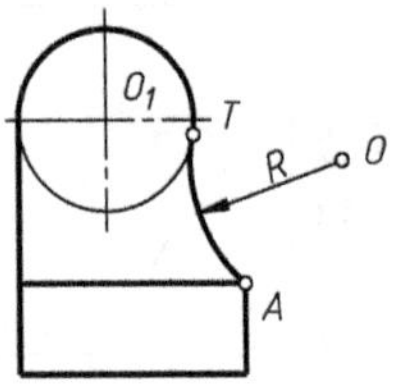 步骤3：画弧、加深 以 O 为圆心，R 为半径，在 T 点和 A 点之间画弧，即为所求连接弧

5. 椭圆的画法

常用同心圆法（图1-1-27）和四心圆法（图1-1-28）作近似椭圆。

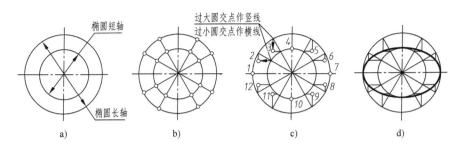

图 1-1-27 用同心圆法作椭圆

a）画同心圆 b）等分圆周求与圆交点 c）交点即椭圆上点 d）曲线板光滑连接

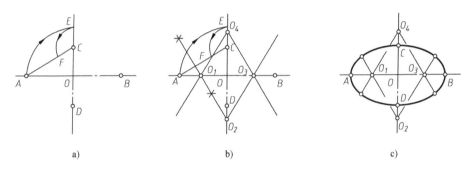

图 1-1-28 用四心圆法作近似椭圆

a）画出长轴 AB 和短轴 CD。连接 AC，并在 AC 上截取 CF，使其等于 AO 与 CO 之差 b）作 AF 的垂直平分线，与长短轴分别交于 O_1、O_2 点，再以 O 为对称中心，找出 O_1、O_2 的对称点 O_3、O_4 c）分别以 O_1、O_2 为圆心，O_1A 为半径画弧，再以 O_2、O_4 为圆心，O_2C 为半径画弧，使所画四弧的连接点，分别位于 O_2O_1、O_2O_3、O_4O_1、O_4O_3 的延长线上，即得近似椭圆

1.5 平面图形的分析和画图步骤

平面图形由许多线段连接而成，如图 1-1-29 所示，这些线段之间的相对位置和连接关系，靠给定的尺寸确定。在画图时，只有通过分析尺寸和线段间的关系，才能确定画图步骤；在标注尺寸时，也只有通过分析线段间的关系，才能正确地标注尺寸。

1. 平面图形的尺寸分析

平面图形中的尺寸按其作用，可分为定形尺寸和定位尺寸两大类。要理解这两类尺寸的意义，首先对"尺寸基准"应有一个了解。

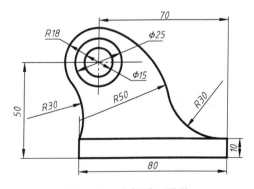

图 1-1-29 支架平面圆形

（1）尺寸基准 图形中标注尺寸的起始点称为尺寸基准。对平面图形而言，有水平和垂直两个方向的基准，相当于坐标系中的两坐标轴 x 及 y。平面图形中常以对称图形的中心线、轴线、较大圆的中心线或较长直线作为基准。对于圆及圆弧的尺寸基准是圆心，如

图 1-1-30 所示。

(2) 定形尺寸　确定平面图形中直线段的长度、圆和圆弧的直径或半径、角度大小等的尺寸称为定形尺寸。如图 1-1-29 中的尺寸 $\phi 15$、$\phi 25$、$R18$、$R30$、$R50$、80 及 10 均属于定形尺寸。

(3) 定位尺寸　确定线段在平面图形中所处位置的尺寸称为定位尺寸。如图 1-1-29 中确定 $\phi 25$ 圆的圆心位置的尺寸是定位尺寸，其中 70 为水平（横向）的定位尺寸，50 为垂直（竖直）的定位尺寸。

2. 平面图形的线段分析

平面图形中的线段根据所标注的尺寸，可以分为已知线段、中间线段和连接线段三类。

(1) 已知线段　具有完整的定形尺寸和定位尺寸，作图时，完全可以根据这些尺寸画出的线段称为已知线段。如图 1-1-30 中的四条直线段、$\phi 15$、$\phi 25$ 圆、$R18$ 圆弧。画图时应先画出已知线段（圆弧）。

(2) 中间线段　只有定形尺寸，而定位尺寸不全，作图时，需要根据与相邻线段的连接关系通过几何作图画出的线段，称为中间线段。如图 1-1-30 中的 $R50$ 圆弧。中间线段（圆弧）需在其相邻的已知线段画完后才能画出。

(3) 连接线段　只有定形尺寸，没有定位尺寸，作图时，需要根据与相邻线段的连接关系通过几何作图画出的线段，称为连接线段。如图 1-1-30 中的 $R30$ 圆弧。连接线段（圆弧）最后画。

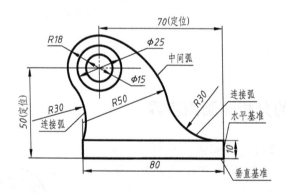

图 1-1-30　支架平面图形的尺寸分析和线段分析

3. 平面图形的绘图步骤

1）对平面图形进行尺寸分析和线段分析，如图 1-1-30 所示。

2）画基准线、定位线，如图 1-1-31a 所示。

3）画已知线段，如图 1-1-31b 所示。

4）画中间线段，如图 1-1-31c 所示。

5）画连接线段，如图 1-1-31d 所示。

4. 平面图形的尺寸标注

标注平面图形的尺寸，必须满足三个要求：

1）完整——尺寸必须注写齐全，不重复，不遗漏。

2）正确——尺寸标注要按国标规定进行，尺寸数字不能写错和出现矛盾。

3）清晰——尺寸的位置要安排在图形的明显处，标注要清楚，布局整齐、美观，便于阅读。

平面图形标注尺寸的步骤如下：

1）分析图形，选择尺寸基准，确定已知线段、中间线段和连接线段。

2）注出已知线段的定形尺寸和定位尺寸。

3）注出中间线段的定形尺寸和部分定位尺寸。

4）注出连接线段的定形尺寸。

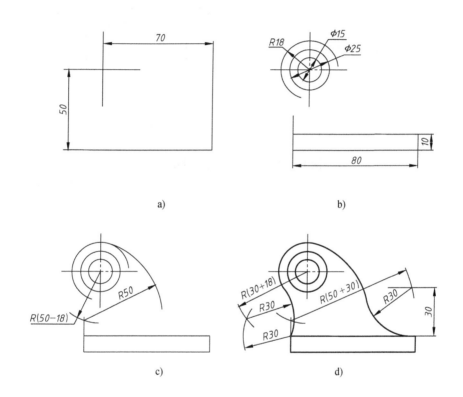

图 1-1-31　支架平面图形的绘图步骤

a）画基准线和定位线　b）画已知线段　c）画中间线段　d）画连接线段

任务实施

根据前面所讲知识绘制如图 1-1-2 所示密封垫片的平面图形，分析及绘图步骤如下：

1）对平面图形进行尺寸分析和线段分析。

2）画出平面图形的对称线、中心线，如图 1-1-32a 所示。

3）首先画出全部已知线段，如图 1-1-32b 所示；然后再画连接线段，如图 1-1-32c 所示。

4）加深图线和标注尺寸，完成全图，如图 1-1-32d 所示。

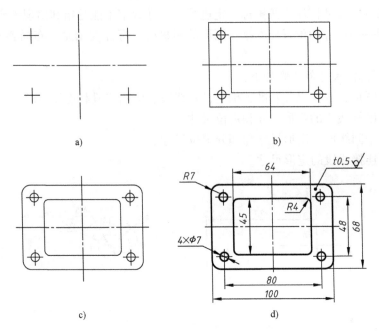

图 1-1-32 密封垫片的绘图方法步骤

a）画出对称线和中心线 b）画出已知线段 c）画出连接线段 d）加深图线和标注尺寸

1. 绘制图形要遵守国家标准对机械制图的有关规定。

2. 平面图形中的尺寸按其所起作用，可分为定形尺寸、定位尺寸。

3. 平面图形的线段按所标注的尺寸和线段的连接关系，通常可以分为已知线段、中间线段和连接线段三类；在绘制平面图形时，应先画已知线段，其次画中间线段，最后画连接线段。

任务 2 绘制起重钩平面图形

任 务 分 析

如图 1-2-1 所示为起重钩零件图。图样主要以圆弧连接为主，在图纸上绘制起重钩的平面图形，首先要根据该图的图形和尺寸选好图纸幅面和绘图比例；其次要分析图形中线段的类型、尺寸及相互之间的连接关系，才能确定平面图形的绘图顺序；最后要清楚地表达图样中各条线段的尺寸。任务 1 中我们学习了国家标准中有关图纸幅面、比例、字体、图线等内容的基本规定，几何作图，平面图形作图方法，也掌握了常用绘图工具的使用方法，下面开始绘制起重钩平面图形。

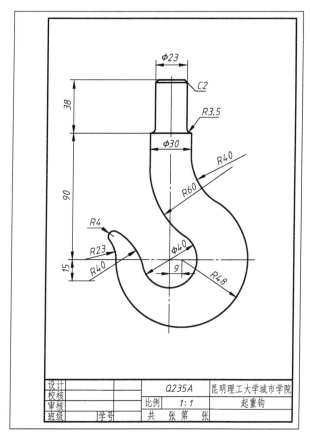

图 1-2-1　起重钩零件图

1. 绘图前的准备工作

1）将铅笔和铅芯修磨好，并将图板、丁字尺、三角板等绘图工具擦拭干净，在丁字尺及三角板的活动范围内不应放置其他工具。

2）按绘制图形的大小及复杂程度选择绘图比例和图纸幅面。图 1-2-1 适合用一张 A4 的图纸竖放，按 1∶1 绘制。

3）固定图纸。一般按对角线方向顺次固定，使图纸平整。当图纸较小时，应将图纸布置在图板的左下方，但要使图板的底边与图纸下边的距离及图板的左边与图纸左边的距离大于或等于丁字尺的宽度。

2. 布局图样

图纸固定好后，先根据图纸的大小及摆放位置画图框及标题栏，然后根据所绘图形的尺寸将所绘图样均匀地布局在图纸中。布局好的一张图样左右和上下间距大致相同。如图 1-2-1 所示。

3. 画底稿

布局完成后，开始画底稿。画底稿一般用 H 或 2H 的铅笔。底稿上，各种线型均暂不分粗细，底稿线应尽量细、轻、准。画图形时，先画轴线或对称中心线，再画主要轮廓线，然后画细部。图 1-2-1 中的起重钩的画底稿步骤如图 1-2-2 所示。

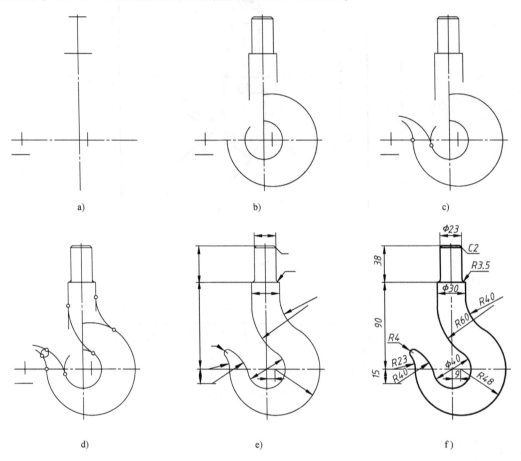

图 1-2-2　起重钩平面图形画法步骤

4. 加深图线

在加深前，应仔细校核图形是否有画错、漏画的图线，并及时修正错误，擦去多余图线。

加深时，应该做到线型正确、粗细分明，均匀光滑，深浅一致，图面整洁。

加深粗实线用 B 或 2B 铅笔；加深线宽为 $d/2$ 的各类图线，用削尖的 H 或 2H 铅笔；写字和画箭头用 HB 铅笔；圆规的铅芯应比画直线的铅芯软一级。加深时尽可能将同一类型、同样粗细的图线一起加深。先加深圆和圆弧，再加深直线。从图的上方开始按顺序向下加深水平线，自左至右加深垂直线，最后加深其余的图线。

5. 画箭头、注尺寸

先画尺寸界线、尺寸线、箭头，再填写尺寸数字。

6. 全面检查

填写标题栏和其他必要的说明，完成图样并取图。

任务总结

1. 先画中心定位线，如图 1-2-2a 所示。
2. 画出已知线段，如图 1-2-2b 所示。
3. 画中间圆弧 R40、R23，注意找圆心和其中一个切点的画法，如图 1-2-2c 所示。
4. 画连接圆弧 R60、R40，R4、R3.5，注意连接弧圆心、切点的画法，如图 1-2-2d 所示。
5. 修剪多余线，整理底稿，画尺寸界线、尺寸线及箭头，如图 1-2-2e 所示。
6. 填写尺寸数字，加深。加深顺序：先粗后细、先曲后直、先水平、后垂斜；完成绘制，如图 1-2-2f 所示。

知识拓展

1.6 徒手画图的方法

在工程实践中，经常需要借用徒手画的图来记录或表达技术思想。徒手绘制的图又称草图。它是一种以目测估计图形与实物的比例，按一定的画法要求徒手（或部分使用绘图仪器）绘制的图样。草图是工程技术人员交流、记录、构思、创作的有力工具，徒手画图是工程技术人员必须掌握的一项基本技能。

1. 直线的徒手画法

握笔的手指不要离指尖太近，可握在离笔尖 35mm 处。徒手画直线时，执笔要自然，手腕抬起，不要靠在纸上，眼睛朝着前进的方向，注意画线的终点。同时，小手指可以和纸面接触，作为支点，保持运笔平稳。

短直线应一笔画出，以手腕运笔，画长直线则整个手臂动作。画水平线时，为了顺手，可将图纸斜放；画垂直线时，由上向下顺手；画斜线时最好将图纸转动到适宜运笔的角度。徒手画直线的方法如图 1-2-3 所示。

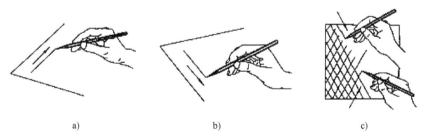

a)   b)   c)

图 1-2-3 徒手画直线的方法

a）水平线画法 b）垂直线画法 c）斜线画法

2. 常用角度的徒手画法

画 45°、30°、60°等常见角度，可根据两直角边的比例关系，在两直角边上定出两点，然后连接即可。画法如图 1-2-4 所示。

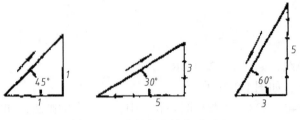

图 1-2-4　常见角度的徒手画法

3. 圆及圆角的徒手画法

画圆时，先定圆心位置，过圆心画对称中心线，再根据半径大小目测估计，在中心线上定出四点，过四点画圆即可；如果圆较大，可再加画一对十字线，并同时截取四点，过八点画圆，画法如图 1-2-5a 所示。当圆的直径很大时，可用手做圆规，以小手指轻压在圆心上，使铅笔尖与小手指的距离等于圆的半径，笔尖接触纸面转动图纸，即可画出大圆。画圆角时，可利用辅助的正方形或矩形进行绘制，画法如图 1-2-5b 所示。

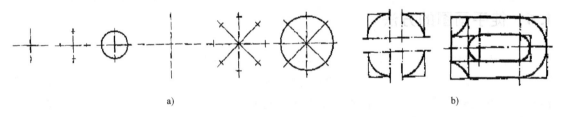

a)　　　　　　　　　　　　　　　　　　　　　　　　b)

图 1-2-5　圆及圆角的徒手画法

a）圆的徒手画法　b）圆角、曲线连接徒手画法

4. 椭圆的徒手画法

画椭圆时，先根据长短轴定出四点，画出一个矩形，然后作出与矩形相切的椭圆，如图 1-2-6a 所示；也可先画出椭圆的外接菱形，然后作出椭圆，如图 1-2-6b 所示。

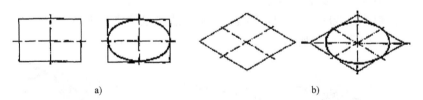

a)　　　　　　　　　　　　　　　b)

图 1-2-6　椭圆的徒手画法

a）作与矩形相切的椭圆　b）依托外接菱形作椭圆

项目总结

1. 通过本项目的学习，完成了平面图形的规范绘制过程。要注意绘图工具的正确使用，通过实践，总结作图体会，提高作图技能。

2. 几何作图主要是平面图形的作图原理和作图方法，要学会等分线段、正多边形、斜度与锥度、圆弧连接、椭圆等的画法。

3. 平面图形的绘制，应先对平面图形进行尺寸分析、线段分析，拟定作图顺序，完成全图。初学者常见错误习惯有以下几种，应及时纠正。

1）不愿固定图纸，导致作图不准确。

2）不习惯使用丁字尺和三角板配合，导致画图速度慢、质量差。

3）不注意选择合适的图幅、比例，不注意图形布局，导致图面布置不均匀。

4）边画底稿边加深。

5）不认真检查，以致产生许多不应有的错误。

4. 平面图形尺寸按其作用，可分为定形尺寸、定位尺寸，其标注是绘制平面图形最容易出错的地方，要仔细领会尺寸注法规定，规范标注平面图形尺寸。

项目二 绘制与识读简单立体的三面投影

项 目 目 标

1. 掌握投影法的基本知识及正投影的基本特性。
2. 掌握常见基本立体三面投影的绘制。
3. 掌握点、直线、平面的投影特性及面上取点、取线的方法。
4. 掌握截断体三面投影的绘制。
5. 掌握常见相贯体三面投影的绘制。
6. 掌握组合体的形体分析及线面分析方法。
7. 掌握组合体三视图的绘制及尺寸标注方法。
8. 掌握组合体三视图的识读方法。

任务 1 基本几何体三面投影的绘制

任 务 分 析

要掌握基本几何体三面投影的绘制必须首先掌握投影法的基本知识及正投影的基本特性；要掌握复杂几何体三面投影的绘制，如截断体、相贯体等，必须掌握点、直线、平面的投影特性及面上取点、取线的方法。

相 关 知 识

2.1 投影法概述

物体在强光的照射下，在墙壁或地面上就会出现物体的影子。投影法与这种自然现象相类似，光线通过物体，向选定的面投射，并在该面上得到图形的方法，称为投影法。根据投影法所得到的图形，称为投影，产生投影的面，称为投影面。

2.1.1 投影法

投影法分为两大类：中心投影法和平行投影法。

1. 中心投影法

如图 2-1-1 所示，$\triangle ABC$ 在平面 P 和投射中心 S 点之间，自 S 分别向 A、B、C 引直线并延长，使它与平面 P 交于 a、b、c。平面 P 即为投影面，S 称为投射中心，SA、SB、SC 称

为投射线，△abc 即是空间平面△ABC 在平面 P 上的投影。这种投射线汇交于一点的投影法，称为中心投影法。

2. 平行投影法

如图 2-1-2 所示，投射线 Aa、Bb、Cc 按确定的投射方向投射且互相平行，分别与投影面 P 相交得到点 A、B、C 的投影 a、b、c，△abc 是平面△ABC 在投影面 P 上的投影。这种投射线都互相平行的投影法，称为平行投影法。

平行投影法又分为正投影法和斜投影法。图 2-1-2a 是投射方向垂直于投影面的正投影法，所得的投影称为正投影；图 2-1-2b 是投射方向倾斜于投影面的斜投影法，所得的投影称为斜投影。

工程图样主要用正投影，之后逐渐将"正投影"简称为"投影"。

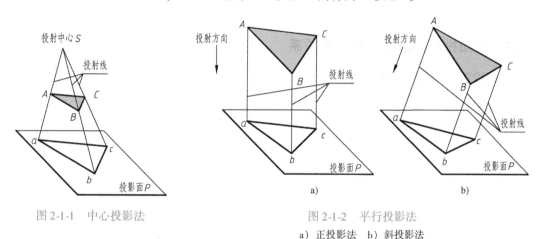

图 2-1-1　中心投影法

图 2-1-2　平行投影法
a）正投影法　b）斜投影法

2.1.2　正投影基本特性

在正投影中，直线或平面的投影具有以下五大基本特性，如图 2-1-3 所示。

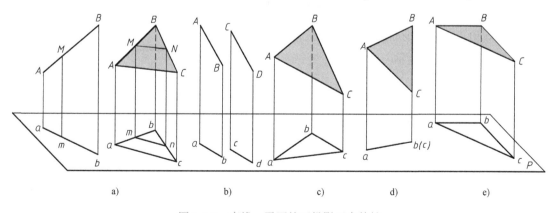

图 2-1-3　直线、平面的正投影五大特性
a）从属性　b）平行性　c）类似性　d）积聚性　e）实形性

（1）从属性　若空间某点从属于某空间直线，则该点的投影也属于该直线的投影；且该点分线段的比例在投影中不变，即 $AM:MB=am:mb$。同理，若空间某直线属于某空间

平面，则该直线的投影也属于该平面的投影，如图 2-1-3a 所示。

（2）平行性　若空间两直线相互平行，则这两直线的投影仍然平行，且两平行直线段的长度之比投影后不变，即 $AB:CD=ab:cd$，如图 2-1-3b 所示。

（3）类似性　若空间某直线或某平面与投影面倾斜，则该直线的投影仍为直线、该平面的投影仍为平面，且平面的投影为原平面的类似形。如图 2-1-3c 所示，$\triangle ABC$ 的投影 $\triangle abc$ 与其空间形状类似，仍是三角形。

（4）积聚性　若空间某直线 BC 与投影面垂直，则该直线的投影积聚为点 b（c），如图 2-1-3d；同理，若空间某平面与投影面垂直，则该平面的投影积聚为直线，如图 2-1-3d 所示。

（5）实形性　若空间某直线与投影面平行，则该直线的投影反映实长；同理，若空间某平面与投影面平行，则该平面的投影为原平面的实形，如图 2-1-3e 所示。

2.1.3　三面投影的形成及其对应关系

1. 三投影面体系的建立

图 2-1-4 所示为形状不同的物体的投影，但它们在一个或两个投影面上的投影却是相同的，这说明仅有一面或两面投影是不能准确地表达物体的形状的。因此，经常把物体放在三个互相垂直的投影面所组成的投影面体系中进行投影，这样就可以准确地反映物体的形状。

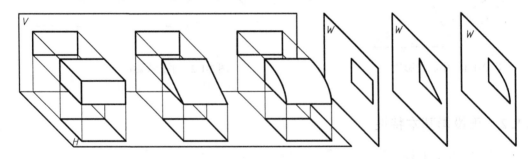

图 2-1-4　物体的投影

三个互相垂直的投影面所组成的投影面体系称为三投影面体系，如图 2-1-5 所示。

三个投影面分别为：

正立投影面，简称正面，用 V 表示。

水平投影面，简称水平面，用 H 表示。

侧立投影面，简称侧面，用 W 表示。

两投影面之间的交线，称为投影轴，它们分别是：

OX 轴，简称 X 轴，是 V 与 H 面的交线，它表示长度方向。

OY 轴，简称 Y 轴，是 H 面与 W 面的交线，它表示宽度方向。

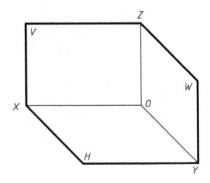

图 2-1-5　三投影面体系

OZ 轴，简称 Z 轴，是 V 面与 W 面的交线，它表示高度方向。

三投影轴互相垂直，其交点 O 称为原点。

2. 物体在三投影面体系中的投影

将物体按一定方位放置于三投影面体系中，按正投影法向三个投影面作正投影，物体在 *V* 面上得到的投影称为正面投影，在 *H* 面上得到的投影称为水平投影，在 *W* 面上得到的投影称为侧面投影，如图 2-1-6a 所示。

3. 三投影面的展开

为了使三个投影能画在一张图纸上，国家标准规定正立投影面保持不动，将水平投影面绕 *OX* 轴向下旋转90°，将侧立投影面绕 *OZ* 轴向右旋转90°，如图 2-1-6b 所示，这样，就得到在同一平面上的三个投影，如图 2-1-6c 所示。由于投影面的大小与投影无关，因此不必画出投影面的边框；三个投影之间的距离可根据具体情况确定，这样，就得到了物体的三面投影，如图 2-1-6d 所示。

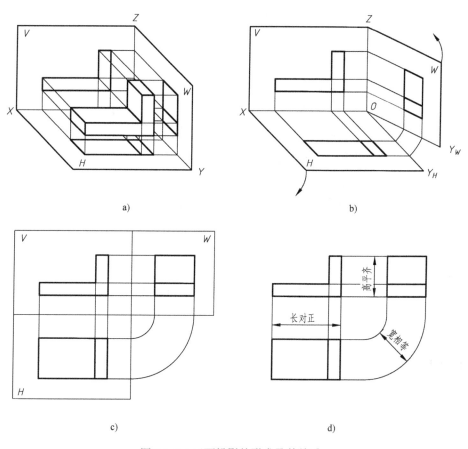

a)　　　　　　　　　　　　　b)

c)　　　　　　　　　　　　　d)

图 2-1-6　三面投影的形成及其关系

a）三面投影的形成过程　b）三面投影的展开方法　c）展开后的三面投影　d）去除边框的三面投影

4. 三面投影之间的对应关系

（1）三面投影的位置关系　以正面投影为基准，水平投影在它的正下方，侧面投影在它的正右方。

（2）三面投影间的"三等关系"　从三面投影的形成过程可以看出，正面投影反映物体的长度和高度，水平投影反映物体的长度和宽度，侧面投影反映物体的高度和宽度。因此，如图 2-1-6d 所示，三面投影之间存在下述关系：

正面投影与水平投影——长对正。

正面投影与侧面投影——高平齐。

水平投影与侧面投影——宽相等。

应当指出，无论是物体的整体或局部，其三面投影都符合"长对正、高平齐、宽相等"的"三等关系"。

（3）三面投影与物体的方位关系 方位关系指的是以绘图或看图者面对正面来看物体的上、下、左、右、前、后六个方位在三面投影中的对应关系，如图 2-1-7 所示，

正面投影——反映物体的上、下和左、右方位。

水平投影——反映物体的左、右和前、后方位。

侧面投影——反映物体的上、下和前、后方位。

由图 2-1-7 可知，水平投影和侧面投影靠近正面投影的一边，表示物体的后面，远离正面投影的一边，表示物体的前面。

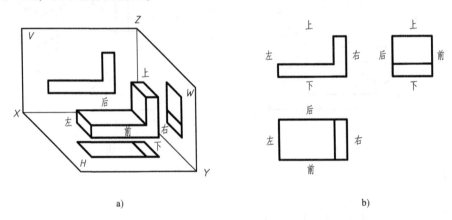

a)   b)

图 2-1-7　三面投影和物体的方位关系

a）立体图　b）三面投影

下面举例说明物体三面投影的画法。

例 2-1-1　画出图 2-1-8a 所示物体的三面投影。

分析：这个物体是在角板的左端中部开了一个方槽，右边切去一个角后形成的。

作图：

（1）画角板的三面投影 应先画反映角板形状特征明显的正面投影，再按三面投影的投影关系画出水平投影和侧面投影，如图 2-1-8b 所示。

（2）画左端方槽的三面投影 由于构成方槽的三个平面的水平投影都积聚成直线，反映了方槽的形状特征，所以应先画出其水平投影，再画正面投影和侧面投影，注意量取 y_1、y_2 尺寸的起点和方向，如图 2-1-8c 所示。

（3）画右边切角的投影 由于被切角后形成的平面垂直于侧面，所以应先画出其侧面投影，根据侧面投影画水平投影时，要注意量取 y 尺寸的起点和方向，如图 2-1-8d 所示。

（4）最后进行加深 即按顺序加深所绘线条。

在绘制物体的三面投影时，应将三个投影关联起来画，以保证投影关系正确和不漏线。

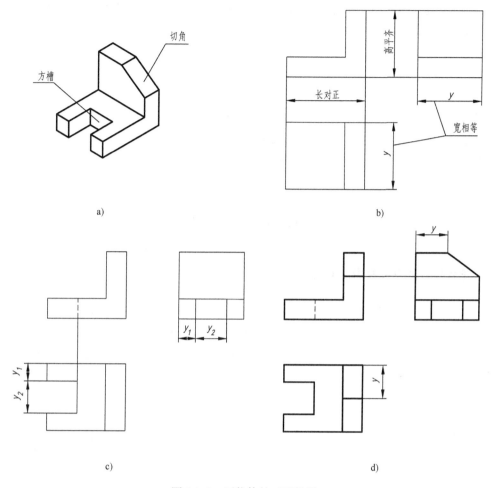

图 2-1-8　画物体的三面投影

5. 投影与视图的关系

投影即视图。如果将投影称之为视图，则三面投影称之为三视图、正面投影称之为主视图、水平投影称之为俯视图、侧面投影称之为左视图。

2.2　基本立体三面投影的绘制

立体分为平面立体和曲面立体两类。表面由平面围成的立体称为平面立体，基本的平面立体有棱柱和棱锥（棱台）；表面由曲面或曲面与平面围成的立体称为曲面立体，基本的曲面立体是回转体，常用的回转体有：圆柱、圆锥、圆球等，如图 2-1-9 所示。

2.2.1　棱柱、棱锥

棱柱的表面由棱面、顶面和底面所组成，相邻两棱面的交线称为棱线；棱锥的表面由棱面、底面所组成，棱线的交点称为锥顶。根据正投影法基本特性及三面投影之间的对应关系（投影规律），就能画出基本平面立体的三面投影。

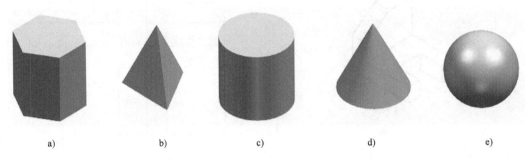

a)　　　　b)　　　　c)　　　　d)　　　　e)

图 2-1-9　常见基本立体

a）六棱柱　b）三棱锥　c）圆柱　d）圆锥　e）圆球

1. 正六棱柱的三面投影及其画法

图 2-1-10a 正六棱柱画图步骤是：

1）先用细点画线在适当位置，画出三面投影的对称中心线，如图 2-1-10b 所示。

2）画三面投影。应先画反映底面实形的投影，再画其余两投影，然后画各棱面的三面投影，最后检查清理底稿后加深。在正面投影中，粗实线与虚线重合，应画成粗实线；在其侧面投影中，粗实线与细点画线、细虚线重合，应画成粗实线，如图 2-1-10c 所示。

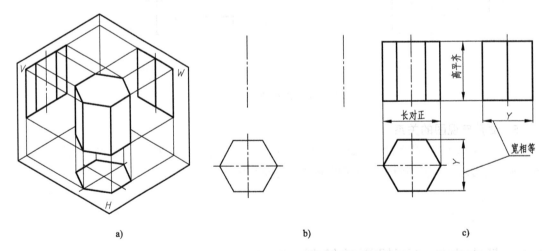

a)　　　　　　　　　b)　　　　　　　　　c)

图 2-1-10　正六棱柱的三面投影及其画法

a）立体图　b）画轴线及对称中心线　c）三面投影

现将上述正六棱柱的视图分析如下：

1）如图 2-1-10c 所示，正六棱柱的顶面和底面为正六边形的水平面，前后两个矩形棱面为正平面，其他棱面为矩形的铅垂面。

2）主视图的三个矩形线框是六棱柱六个棱面的投影，中间矩形线框为前、后棱面的重合投影，反映实形性；左、右两矩形线框为其余四个棱面的重合投影，反映类似性。主视图中上、下两条图线是顶面和底面的积聚投影，另外四条图线是六条棱线的投影。

3）俯视图的正六边形线框是六棱柱顶面和底面的重合投影，反映实形，为六棱柱的特征面，称为特征视图。正六边形的边和顶点是六个棱面和六条棱线的积聚投影。

4）左视图中的两个矩形线框，读者可自行分析。

2. 正四棱锥的三面投影及其画法

图 2-1-11a 所示正四棱锥的画图步骤与正六棱柱的方法一致，要注意的是棱锥的棱线和棱面并不全都处于投影面的特殊位置。

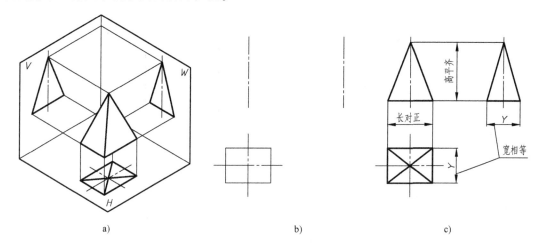

图 2-1-11　正四棱锥的三面投影及其画法
a）立体图　b）画轴线及对称中心线　c）三面投影

2.2.2 圆柱、圆锥、圆球

圆柱、圆锥、圆球是最常见的回转体，回转体的曲面是由一母线绕定轴旋转而成的回转面。回转面上任一位置的母线称为素线，处于最前、最后、最左、最右、最上、最下极限位置，同时又是可见与不可见的分界线的素线称之为转向轮廓线。母线上的各点绕轴线旋转时，形成回转面上垂直于轴线的圆，称之为纬圆。

绘制回转体的投影，除根据正投影法基本特性及三面投影之间的对应关系（投影规律）将回转体表面已有的轮廓线绘出外，还必须将回转体的轴线及转向轮廓线绘出，这样才能将回转体表达清楚。

1. 圆柱

圆柱由圆柱面及顶、底两圆平面所围成。

图 2-1-12a 所示为圆柱在三面投影体系中的立体图。

图 2-1-12b 所示为圆柱的三面投影，其中：

（1）水平投影为一正圆　由于圆柱的轴线为铅垂线，因此圆柱面上所有素线都是铅垂线，圆柱面的水平投影积聚为一圆周，圆柱面上的点和线的水平投影都积聚在这个圆周上；同时，圆柱的顶面和底面是水平面，其水平投影反映实形，也就是这个圆平面。

（2）正面投影为一矩形线框　其中左右两边 $a'b'$、$c'd'$ 是圆柱面正面投影的转向轮廓线，这两条线是圆柱面最左素线 AB、最右素线 CD 的正面投影，它们把圆柱面分为前后两半，其正面投影前半柱面可见，后半柱面不可见，这两条素线是圆柱正面投影可见与不可见的分界线，称为正视转向轮廓线。最左、最右素线的侧面投影和轴线的侧面投影重合，不应画出；水平投影在横向中心线和圆周的交点处。矩形线框的上、下两边为圆柱顶面、底面的积聚性投影。

（3）侧面投影中的矩形线框　圆柱面的侧面投影的转向轮廓线是圆柱面最前素线和最后素线的侧面投影，这两条素线是圆柱侧面投影可见与不可见的分界线，称为侧视转向轮廓线。

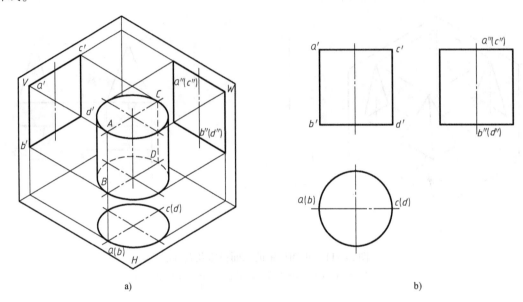

图 2-1-12　圆柱的三面投影

a）立体图　b）三面投影

画铅垂圆柱三面投影应该注意的是：应在水平投影中用细点画线画出对称中心线，在正面投影和侧面投影中用细点画线画出轴线的投影。

2. 圆锥

圆锥由圆锥面及底圆平面所围成。

图 2-1-13a 所示为圆锥在三面投影体系中的立体图。

图 2-1-13b 所示为圆锥的三面投影，其中：

1）水平投影的圆，反映圆锥底面的实形，同时也表示圆锥面的投影。

2）正面投影和侧面投影是等腰三角形，其下边为圆锥底面的积聚性投影。正面投影中三角形的左、右两条边，是圆锥正面投影的转向轮廓线，也是圆锥面最左、最右素线 SA、SC 的投影，它们是圆锥的正面投影可见与不可见的分界线；侧面投影中三角形的前、后两条边，是圆锥侧面投影的转向轮廓线，也是圆锥面最前、最后素线 SB、SD 的投影，它们是圆锥的侧面投影可见与不可见的分界线。上述四条转向轮廓线的其他两面投影，请自行分析。

画铅垂圆锥的三面投影时，同样要画出水平对称中心线及轴线的正面投影和侧面投影。

显然，圆锥面的三个投影都没有积聚性。

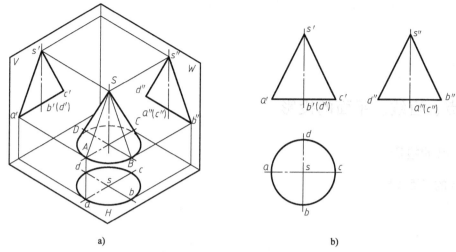

图 2-1-13 圆锥的三面投影

a) 立体图 b) 三面投影

3. 圆球

圆球是由圆球面所围成的立体。

图 2-1-14a 所示为圆球在三面投影体系中的立体图。

图 2-1-14b 所示为圆球的三面投影。

圆球的三面投影均为大小相等的圆，直径等于圆球的直径，它们分别是这个球面的三个方向的转向轮廓线。正面投影的转向轮廓线是平行于正立投影面的圆素线 A 的投影，也是前半球面和后半球面的分界线；水平投影的转向轮廓线，是平行于水平投影面的圆素线 B 的投影，也是上半球面和下半球面的分界线；侧面投影的转向轮廓线，是平行于侧立投影面的圆素线 C 的投影，也是左半球面和右半球面的分界线。这三个圆的其他两面投影，都与圆的相应中心线重合。

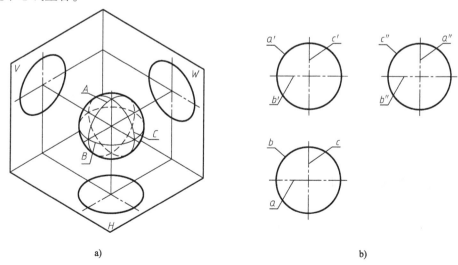

图 2-1-14 圆球的三面投影

a) 立体图 b) 三面投影

画圆球的投影时，应在三个投影面中用细点画线画出对称中心线，对称中心线的交点是球心的投影。

2.3 点、直线、平面的投影

2.3.1 点的投影

1. 点的三面投影

点是构成线、面、立体最基本的几何要素。为了迅速而正确地画出立体的三面投影，须掌握点的投影规律。

如图2-1-15a所示，由点 A 分别作垂直于 V 面、H 面、W 面的投射线，即相交得到点 A 的正面投影 a'、水平投影 a 和侧面投影 a''。

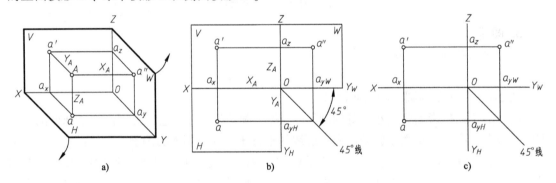

图 2-1-15 点的三面投影

a）立体图 b）投影面展开后 c）投影图

规定：

1）用大写字母作为空间点的符号，分别用相应的小写字母加一撇、小写字母和小写字母加两撇作为该点的正面投影、水平投影和侧面投影的符号。

2）每两条投射线分别确定一个平面，与三投影面分别相交，交线称为投影连线。

3）将 H 面、W 面按箭头所指的方向旋转90°，使其与 V 面重合，即得点的三面投影，如图2-1-15b所示。这时，OY 轴分为 H 面上的 OY_H 轴和 W 面上 OY_W 轴，点 a_y 分为 H 面上的 a_{yH} 和 W 面上 a_{yW}。通常在投影图上只画出其投影轴，不画投影面的边界，也不标注符号 V、H、W，实际的投影图如图2-1-15c所示。

2. 点的三面投影与直角坐标的关系

如图2-1-15所示，若把三投影面体系看作直角坐标系，则 V、H、W 面即为坐标面，X、Y、Z 轴即为坐标轴，O 点即为坐标原点。A 点的三个直角坐标 x_A、y_A、z_A 即为 A 点到三个坐标面的距离，它们与点 A 的投影 a、a'、a''的关系如下：

$$x_A = a'a_z = aa_{yH} = 点 A 与 W 面的距离 Aa''$$

$$y_A = aa_x = a''a_z = 点 A 与 V 面的距离 Aa'$$

$$z_A = a'a_x = a''a_{yW} = 点 A 与 H 面的距离 Aa$$

3. 点的三面投影的投影规律

由以上情况分析可以得出点的投影规律如下：

1）点的投影连线垂直于所经过的投影轴。

2）点的投影到投影轴的距离等于空间点到对应投影面的距离，即等于空间点的坐标。

$a'a_x \perp OX$，$a'a_z = aa_{yH} = x_A$

$a'a'' \perp OZ$，$a'a_x = a''a_{yW} = z_A$

$aa_{yH} \perp OY_H$，$a''a_{yW} \perp OY_W$，$aa_x = a''a_z = y_A$

点的投影规律是立体"长对正、高平齐、宽相等"投影规律的另一种表述。

为了作图方便，可用过点 O 的45°辅助线作图，aa_{yH}、$a''a_{yW}$ 的延长线必与这条辅助线交汇于一点，如图2-1-15c 所示。

例 2-1-2 如图2-1-16a 所示，已知点 A 的两面投影 a 和 a'，求 a''。

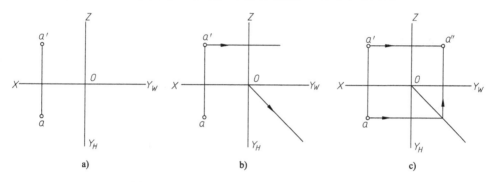

图 2-1-16　已知点 A 的两面投影求第三面投影

a）已知　b）作图过程　c）结果

分析：由点的投影规律可知，已知点的两个投影，便可确定点的空间位置，因此，点的第三面投影是唯一确定的。

作图：

1）过 a' 向右作投影连线，过 O 点作45°辅助线，如图2-1-16b 所示。

2）过 a 作水平线与45°辅助线相交，并由交点向上引铅垂线，与过 a' 的投影连线的交点即为 a''，如图2-1-16c 所示。

4. 两点之间的相对位置

两点在空间的相对位置，由两点的坐标差确定，如图2-1-17 所示。

两点的左、右相对位置由 x 坐标差（$x_A - x_B$）确定，由于 $x_A > x_B$，因此点 A 在点 B 的左方。

两点的前、后相对位置由 y 坐标差（$y_A - y_B$）确定，由于 $y_A > y_B$，因此点 A 在点 B 的前方。

两点的上、下相对位置由 z 坐标差（$z_A - z_B$）确定，由于 $z_A < z_B$，因此点 A 在点 B 的下方。

故点 A 在点 B 的左、前、下方；反之，就是点 B 在点 A 的右、后、上方。

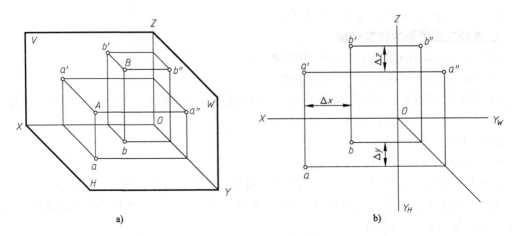

a)

b)

图 2-1-17 两点的相对位置

a）立体图 b）投影图

5. 重影点的表达

在图 2-1-18 所示 A、B 两点的投影中，A、B 两点处于对正面的同一条投射线上，a' 和 b' 重合。这说明 A、B 两点的 x、z 坐标相同，即：$x_A = x_B$、$z_A = z_B$。

处于同一条投射线上的两点，必在相应的投影面上具有重合的投影，这两个点被称为对该投影面的一对重影点。

重影点的可见性需根据两点不相同的坐标值大小来判断。即：当两点在 V 面的投影重合时，需比较其 y 坐标，y 坐标大者可见；当两点在 H 面的投影重合时，需比较其 z 坐标，z 坐标大者可见；当两点在 W 面的投影重合时，需比较其 x 坐标，x 坐标大者可见。也就是按照"前遮后、上遮下、左遮右"的原则判断。

如图 2-1-18 所示，a'、b' 重合，从水平和侧面投影可知，A 在前，B 在后，即：$y_A > y_B$，所以对 V 面来说，A 可见，B 不可见。在投影图中，对不可见的点，需用圆括号括起来，因此，对不可见点 B 的 V 面投影，加括号表示为（b'）。

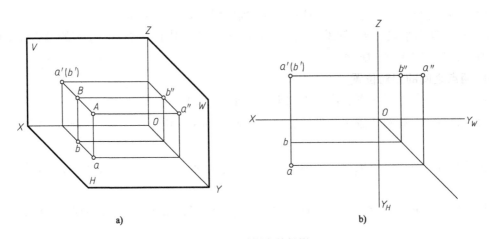

a)

b)

图 2-1-18 重影点的投影

a）立体图 b）投影图

2.3.2 直线的投影

1. 直线的三面投影

1）直线的投影一般仍为直线。如图 2-1-19a 所示，直线 *AB* 的水平投影 *ab*、正面投影 *a'b'*、侧面投影 *a"b"* 均为直线。

2）直线的投影可由直线上两点的同面投影来确定。因空间一直线可由直线上的两点来确定，所以直线的投影也可由直线上任意两点的投影来确定。

图 2-1-19b 为线段上两端点 *A*、*B* 的三面投影，连接 *A*、*B* 两点的同面投影得到 *ab*、*a'b'* 和 *a"b"*，如图 2-1-19c 所示。

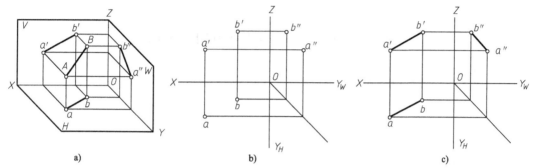

图 2-1-19　直线的三面投影

a）立体图　b）两点的投影　c）直线的投影

2. 直线对投影面的各种相对位置

直线对投影面的相对位置可分为一般位置、平行于投影面和垂直于投影面三种，后两种称为特殊位置。

直线与它的水平投影、正面投影、侧面投影的夹角，分别称为该直线对投影面 *H*、*V*、*W* 面的倾角 α、β、γ。

（1）一般位置直线　对三个投影面都倾斜的直线，称为一般位置直线。图 2-1-19 所示即为一般位置直线。

1）一般位置直线的特征。一般位置直线的各面投影均与投影轴倾斜，且与投影轴的夹角不反映直线对投影面的倾角；一般位置直线的各面投影的长度均小于实长。

2）一般位置直线的实长和对投影面的倾角。一般位置直线的实长及其对投影面的倾角，可用直角三角形法求得。

在图 2-1-20a 所示中 *AB* 为一般位置直线，其两面投影 *ab*、*a'b'* 都小于实长。过点 *A* 作 AB_0 // *ab*，交 *Bb* 于 B_0，则在直角三角形 ABB_0 中，两直角边 $AB_0 = ab$；$BB_0 = Bb - Aa$，即两端点与 *H* 面的距离差；斜边 *AB* 即为实长；*AB* 与 AB_0 的夹角，就是 *AB* 对 *H* 面的倾角 α。设法作出这个直角三角形，就能确定 *AB* 的实长和倾角 α。这种求作一般位置直线的实长和倾角的方法，称为直角三角形法。

作图过程如图 2-1-20b 所示：

1）以 *ab* 为一直角边，由 *b* 作 *ab* 的垂线。

2）由 *a'* 作水平线，从而在正面投影中作出两端点 *A*、*B* 与 *H* 面的距离差，将这段距离差量到由 *b* 所作的垂线上，得 *B*，*bB* 即为另一直角边。

3）连 a 和 B，aB 即为直线 AB 的实长，$\angle Bab$ 即为 AB 的真实倾角 α。

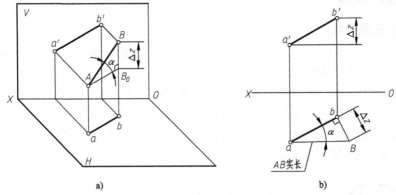

图 2-1-20 用直角三角形法作 AB 的实长和倾角 α

a）立体图 b）投影图

按照上述的作图原理和方法，也可以 $a'b'$ 和 $a''b''$ 为一直角边，两端点与 V 面或 W 面的距离差为另一直角边，从而作出 AB 的实长及其对 V 面的倾角 β 或对 W 面的倾角 γ。

由此可以看出直角三角形法求直线实长与倾角的方法是：以直线在某一投影面上的投影为底边，两端点与这个投影面的距离差为高，形成的直角三角形的斜边即是直线的实长，斜边与底边的夹角就是该直线对这个投影面的倾角。

在直角三角形法中，三角形包含着四个要素：投影长、距离差、实长及倾角，只要知道其中两个要素，就可以把其他两个要素求出来。

（2）投影面平行线 平行于一个投影面而对其他两个投影面倾斜的直线，称为投影面平行线。

平行于 H 面，对 V、W 面倾斜的直线，称为水平线；平行于 V 面，对 H、W 面倾斜的直线，称为正平线；平行于 W 面，对 H、V 面倾斜的直线，称为侧平线。它们的投影特性见表 2-1-1。

表 2-1-1 投影面平行线的投影特性

名称	水 平 线	正 平 线	侧 平 线
立体图			
投影图			

（续）

名称	水　平　线	正　平　线	侧　平　线
投影特性	1. 水平投影 ab 反映实长 2. 水平投影 ab 与 OX 和 OY 轴的夹角 β、γ 等于直线 AB 对 V、W 面的倾角 3. 正面投影 a'b' 平行 OX 轴，侧面投影 a"b" 平行 OY 轴，都不反映实长	1. 正面投影 c'd' 反映实长 2. 正面投影 c'd' 与 OX 和 OZ 轴的夹角 α、γ 等于直线 CD 对 H、W 面的倾角 3. 水平投影 cd 平行 OX 轴，侧面投影 c"d" 平行 OZ 轴，都不反映实长	1. 侧面投影 e"f" 反映实长 2. 侧面投影 e"f" 与 OY 和 OZ 轴的夹角 α、β 等于直线 EF 对 H、V 面的倾角 3. 正面投影 e'f' 平行 OZ 轴，水平投影 ef 平行 OY 轴，都不反映实长
	可归纳为：1. 在所平行的投影面上的投影反映实长；2. 反映实长的投影与投影轴的夹角等于空间直线与相应投影面的倾角；3. 其他面上的投影分别平行于相应的投影轴，不反映实长		

（3）投影面垂直线　垂直于一个投影面，且同时平行于另外两个投影面的直线，统称为投影面垂直线。垂直于 H 面的直线，称为铅垂线，垂直于 V 面的直线，称为正垂线，垂直于 W 面的直线，称为侧垂线。它们的投影特性列于表 2-1-2 中。

表 2-1-2　投影面垂直线的投影特性

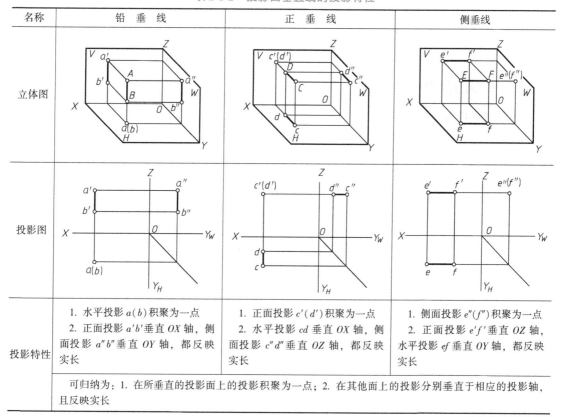

名称	铅　垂　线	正　垂　线	侧　垂　线
投影特性	1. 水平投影 a(b) 积聚为一点 2. 正面投影 a'b' 垂直 OX 轴，侧面投影 a"b" 垂直 OY 轴，都反映实长	1. 正面投影 c'(d') 积聚为一点 2. 水平投影 cd 垂直 OX 轴，侧面投影 c"d" 垂直 OZ 轴，都反映实长	1. 侧面投影 e"(f") 积聚为一点 2. 正面投影 e'f' 垂直 OZ 轴，水平投影 ef 垂直 OY 轴，都反映实长
	可归纳为：1. 在所垂直的投影面上的投影积聚为一点；2. 在其他面上的投影分别垂直于相应的投影轴，且反映实长		

3. 直线上的点的投影

由正投影的基本性质可知，直线上的点的投影必然同时满足从属性和定比性。

（1）从属性　点在直线上，则点的各面投影必定在直线的同面投影上，反之，点的各面投影在直线的同面投影上，则点一定在直线上。如图 2-1-21 所示，直线 AB 上有一点 C，

则 C 点的三面投影 c、c'、c'' 必定分别在直线 AB 的同面投影 ab、$a'b'$、$a''b''$ 上。

（2）定比性　点分割线段的比例投影后保持不变。如图2-1-21所示，点 C 把线段 AB 分成 AC 和 CB 两段，则 $AC:CB=ac:cb=a'c':c'b'=a''c'':c''b''$。

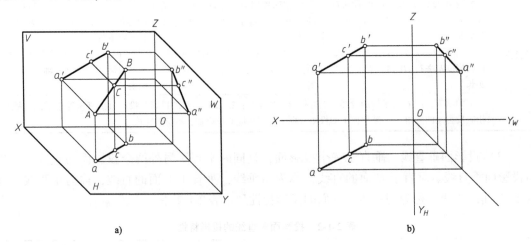

a)　　　　　　　　　　　　　　　　　　b)

图 2-1-21　直线上的点的投影

a）立体图　b）投影图

2.3.3　平面的投影

1. 平面的投影

不属于同一直线的三点可确定一个平面。因此，平面可以用图2-1-22所示的任何一组几何要素的投影来表示。

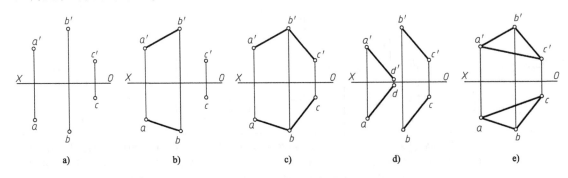

a)　　　　　b)　　　　　c)　　　　　d)　　　　　e)

图 2-1-22　平面的表示法

a）不在同一直线上的三点　b）直线和线外一点　c）相交两直线　d）平行两直线　e）任意平面图形

实践中，平面一般用平面图形表示。平面图形的边和顶点，是由一些线段及其交点组成的。因此，这些线段投影的集合，就表示了该平面。先画出平面图形各顶点的投影，然后将各顶点的同面投影依次连接，即为平面图形的投影，如图2-1-23所示。

2. 平面对投影面的各种相对位置

平面对投影面的相对位置可分为一般位置、垂直于投影面和平行于投影面三种，后两种称为特殊位置。

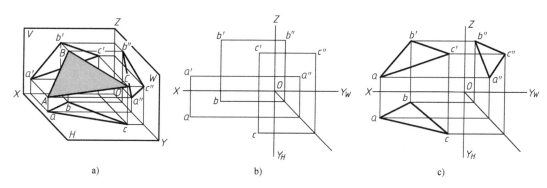

图 2-1-23　平面的投影

a）立体图　b）三点的投影　c）平面的投影

平面与 H、V、W 面的二面角，分别就是平面对投影面 H、V、W 的倾角 α、β、γ。

（1）一般位置平面　对三个投影面都倾斜的平面，称为一般位置平面。

图 2-1-23 所示的 $\triangle ABC$ 即为一般位置平面。由于 $\triangle ABC$ 对三个投影面都倾斜，所以它的三个投影虽然仍为三角形，但都不反映实形，而是原平面图形的类似形；它的三个投影也都不能直接反映该平面对投影面的真实倾角。

（2）投影面垂直面　垂直于一个投影面而对其他两个投影面倾斜的平面，称为投影面垂直面。

垂直于 H 面，对 V、W 面倾斜的平面，称为铅垂面；垂直于 V 面，对 H、W 面倾斜的平面，称为正垂面；垂直于 W 面，对 H、V 面倾斜的平面，称为侧垂面。它们的投影特性列于表 2-1-3 中。

表 2-1-3　投影面垂直面的投影特性

名称	铅　垂　面	正　垂　面	侧　垂　面
立体图			
投影图			

（续）

名称	铅 垂 面	正 垂 面	侧 垂 面
投影特性	1. 水平投影积聚为直线、与投影轴的夹角反映空间平面与投影面的真实倾角 β、γ 2. 正面投影、侧面投影为缩小的空间平面的类似形	1. 正面投影积聚为直线、与投影轴的夹角反映空间平面与投影面的真实倾角 α、γ 2. 水平投影、侧面投影为缩小的空间平面的类似形	1. 侧面投影积聚为直线、与投影轴的夹角反映空间平面与投影面的真实倾角 α、β 2. 正面投影、水平投影为缩小的空间平面的类似形
	可归纳为：1. 在所垂直的投影面上的投影积聚为直线、与投影轴的夹角反映空间平面与另外两投影面的真实倾角；2. 在其他面上的投影为缩小的空间平面的类似形		

（3）投影面平行面　平行于一个投影面而同时垂直于另外两个投影面的平面，称为投影面平行面。

平行于 H 面的平面，称为水平面；平行于 V 面的平面，称为正平面；平行于 W 面的平面，称为侧平面。它们的投影特性列于表2-1-4中。

表 2-1-4　投影面平行面的投影特性

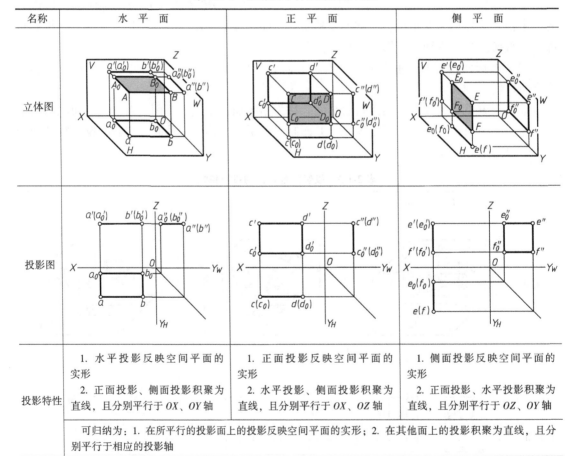

名称	水 平 面	正 平 面	侧 平 面
立体图			
投影图			
投影特性	1. 水平投影反映空间平面的实形 2. 正面投影、侧面投影积聚为直线，且分别平行于 OX、OY 轴	1. 正面投影反映空间平面的实形 2. 水平投影、侧面投影积聚为直线，且分别平行于 OX、OZ 轴	1. 侧面投影反映空间平面的实形 2. 正面投影、水平投影积聚为直线，且分别平行于 OZ、OY 轴
	可归纳为：1. 在所平行的投影面上的投影反映空间平面的实形；2. 在其他面上的投影积聚为直线，且分别平行于相应的投影轴		

3. 平面上的点和直线的投影

点和直线在平面上的几何条件是：

1）点在平面上，则该点必定在这个平面的一条直线上。

2）直线在平面上，则该直线必定通过这个平面上的两个点；或通过这个平面上的一个点且平行于这个平面上的一条直线。

图 2-1-24a 所示是用上述条件在投影图中说明点 D 位于相交两直线 AB、BC 所确定的平面上；图 2-1-24b、图 2-1-24c 是说明直线 DE 位于相交两直线 AB、BC 所确定的平面上。

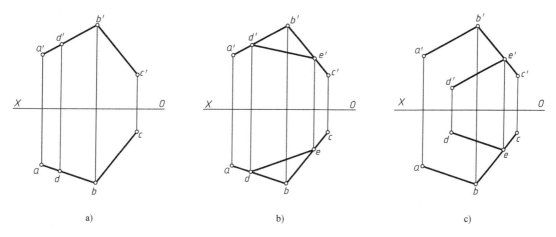

图 2-1-24　平面上的点和直线（一）

a）点 D 在平面 ABC 的直线 AB 上点　b）直线 DE 过平面 ABC 上的两点

c）直线 DE 过平面 ABC 上的一点，且平行平面 ABC 上的直线 AB

当平面为特殊位置平面时，该平面上的点和直线的投影一定与平面的有积聚性的投影重合，如图 2-1-25 所示。

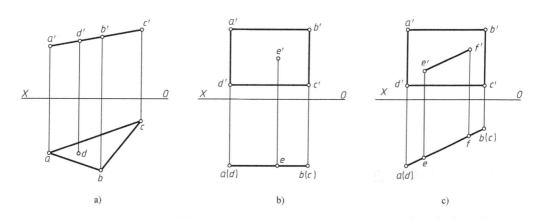

图 2-1-25　平面上的点和直线（二）

a）点 D 属于平面　b）点 E 属于平面　c）直线 EF 属于平面

例 2-1-3　如图 2-1-26a 所示，求作平面上的 K 点的水平投影。

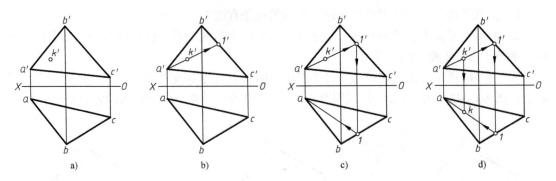

图 2-1-26　平面上求点

a）已知　b）连接 $a'k'$ 交 $b'c'$ 得点 $1'$　c）求 $A\,I$ 的水平投影 $a1$　d）求 K 点的水平投影 k

任 务 总 结

在绘制基本几何体的三面投影时，抓住"长对正、高平齐、宽相等"三等关系最为重要，同时要抓住几何体上的各表面并对这些表面的投影特性进行分析，必要时还要对几何体上某些特殊的点、线的投影特性进行分析。只有掌握了点、线、面的投影特性，才能真正掌握几何体三面投影的绘制。

任务 2　截断体三面投影的绘制

任 务 分 析

在实际的生产实践中，许多较为常见的机械零件，往往不是单一、完整的基本立体，而是由基本立体进行截切或相交后形成的形体，如图 2-2-1 所示。如何表达这类形体，关键是要掌握求作截切或相交后形成的交线的投影。

相 关 知 识

2.4　基本立体的截切

2.4.1　截交线概述

如图 2-2-1 所示，平面与立体表面的交线称为截交线，截切立体的平面称为截平面，立体被截后的形体称为截断体。

1. 截交线的基本性质

（1）共有性　截交线是截平面与立体表面的共有线，截交线上任意一点都是截平面与立体表面的共有点。

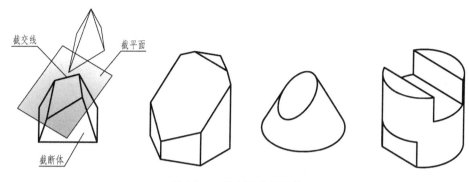

图 2-2-1　截交线及截断体

（2）封闭性及平面性　由于任何立体都有一定的大小，所以截交线一定是封闭的平面图形。平面立体的截交线是一个平面多边形；曲面立体的截交线一般是一条平面曲线。

2. 截交线的作图方法

由于截交线是截平面与立体表面的共有线，截交线上的点是截平面与立体表面的共有点。因此，求截交线的问题，实质上就是求截平面与立体表面的全部共有点的集合。即求出截平面与立体表面的一系列共有点，然后依次连接即可。

求截交线上的点，应先求特殊点。所谓特殊点，是指截交线上确定其范围大小和位置的最高最低、最左最右、最前最后及用以判别可见性的转向轮廓线上的点，以及截交线本身的特殊点，如椭圆长短轴的端点、双曲线的顶点等，然后为保证准确性，再根据具体情况求出一些一般点，最后依次连接，并判别可见性。

求截交线上点的方法，既可利用投影的积聚性直接作图，也可通过面上取点的方法求出。

2.4.2　平面立体的截切

平面立体的截交线是一个多边形，它的顶点是平面立体的棱线或边与截平面的交点，截交线的边是截平面与平面立体表面的交线。因此，作平面立体的截交线的投影，实质上就是求截平面与平面立体上各被截棱线或边的交点的投影。

例 2-2-1　如图 2-2-2a 所示，求作正四棱锥被截切后的三面投影。

分析：从图 2-2-2a 的正面投影中可以看出，正四棱锥被正垂面所截，截平面与正四棱锥的四个棱面均相交，所以，截交线为四边形，四边形的顶点为截平面与四条棱线的交点；另外，由于截平面为正垂面，所以截交线的正面投影积聚成一直线，而水平投影和侧面投影为类似形。分析立体图如图 2-2-2b 所示。

作图：

1）用细线画出完整正四棱锥的水平及侧面投影，如图 2-2-2c 所示。

2）在截交线已知的正面投影中，标注出截平面与四条棱线的交点 Ⅰ、Ⅱ、Ⅲ、Ⅳ 的正面投影 1′、2′、3′、4′，再根据直线上的点的投影规律求它们的另外两面投影，如

图 2-2-2d 所示。

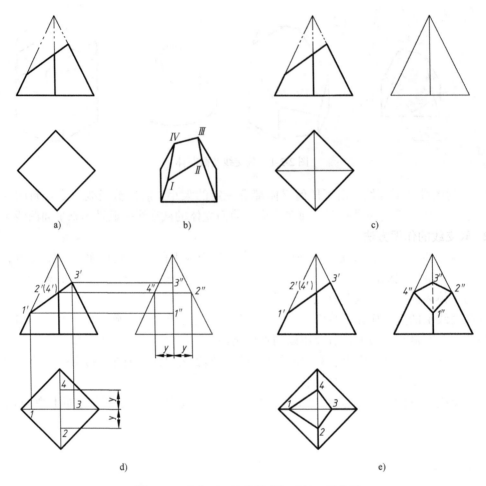

图 2-2-2 求作正四棱锥被截切后的三面投影

a）已知 b）分析立体图 c）补画四棱锥 d）取点 e）结果

3）连接各顶点的同面投影并判别可见性，即得截交线的投影；分析正四棱锥未截轮廓线，判别可见性并加深，作图结果如图 2-2-2e 所示。

例 2-2-2 如图 2-2-3a 所示，求作正六棱柱被截切后的三面投影。

分析：从图 2-2-3a 的正面投影中可以看出，正六棱柱被正垂面所截，截平面与正六棱柱的六个棱面和顶面均相交，所以，截交线为七边形，七边形的顶点为截平面与五条棱线以及顶面上两条边的交点；另外，由于截平面为正垂面，所以截交线的正面投影积聚成一直线，而水平投影和侧面投影为类似形。正六棱柱被截切后的分析立体图如图 2-2-3b 所示。

作图：

1）画出完整正六棱柱的侧面投影，如图 2-2-3c 所示。

2）在截交线已知的正面投影中，标注出截平面与五条棱线的交点 I、II、III、VI、VII 以及截平面与顶面上两条边的交点 IV、V 的正面投影 1′、2′、3′、6′、7′和 4′、5′，再根据直线上的点的投影规律求它们的另外两面投影，如图 2-2-3d 所示。

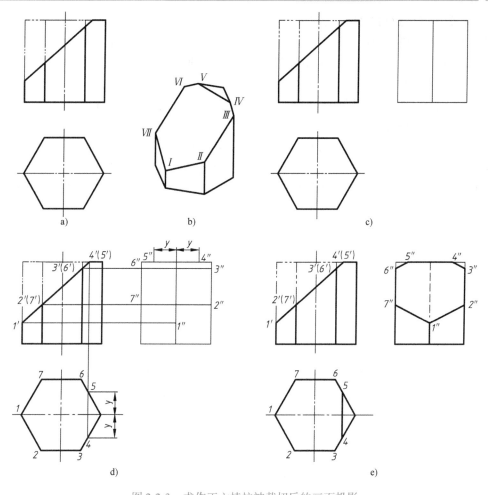

图 2-2-3　求作正六棱柱被截切后的三面投影

a）已知　b）分析立体图　c）补画六棱柱　d）取点　e）结果

3）连接各顶点的同面投影并判别可见性，即得截交线的投影；分析正六棱柱的未截轮廓线，判别可见性并加深，作图结果如图 2-2-3e 所示。

若平面立体被几个平面同时切割，则只要逐个求出截平面与平面立体的交线，并画出截平面之间的交线，就可作出这些被截平面立体的投影图。

例 2-2-3　如图 2-2-4a 所示，已知被截三棱锥的正面投影，补全它的水平投影并求作其侧面投影。

分析：从图 2-2-4a 的正面投影可知，缺口是由一个水平面和一个正垂面切割三棱锥而形成的。水平截平面和正垂截平面均与三棱锥的前、后棱面相交。左棱线有一段被切割掉，在正面投影中画成细双点画线，而在水平投影中，则由于未经作图确定左棱线被切割掉的一段的投影之前，暂时先将其画成细双点画线。由于水平截平面与底面平行，所以它与前、后棱面的交线 ⅠⅡ、ⅠⅢ 分别平行于底边；正垂截平面分别与前、后棱面相交于直线 ⅣⅡ、ⅣⅢ。由于两个截平面都垂直于正面，所以它们的交线 ⅡⅢ 一定是正垂线。

作图：

1）如图 2-2-4c 所示，画出完整三棱锥的侧面投影，标注出三棱锥各顶点的两面投影。

2）求水平截平面与三棱锥的交线。水平面垂直正面，所以截交线积聚在截平面有积聚性的正面投影上，在正面投影中可直接得到 *1′2′*、*1′3′*。因 *I* 在 *SA* 上，由 *1′* 可作出 *1*、*1″*；过 *1* 作 *12∥ab*、*13∥ac*，过 *2′3′* 向下作投影连线，得到 *2*、*3*，再根据"宽相等"，由 *2*、*3* 作出 *2″*、*3″*，连接 *12*、*13* 和 *1″2″*、*1″3″* 并判别可见性，如图 2-2-4d 所示。

3）求正垂截平面与三棱锥的交线。正垂面垂直正面，所以截交线积聚在截平面有积聚性的正面投影上，在正面投影中可直接得到 *4′2′*、*4′3′*。因 *IV* 在 *SA* 上，由 *4′* 可作出 *4*、*4″*；连接 *42*、*43* 和 *4″2″*、*4″3″* 并判别可见性；如图 2-2-4e 所示。

4）连接 *23*，因 *23* 被棱面挡住看不见，画成虚线，侧面投影中 *2″3″* 重合在水平截平面有积聚性的投影上。分析三棱锥的未截轮廓线，判别可见性并加深，作图结果如图 2-2-4f 所示。

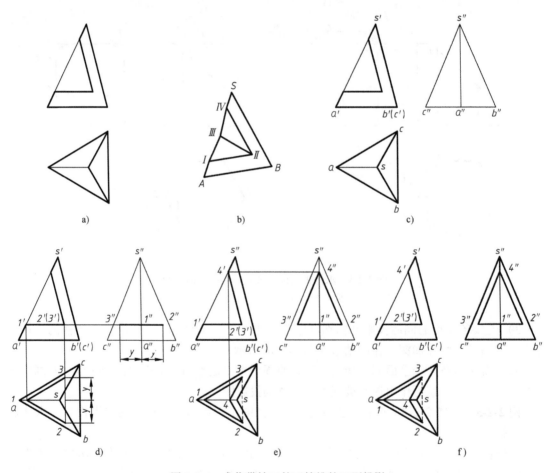

图 2-2-4 求作带缺口的三棱锥的三面投影

a）已知 b）分析立体图 c）补画三棱锥 d）求水平截平面与三棱锥的交线 e）求正垂截平面与三棱锥的交线 f）结果

2.4.3 曲面立体的截切

1. 平面与圆柱截交

平面与圆柱面的交线有三种情况，见表 2-2-1。

表 2-2-1　平面与圆柱面的交线

截平面位置	截平面平行于轴线	截平面垂直于轴线	截平面倾斜于轴线
截交线形状	直线	圆	椭圆
立体图	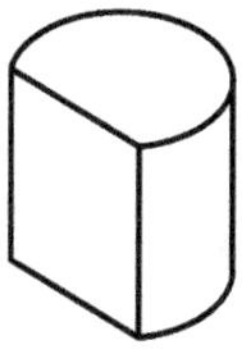		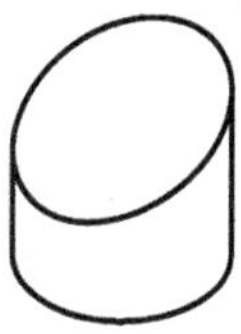
投影图	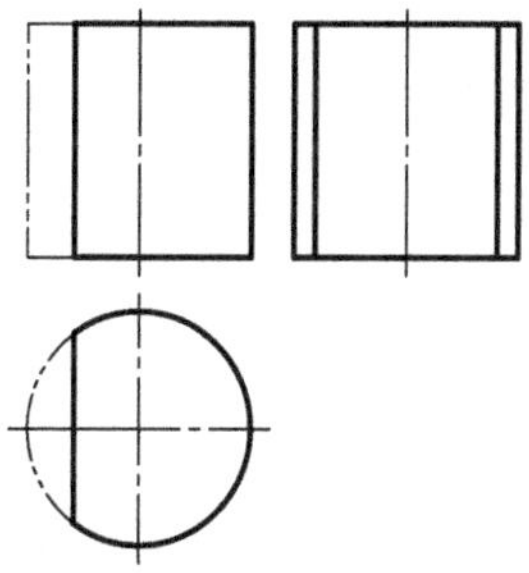	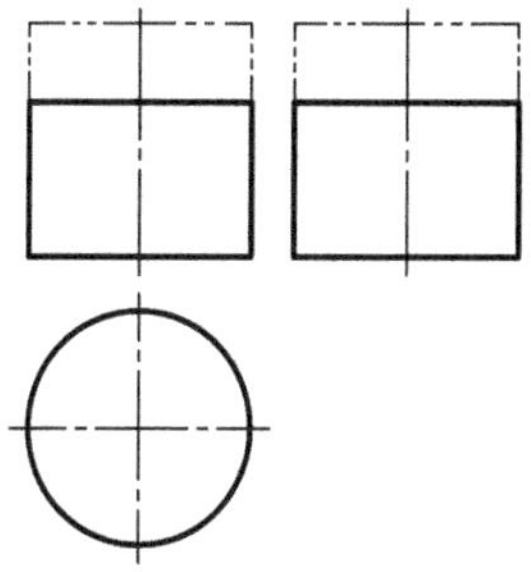	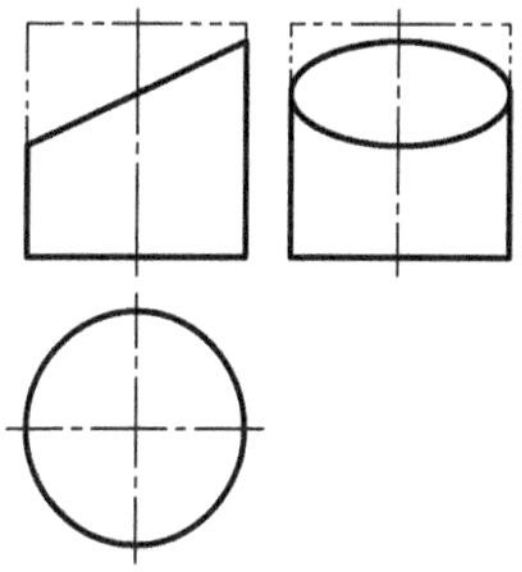

例 2-2-4　补画图 2-2-5a 所示被切割圆柱的水平投影及侧面投影。

分析：从图 2-2-5a 可知，该立体为轴线铅垂放置的圆柱，其上、下部被切割。上部为两个侧平面和一个垂直于圆柱轴线的水平面切槽；下部为两个侧平面和一个水平面切角。上部两个侧平面与圆柱体的顶面和柱面相交，截交线分别为两条正垂线 AB、CD 和四条铅垂线 AA_1、BB_1、CC_1、DD_1，水平面只与圆柱面相交，交线为水平圆弧 A_1C_1、B_1D_1，两侧平面与水平面之间有两条正垂交线 A_1B_1、C_1D_1，如图 2-2-5 所示；下部的截交线请自行分析。

作图：

1）作出未截切前圆柱的侧面投影，如图 2-2-5a 所示。

2）求作两侧平面与圆柱面的四条铅垂交线 AA_1、BB_1、CC_1、DD_1 的投影。它们的正面投影分别与两侧平面有积聚性的正面投影重合，水平投影分别积聚成点，位于圆柱面有积聚性的圆周上。如图 2-2-5b 所示，在正面投影中标出 $a'a_1'$、$b'b_1'$、$c'c_1'$、$d'd_1'$，在水平投影中找出对应的 aa_1、bb_1、cc_1、dd_1，从而求出侧面投影 $a''a_1''$、$b''b_1''$、$c''c_1''$、$d''d_1''$。

3）求作水平面与圆柱面的交线圆弧 A_1C_1、B_1D_1 的投影。它们的正面投影分别与水平面有积聚性的正面投影重合，水平投影位于圆柱面有积聚性的圆周上，侧面投影积聚为直线段。如图 2-2-5b 所示，由 $a_1'c_1'$、a_1c_1 和 $b_1'd_1'$、b_1d_1 作出 $a_1''c_1''$、$b_1''d_1''$。

4）求作两侧平面与圆柱体顶面的交线 AB、CD 以及与水平截平面之间的交线 A_1B_1、C_1D_1 的投影。如图 2-2-5b 所示，连接 a'' 和 b''、c'' 和 d''，得互相重合的 $a''b''$ 和 $c''d''$，也就是切割后圆柱体顶面的侧面投影；连接 a_1'' 和 b_1''、c_1'' 和 d_1''，得互相重合的 $a_1''b_1''$ 和 $c_1''d_1''$，因被圆柱面所遮不可见，画成虚线，如图 2-2-5c 所示。

5）圆柱侧面投影的转向轮廓线水平截平面以上部分被截去，如图 2-2-5c 所示。

6）求作圆柱下部的截交线，作法与上部相类似，如图 2-2-5c 所示；整理、加深，完成全图，如图 2-2-5d 所示。

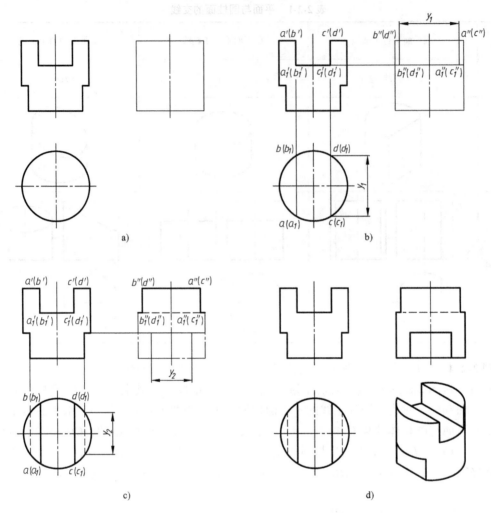

图 2-2-5 补全被切割圆柱的侧面投影

a) 已知 b) 作上部 c) 作下部 d) 结果

2. 平面与圆锥截交

平面与圆锥面的交线有五种情况,见表 2-2-2。

表 2-2-2 平面与圆锥面的交线

截平面位置	过锥顶	垂直于轴线	倾斜于轴线	平行于轴线	平行于素线
截交线形状	相交两直线	圆	椭圆	双曲线	抛物线
立体图					

（续）

截平面位置	过锥顶	垂直于轴线	倾斜于轴线	平行于轴线	平行于素线
投影图	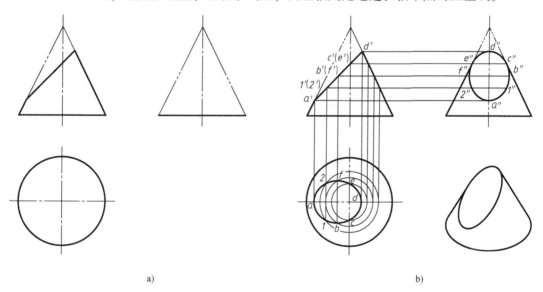				

例 2-2-5　如图 2-2-6a 所示，求圆锥被截切后的投影。

分析：因为圆锥轴线铅垂，截平面为正垂面，倾斜于圆锥轴线，且 $\theta > \alpha$，所以截交线为椭圆，其正面投影与截平面有积聚性的正面投影重合，需求出水平投影和侧面投影。由于圆锥前后对称，所以截平面与它的交线也是前后对称，截交线椭圆的长轴是截平面与圆锥的前后对称面的交线，端点在最左、最右素线上；而短轴则是通过长轴中点的正垂线。

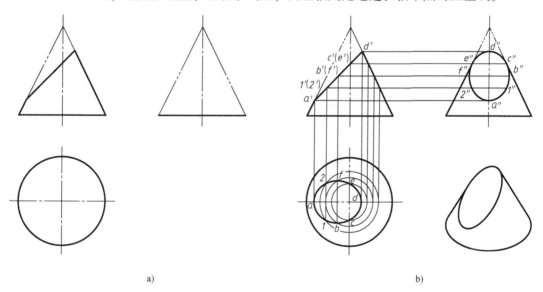

a)　　　　　　　　　　　　　　　　b)

图 2-2-6　圆锥被截切后的投影（一）

a）已知　b）作图及结果

作图：如图 2-2-6b 所示。

1）求作特殊点。在正面投影上，于截平面有积聚性的投影与圆锥面最左、最右素线的投影的交点处标出 a'、d'，与轴线的正面投影的交点处标出 c'、(e')，在 $a'd'$ 的中点处标出 b'、(f')。点 A、D 既是最左、最右点，又是最低、最高点，也是椭圆长轴的端点；点 C、E 是圆锥侧面投影转向轮廓线上的点，点 B、F 是椭圆短轴的端点；用锥面上取点的方法（定点先定线，找线先找点）可求出它们的水平投影和侧面投影，由于 C、E 也是圆锥面最前、最后素线上的点，因此，不需作辅助线，可先直接求其侧面投影，再根据"宽相等"求其水平投影。

2）求作一般点。为使作图准确，应在特殊点的稀疏处作一些截交线上的一般点。在正面投影 a' 与 b' 之间标出 $1'$、$(2')$，用锥面上取点的方法求出其水平投影和侧面投影。

3）依次光滑连接 A、I、B、C、D、E、F、II、A 的水平投影和侧面投影，并判别可见性。

4）整理并加深，完成全图。将圆锥侧面投影的转向轮廓线画到 c''、e''。

例 2-2-6　如图 2-2-7a 所示，求被正平面截切后圆锥的投影。

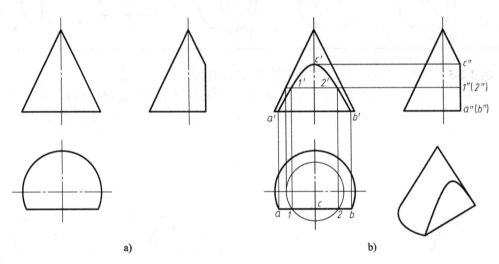

图 2-2-7　圆锥被截切后的投影（二）
a）已知　b）作图及结果

分析：截平面与圆锥的锥面和底面相交。截平面为正平面，与圆锥的轴线平行，所以截平面与锥面的交线为双曲线，与底面的交线为一侧垂线，截交线为一条以直线封闭的双曲线。其水平投影和侧面投影分别积聚为一直线，只需求正面投影。

作图：如图 2-2-7b 所示。

1）求作特殊点。在侧面投影上，标出正平面有积聚性的投影与最前素线的投影的交点 c''，与底面的交点 a''、b''。点 C 是最高点，可据 c'' 直接求出另外两面投影。点 A、B 是最低点，也是最左、最右点，其水平投影 a、b 在底圆的水平投影上，据此可求出 a'、b'。

2）求作一般点。在侧面投影 a'' 与 c'' 之间标出 $1''$、$(2'')$，利用锥面上取点的方法求出它们的另外两面投影。

3）依次光滑连接 a'、$1'$、c'、$2'$、b' 并判别可见性，即得截交线的正面投影。

3. 平面与圆球截交

任何位置的截平面截切圆球时，在空间其截交线都是圆。当截平面与投影面平行时，截交线在该投影面上的投影为圆；当截平面与投影面垂直时，截交线在该投影面上的投影积聚成直线段，长度等于截交线圆的直径；当截平面与投影面倾斜时，截交线在该投影面上的投影为椭圆。平面与圆球面的交线见表 2-2-3。

表 2-2-3　平面与圆球面的交线

截平面位置	截平面平行于投影面	截平面倾斜于投影面
截交线形状	圆	椭圆
立体图		
投影图		

例 2-2-7　如图 2-2-8a 所示，求正垂面截切圆球后的投影。

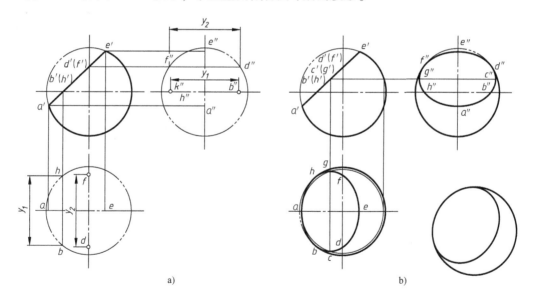

图 2-2-8　圆球被截切后的投影

a）求可直接作图的特殊点　b）利用球面上取点的方法作图

分析：圆球被正垂面所截切，其截交线是圆。圆的正面投影积聚为一直线段，圆的水平投影和侧面投影均是椭圆。

作图：

1）先求可直接作图的特殊点。如图 2-2-8a 所示，在正面投影上标出截交线与圆球正面投影转向轮廓线的交点 a'、e'，点 A、E 是椭圆长轴的端点，也是最左、最右、最低、最高点，点 A、E 可直接求出其水平投影和侧面投影。在正面投影上标出截交线与竖直中心线的交点 d'、(f')，与水平中心线的交点 b'、(h')。点 D、F 是截交线在圆球侧面投影转向轮廓线上的点；点 B、H 是截交线在圆球水平投影转向轮廓线上的点，根据"宽相等"可直接求得它们的另外两面投影。

2）求需利用球面上取点的方法作图的特殊点。在正面投影 $a'e'$ 的中点处标出 c'、(g')，点 C、G 是椭圆短轴的端点，要用球面上取点的方法求其另外两面投影，如图 2-2-8b 所示。

3）求一般点。一般点的求作方法同点 C、G 的求作方法一样，需利用球面上取点的方法作图。因为此图所求点已足够多，所以不需要再求一般点。

4）依次光滑连接以上各点并判别可见性，得截交线的投影，如图 2-2-8b 所示。

5）整理、加深，完成全图。分析圆球的转向轮廓线，如图 2-2-8b 所示，水平投影的转向轮廓线要画到 b、h，侧面投影的转向轮廓线要画到 d''、f''。

例 2-2-8 补全图 2-2-9a 所示半球被截的水平投影及侧面投影。

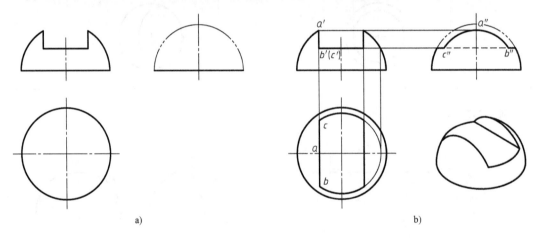

图 2-2-9 补全半球的水平投影及侧面投影

a）已知 b）作图及结果

分析：半球被一个水平面和两个侧平面截切，截交线在空间都是圆弧。其中被水平面切割的截交线为水平圆弧；被侧平面切割的截交线为侧平圆弧。水平圆弧在水平面上反映实形，在正面及侧面上积聚为直线段；侧平圆弧在侧面上反映实形，在正面及水平面上积聚为直线段。

作图：如图 2-2-9b 所示。

1）求被侧平面切割的截交线上的点 A、B、C 的侧面投影。

2）求被水平面切割的截交线的水平投影及点 A、B、C 的水平投影。

3）整理、加深，完成全图。注意：在侧面投影中，b''、c'' 点之间因不可见，应画成虚线。

同轴叠加的回转体所构成的复合体称为组合回转体。在一些零件上，经常出现平面与组合回转体相交的情况。当平面与组合回转体相交时，截交线是由截平面与各回转体表面所得交线组成的复合平面曲线。截交线的连接点在相邻两回转体的分界线上。作组合回转体的截交线时，首先要分析各组成部分曲面的形状，确定各段截交线的形状，再分别作出其投影。

例 2-2-9 补全图 2-2-10a 所示顶尖的水平投影。

分析：顶尖由轴线侧垂放置的同轴圆锥与圆柱组合而成，并被一个水平面和一个侧平面截切，圆锥只被水平面切割，截交线为双曲线；圆柱被水平面和侧平面同时切割，截交线为直线和圆弧。组合截交线的正面投影分别积聚在两截平面有积聚性的正面投影上，侧面投影分别积聚为一直线和圆柱有积聚性的圆周上。

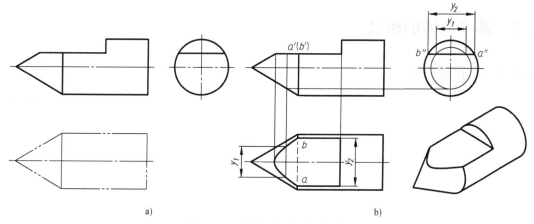

图 2-2-10　补全顶尖的水平投影

a）已知　b）作图及结果

作图：如图 2-2-10b 所示。

1）作圆锥的截交线。截交线的作法可参照例 2-2-6 所示，点 A、B 在圆锥与圆柱的分界线上，即为连接点。

2）作圆柱的截交线。截交线的作法可参照例 2-2-4 所示的下部。

3）分析组合回转体的投影，分析基本体间的交线的投影，完成截切后的组合回转体的投影。圆柱与圆锥的分界圆被截平面截去了 A、B 点以上的部分，所以水平投影 a、b 之间没有粗实线，只有下半圆周不可见的虚线。

平面立体的截交线是平面多边形；曲面立体的截交线一般是平面曲线。求截交线上的点，应先求特殊点，然后再根据具体情况求出一般点；求截交线上点的方法，最简单的是利用投影的积聚性直接作图，否则需通过面上取点的方法求出。在平面立体的面上取点都用直线作为辅助线，在曲面立体的面上取点一般用圆弧作为辅助线。

曲面立体的截交线较平面立体的截交线复杂，要准确作出曲面立体的截交线，关键是要熟悉各种曲面立体被各种位置平面截切所形成的截交线，事先做到心中有数。

任务 3　相贯体三面投影的绘制

任 务 分 析

立体相交称为相贯，也是实际生产中较为常见的形式。表达这类形体的关键是能够快速、准确地作出立体表面的相贯线。

2.5 基本立体的相贯

2.5.1 相贯线概述

两立体表面的交线称为相贯线，如图 2-3-1 所示。两立体相交可分为两平面立体相交、平面立体与回转体相交、两回转体相交三种情况。两平面立体的相贯线可根据求直线上的点或求平面上的点、线的方法求作；平面立体与回转体的相贯线可根据求平面立体上参与相交的各平面与回转体的截交线方法求作。这里主要介绍两回转体相交的情况。

图 2-3-1　相贯线示例

1. 相贯线的基本性质

（1）共有性　相贯线是两回转体表面上的共有线，也是两回转体的分界线，所以相贯线上的点是两回转体表面上的共有点。

（2）闭合性及空间性　相贯线一般是闭合的空间曲线，特殊情况下可能是平面曲线或直线。

（3）可见性　只有同时位于两个立体的可见表面上的一段相贯线是可见的，否则不可见。

2. 相贯线的作图方法

求作两立体的相贯线，一般情况下应先作出相贯线上一些特殊点，即能够确定相贯线的形状和范围的点，如转向轮廓线上的点，对称相贯线在其对称平面上的点，以及最高、最低、最左、最右、最前、最后点等。然后再根据需要求作一些一般点，以便较准确地画出相贯线的投影。最后按顺序光滑连接并判别可见性。

求作相贯线的方法有表面取点法和辅助面（平面、回转面）法两种，这里只介绍表面取点法。

两回转体相交，如果其中有一个是轴线垂直于投影面的圆柱，则相贯线在该投影面上的投影就积聚在圆柱面的有积聚性的投影上，于是，求圆柱和另一回转体的相贯线的投影，就可以看作是已知另一回转体表面上的线的一个投影而求作其他投影的问题。这样在相贯线上取一些点，按已知曲面立体表面上点的一个投影求其他投影的方法，求出相贯线的投影，此即表面取点法。

2.5.2 圆柱与圆柱相贯

例 2-3-1 如图 2-3-2a 所示，求作正交两圆柱相贯线的投影。

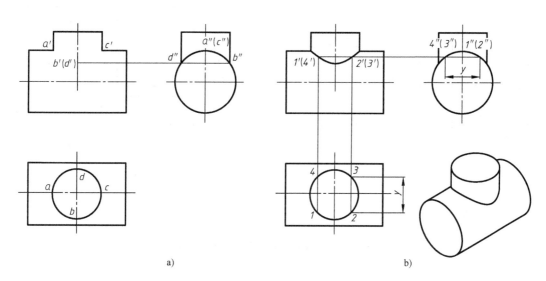

a) b)

图 2-3-2 作正交两圆柱相贯线的投影

a）求特殊点 b）求一般点

分析：从图 2-3-2a 中可以看出，大圆柱轴线垂直于侧立面，小圆柱轴线垂直于水平面，两圆柱轴线垂直相交。因为相贯线是两圆柱面的公有线，其水平投影积聚在小圆柱的水平投影的圆周上，而侧面投影积聚在大圆柱侧面投影的圆周（公共部分）上，所以只需求出相贯线的正面投影。因相交的两圆柱前、后对称，相贯线也前、后对称，所以相贯线前、后部分的正面投影重合。作图如下：

1）求特殊点。如图 2-3-2a 所示，从水平投影可以看出，a、c 两点是最左、最右点 A、C 的水平投影，它们是两圆柱正面投影转向轮廓线的交点，可由 a、c 对应求出 a''、(c'') 及 a'、c'，这两点也是最高点；由侧面投影看出，小圆柱侧面投影转向轮廓线与大圆柱的交点 b''、d'' 是相贯线最低点 B、D 的投影，由 b''、d'' 可直接对应求出 b、d 和 b'、(d')，这两点也是最前、最后点。

2）求一般点。如图 2-3-2b 所示，在水平投影上任取对称点 1、2、3、4，然后求出其侧面投影 $1''$、$(2'')$、$(3'')$、$4''$，最后求出正面投影 $1'$、$2'$、$(3')$、$(4')$。

3）按顺序光滑连接以上各点并判别可见性。两圆柱前半面的正面投影均可见，相贯线由 a'、c' 点分界，前半部分 a'、$1'$、b'、$2'$、c' 可见，连成粗实线，c'、$(3')$、(d')、$(4')$、a' 与前半部分重合，如图 2-3-2b 所示。

1. 两圆柱正交相贯线的三种形式

1）图 2-3-3a 表示小的实心圆柱全部贯穿大的实心圆柱，相贯线是上下对称的两条闭合的空间曲线。

2）图 2-3-3b 表示圆柱孔全部贯穿实心圆柱，相贯线也是上下对称的两条闭合的空间曲线，且就是圆柱孔壁的上、下孔口交线。

3）图 2-3-3c 表示的相贯线是四棱柱内部两个圆柱孔的孔壁的交线，同样是上下对称的两条闭合的空间曲线。

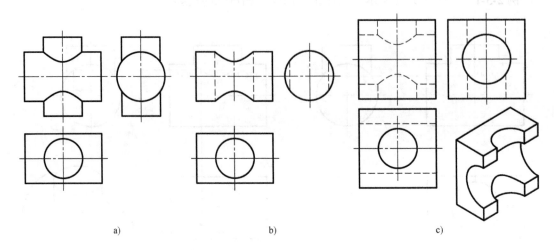

图 2-3-3　正交两圆柱相贯线的常见形式
a）实贯　b）虚实相贯　c）虚贯

以上三个投影图中所示的相贯线，具有相同的形状，而且求这些相贯线投影的作图方法也是相同的。

2. 两圆柱正交，当水平圆柱直径变化时，相贯线的变化

如图 2-3-4 所示。

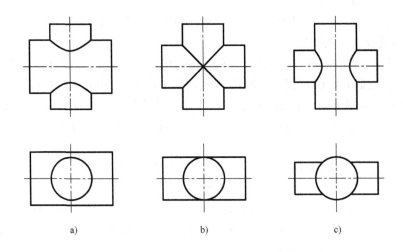

图 2-3-4　正交两圆柱相贯线的变化情况
a）水平圆柱大于直立圆柱　b）直径相等　c）水平圆柱小于直立圆柱

2.5.3 圆柱与圆锥正相贯

例 2-3-2 如图 2-3-5a 所示，求作圆柱与圆锥正交的相贯线的投影。

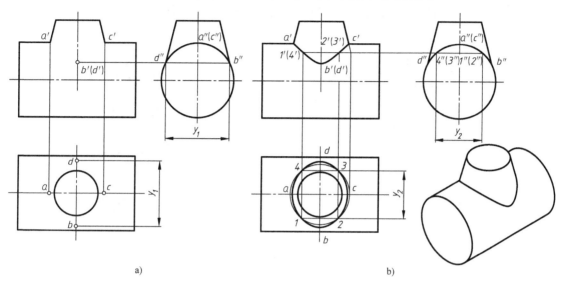

图 2-3-5 作圆柱与圆锥相贯线的投影
a）求特殊点 b）求一般点

分析：从图 2-3-5a 所示可以看出，圆锥轴线垂直于水平面，圆柱轴线垂直于侧面，圆柱的侧面投影有积聚性，相贯线的侧面投影积聚在圆柱侧面投影的圆周上，只需求相贯线的水平投影和正面投影。因相交的两立体前、后、左、右对称，相贯线也前、后、左、右对称，所以相贯线前、后部分的正面投影重合，左、右部分的侧面投影重合。

作图：

1）求特殊点。如图 2-3-5a 所示，从侧面投影可以看出，a''、（c''）是最高点 A、C 的侧面投影，它们是两立体正面投影转向轮廓线的交点，可由 a''、（c''）对应求出 a'、c' 及 a、c，圆锥侧面投影转向轮廓线与圆柱的交点 b''、d'' 是相贯线最低点 B、D 的投影，由 b''、d'' 可直接对应求出 b'、（d'）和 b、d，这两点也是最前、最后点。

2）求一般点。如图 2-3-5b 所示，在侧面投影上任取对称点 $1''$、（$2''$）、（$3''$）、$4''$，用纬圆法在锥面上取点，先求水平投影 1、2、3、4，然后再求其正面投影 $1'$、$2'$、（$3'$）、（$4'$）。

3）按顺序光滑连接以上各点并判别可见性。两立体前半面的正面投影均可见，相贯线由 a'、c' 点分界，前半部分 a'、$1'$、b'、$2'$、c' 可见，连成粗实线，c'、（$3'$）、（d'）、（$4'$）、a' 与前半部分重合，两立体的水平投影均可见，相贯线全部连成粗实线，如图 2-3-5b 所示。

2.5.4 相贯线的特殊情况

一般情况下，两回转体的相贯线是一条封闭的空间曲线。但是，在特殊情况下，也可变为平面曲线或直线，常见的有下面三种情况：

1）两个同轴回转体的相贯线，是垂直于轴线的圆。图 2-3-6 所示为几个轴线是铅垂线的同轴回转体，相贯线的正面投影积聚为一直线段，水平投影是反映实形的圆。

2）轴线相交且平行于同一投影面的两回转体相交，若它们能公切于一个球，则它们的相贯线是垂直于这个投影面的椭圆。

如图 2-3-7 所示的两个立体，它们的相贯线都是垂直于正面的两个椭圆，只要对角连接它们的正面投影转向轮廓线的交点，即为相贯线（椭圆）的正面投影。

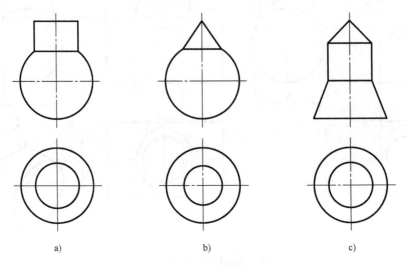

a)　　　　　　　　　　　b)　　　　　　　　　　　c)

图 2-3-6　相贯线的特殊情况（一）

a）圆柱与圆球相贯　b）圆锥与圆球相贯　c）圆柱与圆锥相贯

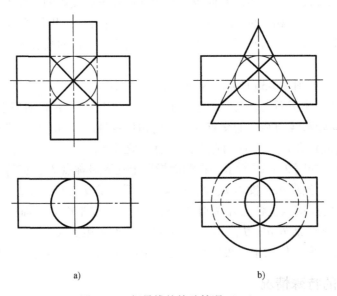

a)　　　　　　　　　　　b)

图 2-3-7　相贯线的特殊情况（二）

a）圆柱与圆柱相贯　b）圆柱与圆锥相贯

3）两轴线平行的圆柱相交或共锥顶的两圆锥相交，它们的相贯线都是直线，如图 2-3-8 所示。

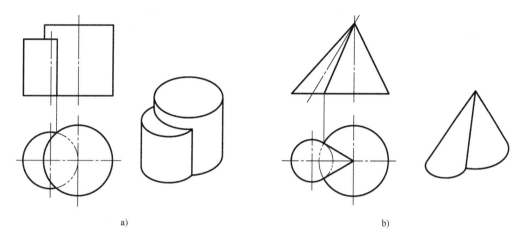

图 2-3-8 相贯线的特殊情况（三）
a）圆柱与圆柱相贯 b）圆锥与圆锥相贯

相贯线一般是闭合的空间曲线，特殊情况下可能是平面曲线或直线。求作相贯线的方法同求作截交线的方法类似；可见性的判别要复杂一些，只有同时位于两个立体的可见表面上的一段相贯线才是可见的，否则不可见。应当熟练掌握相贯线的各种特殊情况，这在实际生产中特别常见。

任务 4 组合体三视图的绘制及尺寸标注

章节 2.1.3 中已述，投影即视图。如果将投影称为视图，则三面投影称为三视图，正面投影称为主视图、水平投影称为俯视图、侧面投影称为左视图。关于视图概念详见章节 3.1。为了能快速、准确地表达组合体的结构、形状及大小，必须掌握组合体的形体分析和线面分析方法；同时，必须掌握绘制组合体三视图的基本方法、步骤及尺寸标注等相关知识。

相 关 知 识

2.6 组合体的绘制

2.6.1 组合体的形体分析及线面分析方法

由若干基本几何形体（基本立体）通过叠加、切割等组合方式形成的立体称为组合体。任何复杂组合体，都可看成是由若干基本立体通过不同的组合方式组合而成。如图 2-4-1a

所示的轴承座，是由几个基本立体经过叠加形成的；图2-4-1b所示的压块，是由四棱柱经过切割后形成的。

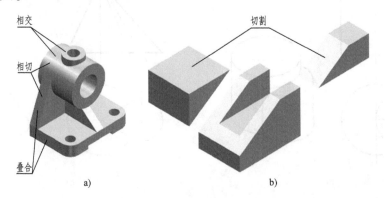

图 2-4-1 组合体的形体分析

a）轴承座 b）压块

由上述两个例子可以看出，将组合体分解为由若干基本立体的叠加与切割，并分析这些基本立体的相对位置，从而得出整个组合体的形状与结构，这种方法称为形体分析法。形体分析法是画图、看图和尺寸标注中，经常要运用的基本方法。主要作用是将复杂的问题分解为简单的问题，先解决简单的问题，复杂的问题就迎刃可解。

在绘制和阅读组合体的视图时，对比较复杂的组合体，通常在运用形体分析的基础上，对不易表达或读懂的局部，还要结合线、面的投影分析，如分析立体的表面形状、立体上面与面的相对位置、立体的表面交线等，来帮助表达或读懂这些局部的形状，这种方法称为线面分析法。

2.6.2 组合体的组合方式

组合体的组合方式，一般可分为叠加、切割（包括穿孔）或两者混合的形式。

1. 叠加

（1）叠合 叠合是指两个基本立体的表面相互重合，它们之间的分界线一般为直线或平面曲线。当两个基本立体除叠合表面外，没有公共表面时，在视图中，两个基本立体之间有分界线，如图2-4-2a所示；当两个基本立体除叠合表面外，还具有共同的表面时，两个基本立体之间没有分界线，在投影图上不应该画出分界线，如图2-4-2b所示。

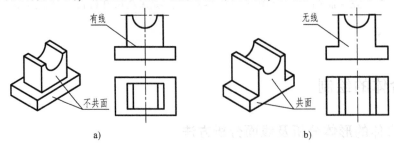

图 2-4-2 叠合的画法

a）不共面 b）共面

（2）相切 相切是两个基本立体的表面光滑过渡，如图 2-4-3 所示。由于两个基本立体表面相切处是光滑过渡，因此在视图上不应该画出切线，而底板顶面的正面和侧面视图只应画到切点为止。

注意：两圆柱面相切，当公切面垂直于投影面时，才在该投影面画出切线的投影，如图 2-4-4a 中的俯视图所示；两圆柱面相切，它们的公切面倾斜或平行于投影面时，则不画切线的投影，如图 2-4-4a 中的左视图及图 2-4-4b 中的俯视图、左视图所示。

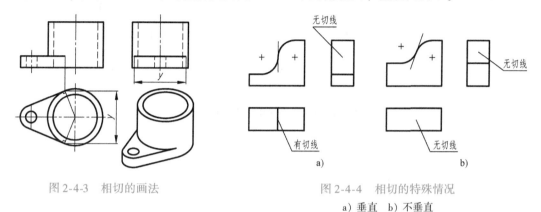

图 2-4-3　相切的画法

图 2-4-4　相切的特殊情况
a）垂直 b）不垂直

（3）相交 相交是两个基本立体的相邻表面相交，所产生的是截交线或相贯线，在视图中应画出。如图 2-4-5a ~ c 所示。

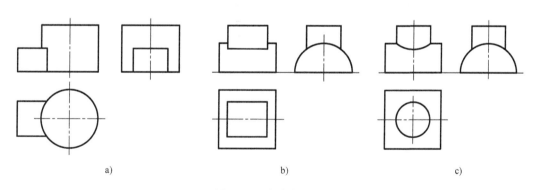

图 2-4-5　相交的画法
a）截交线 b）截交线 c）相贯线

在机械制图中，当不需要精确画出相贯线时，可采用近似画法简化。如图 2-4-6 所示，两不同直径的圆柱轴线垂直相交，且都平行于同一投影面，相贯线在该投影面上的投影常用由大圆柱半径所画的圆弧来代替。

2. 切割与穿孔

切割与穿孔是指基本立体被平面或曲面切割或穿孔，所产生的截交线或相贯线在投影图中应该画出。图 2-4-7a 所示为在半球上方切槽，形成的截交线要画出；图 2-4-7b 所示是在半圆柱上穿了方孔，孔口形成的截交线应画出；图 2-4-7c 所

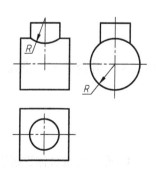

图 2-4-6　相贯线的近似画法

示为在半圆柱上穿了圆柱孔，形成的相贯线要画出。

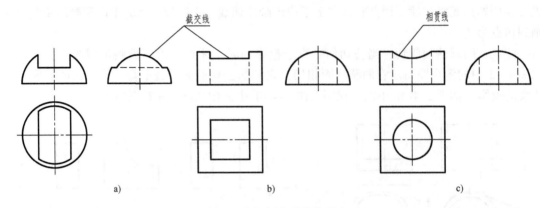

图 2-4-7 切割和穿孔的画法
a) 截交线　b) 截交线　c) 相贯线

　　图 2-4-8a 所示的组合体主要由底板、圆柱和 U 形凸台组成，包含了上述介绍的各种组合方式。U 形凸台同底板上下叠合，底板的前、后与圆柱体表面相切，U 形凸台同圆柱面左右相交，圆柱上部被切槽，底板左端被上下穿孔。图 2-4-8b 所示为支座的三视图。

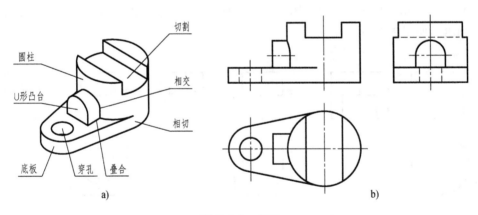

图 2-4-8 支座
a) 立体图　b) 三视图

任 务 实 施

2.6.3 组合体三视图的绘制

　　画组合体三视图的方法和步骤为：首先进行形体分析；选择主视图；选择比例、图幅；画基准线；然后逐个画出各基本立体的三视图；处理邻接关系；最后检查、加深，标注尺寸，完成组合体的三视图。

1. 叠加类组合体三视图的绘制

　　例 2-4-1　根据图 2-4-9a 所示立体图，绘制该组合体（叠加类）的三视图。

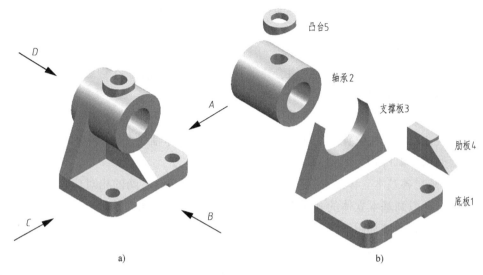

图 2-4-9　轴承座及其形体分析

a）立体图　b）形体分析

（1）形体分析　对组合体进行形体分析时，应分析组合体由哪些基本立体组成，它们的组合方式、相对位置是怎样的，从而对组合体的结构和形状有一个整体的概念。如图 2-4-9a 所示的轴承座，可以分解为由底板 1、轴承 2、支撑板 3、肋板 4 和凸台 5 组成，如图 2-4-9b 所示。凸台与轴承是两个垂直相交的空心圆柱体，在外表面和内表面上都有相贯线；支撑板的两侧与轴承的外圆柱面相切；肋板与轴承的外圆柱面相交，底板的顶面与肋板、支撑板的底面相互叠合。

（2）选择主视图　在三个视图中，主视图最为重要，是画图和读图的主要方向。选择主视图就是要确定组合体主要从哪个方向投射，以及怎样放置组合体这两个问题。选择的基本原则是：将物体按形体的自然位置安放，主视图应该尽量反映物体的形状及结构特征，且使得其他两个视图中的虚线为最少。

图 2-4-10 所示为图 2-4-9a 所示组合体的 A、B、C、D 四个方向的投影，如果以 D 向作为主视图的投射方向，则虚线较多，显然没有 B 向清楚；C 向与 A 向的正面投影虚、实线情况相同，但如选择 C 向，则对应的侧面投影上的虚线较多，因此，C 向没有 A 向好；再比较 B 向与 A 向投影，B 向更能反映轴承座的整体形状特征，且有利于图面布局，所以确定以 B 向作为主视图的投射方向。

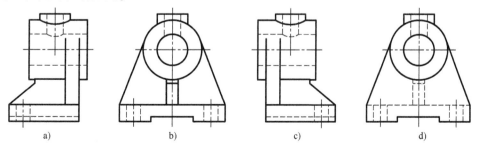

图 2-4-10　分析主视图的投射方向

a）A 向　b）B 向　c）C 向　d）D 向

主视图的投射方向确定了，其他视图的投射方向也就确定了。

（3）画图步骤

1）选择适当比例，确定图纸幅面。一般情况下，尽可能选用 1∶1 的比例，这样可方便画图和看图。按选定的比例，根据组合体的长、宽、高，确定三个视图所占面积，并在视图间留出适当距离和标注尺寸的位置后，选用合适的图幅。

2）按图纸幅面布置各视图的位置，画出基准线。每个视图需要确定两个方向的基准线，以确定其在图纸上的位置。基准线通常为主要的回转体轴线、对称中心线和重要端面的积聚线等，如图 2-4-11a 所示。

3）逐个画出各基本立体的三视图，完成底稿。根据它们之间的相对位置和组合方式处理有关线条。一般画基本立体的顺序为：先实体后挖切、先画大形体后画小形体，从整体入手、逐步细化。画底稿都用细线，如图 2-4-11b ~ e 所示。

注意：在画单个基本立体时，要三个视图联系起来画，并从反映形体特征的视图画起，再按投影规律画出其他两个视图。这样既能保证各基本立体之间的相对位置和投影关系，减少漏线或多线等失误，又能提高绘图速度。在形状较复杂的局部，例如具有相贯线和截交线的地方，应适当配合线面分析法，准确找出特殊点和关键点。

4）检查、修改，按规定线型加粗、加深，最后再全面检查，完成组合体的三视图，如图 2-4-11f 所示。底稿画完后，应按形体逐个仔细检查，对复杂结构要用线面分析的方法进行校核，纠正错误和补充遗漏。检查无误后，按规定线型加深，可见部分用粗实线描深，不可见部分用虚线画出。对称图形、大于或等于一半的圆弧的对称中心线，回转体的轴线要用细点画线画出。

加深结束后，再全面检查。无误后，标注尺寸（尺寸标注的内容见 2.6.4 组合体的尺寸标注）。

2. 切割类组合体三视图的绘制

例 2-4-2　根据图 2-4-12a 所示组合体（切割类）的立体图，画出三视图。

绘制切割类的组合体时，需按切割的顺序，先画出未切割前形体的原形，再逐一画出切割部分的视图。同时，需借助线面分析的方法确保交线和挖切部分的绘制正确。

（1）形体分析和线面分析　图 2-4-12a 所示组合体可以看作是一四棱柱被正垂面切角，然后又对中切去一方形槽而形成，如图 2-4-12b 所示。画图时必须注意，每当切割掉一块基本立体后，在组合体表面上一般会产生新的交线，要注意补画其投影。

（2）选择主视图的投射方向　按自然位置安放好组合体后，选定图 2-4-12a 箭头所示方向为主视图的投射方向。

（3）画图步骤　选择适当比例，确定图纸幅面，先画四棱柱的三视图，如图 2-4-13a 所示；再画被正垂面切角的三视图，如图 2-4-13b 所示；最后画对中切去方槽的三视图，如图 2-4-13c 所示。

（4）检查、加深，完成全图　用类似性检查正垂面的投影是否正确，如图 2-4-13d 所示。

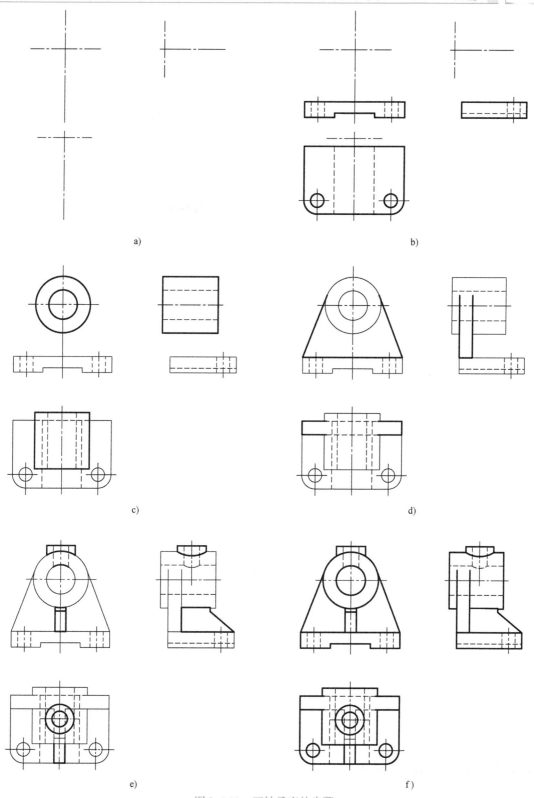

图 2-4-11　画轴承座的步骤

a) 画基准线　b) 画底板　c) 画轴承　d) 画支撑板　e) 画凸台、肋板　f) 结果

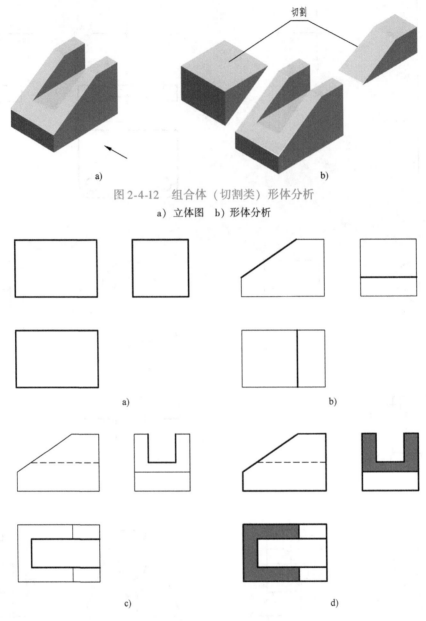

图 2-4-12　组合体（切割类）形体分析

a）立体图　b）形体分析

图 2-4-13　画组合体（切割类）三视图

a）画四棱柱　b）画左上方切角　c）画中间方槽　d）用类似性检查并加深

相 关 知 识

2.6.4　组合体的尺寸标注

视图只能表达组合体的形状，组合体的真实大小及其各种形体的相对位置，要通过标注尺寸来确定。标注组合体尺寸的基本要求是：

1）正确——所注尺寸要符合国家标准的有关规定。

2）完整——尺寸标注必须齐全，不遗漏、不重复。

3）清晰——所注尺寸要布置整齐、清楚，便于看图。

4）合理——所注尺寸要能被测量和被加工。

这里主要学习在标注组合体尺寸时如何达到完整和清晰的要求。

1. 基本立体的尺寸标注

组合体是由若干基本立体按一定的方式组合而成的，因此，要掌握组合体尺寸的标注方法，应首先掌握常见基本立体的尺寸标注方法。

（1）完整基本立体的尺寸标注　标注基本立体的尺寸时，一般要标注长、宽、高三个方向的尺寸。圆柱、圆锥和圆环等回转体的直径尺寸通常注在非圆视图上，如图 2-4-14a 所示，这样可以省略一个投影图；棱柱和棱锥的尺寸标注如图 2-4-14b 所示。

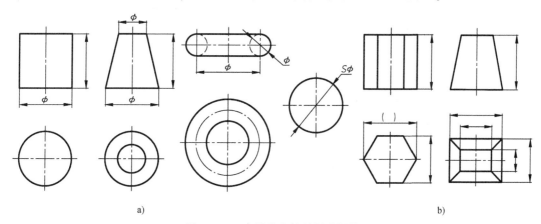

a)　　　　　　　　　　　　　　　　　　　　　　b)

图 2-4-14　完整基本体的尺寸标注

a）基本回转体的尺寸标注　b）棱柱和棱锥的尺寸标注

（2）带缺口的基本立体的尺寸标注　对于带缺口的基本立体，标注尺寸时，除注出完整基本立体本身的定形尺寸外，还应注出确定缺口截平面位置的尺寸，且尺寸应注在缺口特征最为明显的视图上，不应标注截交线的形状尺寸，如图 2-4-15 所示。

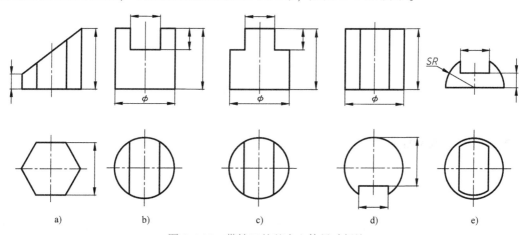

a)　　　　　　b)　　　　　　c)　　　　　　d)　　　　　　e)

图 2-4-15　带缺口的基本立体尺寸标注

a）六棱柱　b）圆柱　c）圆柱　d）圆柱　e）半球

（3）相贯体的尺寸标注　标注相贯体的尺寸时，须注出各相贯的基本立体的定形尺寸和确定其相对位置的定位尺寸，定位尺寸一般为一回转体的轴线到另一回转体端面的距离，不应标注相贯线的形状尺寸，如图 2-4-16 所示。

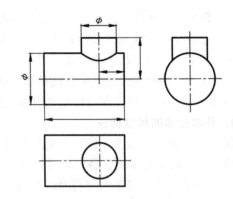

图 2-4-16　相贯体的尺寸标注

（4）常见底板、法兰盘的尺寸标注对于一些工程上常见的底板、法兰盘等，尺寸通常集中注在反映板面真实形状的视图上，如图 2-4-17 所示。

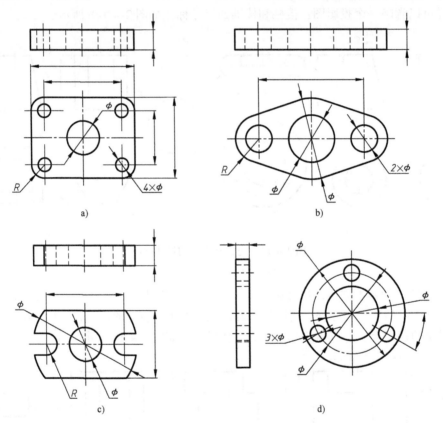

图 2-4-17　常见底板、法兰盘的尺寸标注

a）底板　b）底板　c）底板　d）法兰

2. 组合体的尺寸标注

（1）尺寸标注要完整　为了准确表达组合体的大小，尺寸标注必须完整，既不能遗漏，也不能重复，每一个尺寸在图样中只标注一次。为了保证尺寸标注完整，须运用形体分析法分析组合体，在图样上标注三类尺寸：定形尺寸、定位尺寸和总体尺寸。

1）定形尺寸。确定组合体中各基本立体形状大小的尺寸为定形尺寸，包括长、宽、高三个方向的尺寸。如图 2-4-18a 所示，将组合体分解为由底板和圆柱两个基本立体组成，标注出它们各自的定形尺寸。

2）定位尺寸。确定各基本立体之间相对位置的尺寸为定位尺寸，也有长、宽、高三个方向的尺寸。

标注组合体的定位尺寸时，必须确定长、宽、高三个方向上的尺寸基准，以便更清晰地确定各基本立体之间的相对位置。尺寸基准是标注尺寸的起点，一般选取组合体的对称面、底面、较大回转体的轴线、重要的端面等作为尺寸基准。图 2-4-18b 指明了组合体长、宽、高三个方向的尺寸基准，并标注出了几个小孔的定位尺寸。

3）总体尺寸。组合体外形的总长、总宽和总高为总体尺寸。

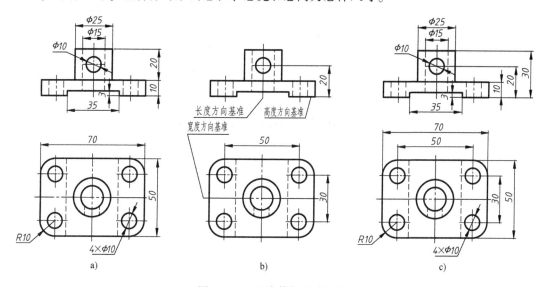

图 2-4-18　组合体的尺寸标注

a）标注定形尺寸　b）确定基准并标注定位尺寸　c）标注总体尺寸并调整

注意：总体尺寸不是必须标注的。当完整地注出组合体各基本立体的定形、定位尺寸后，如果有些尺寸已经直接或间接地反映了组合体的总长、总宽和总高，则不需要再另外注出该方向的总体尺寸，否则会出现重复或多余的尺寸；若需加注总体尺寸，则应重新对已注尺寸进行调整。如图 2-4-18c 所示，俯视图的定形尺寸 70、50 分别反映了组合体的总长和总宽，这两个方向的总体尺寸就不需要再标注；主视图上注出了总高尺寸 30，则应去掉一个同方向的定形尺寸，以保证尺寸链不封闭，如图 2-4-18a 中圆柱的定形尺寸 20 应去掉。

对于端部为圆或圆弧结构的组合体，一般不直接标注该方向的总体尺寸，而由定形尺寸和定位尺寸间接反映该方向的总体尺寸。

图 2-4-19a 所示俯视图中，定位尺寸 50 和定形尺寸 R15 间接地反映了长度方向的总体尺寸；图 2-4-19b 所示主视图中，定位尺寸 30 和定形尺寸 R15 间接地反映了高度方向的总体尺寸。

（2）尺寸标注要清晰　标注组合体的尺寸时，除了要求完整外，为了便于看图，还要力求清晰。为了使尺寸标注清晰，可以从以下几个方面考虑：

1）尺寸尽量集中标注在形状及结构特征最为明显的视图上。如图 2-4-17、图 2-4-18c 所示，底板和法兰的尺寸集中注在反映板面真实形状的视图上。

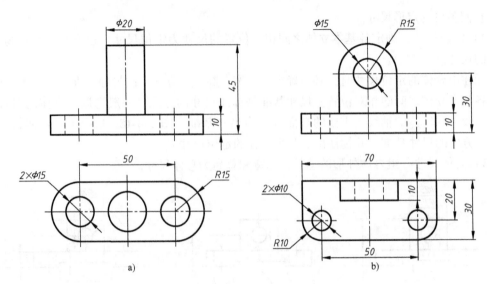

图 2-4-19　具有圆或圆弧结构的组合体尺寸标注

a) 左右有圆弧　b) 上方有圆弧

如图 2-4-18c、图 2-4-19 所示，直径尺寸尽量注在非圆视图上；半径尺寸必须注在圆视图上。

如图 2-4-15、图 2-4-18c 所示，缺口的尺寸应注在反映缺口真实形状的视图上。

2）同一基本立体的尺寸应尽量集中标注。如图 2-4-16 所示，小圆柱凸台的定形和定位尺寸尽量集中标注在主视图上；如图 2-4-18c 所示，底板的定形尺寸和四个小圆孔的定位尺寸集中标注在俯视图上，圆柱的定形尺寸以及圆孔的定位尺寸集中标注在主视图上。

3）尺寸标注要排列整齐并清晰。同一方向的几个连续尺寸应尽量标注在同一条尺寸线上，如图 2-4-20 所示；同一方向的尺寸要对正，如图 2-4-18c、图 2-4-19b 所示。

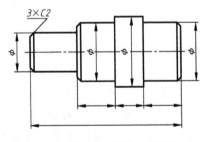

图 2-4-20　同一方向的几个连续尺寸

尽量避免尺寸线、尺寸界线与轮廓线相交；避免尺寸线与尺寸界线相交。尺寸尽量标注在视图的外方，并将小尺寸注在里、大尺寸注在外，如图 2-4-18c 所示。

为便于查找，尺寸应尽量标注在两个相关视图之间，如以上各图。

任 务 实 施

（3）组合体尺寸标注的方法和步骤　下面以图 2-4-21 所示轴承座为例，说明标注组合体尺寸的方法和步骤：

1）形体分析及确定各基本立体的定形尺寸。由形体分析可知，轴承座由底板、轴承、支撑板、肋板和凸台五个部分组成，各个形体的定形尺寸如图 2-4-22 所示。

2）选择尺寸基准。如图 2-4-23a 所示，选择底面作为高度方向的尺寸基准，左右对称的中心面作为长度方向的尺寸基准，轴承的后端面作为宽度方向的尺寸基准。

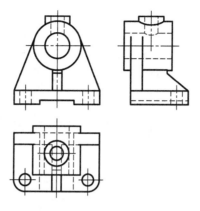

图 2-4-21 轴承座的视图

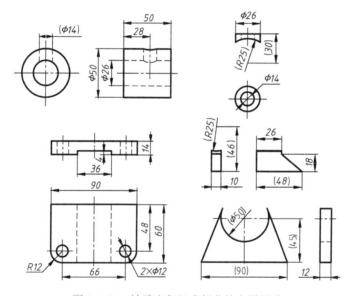

图 2-4-22 轴承座各组成部分的定形尺寸

3）逐个标注出各个基本立体的定形和定位尺寸。如图 2-4-23a ~ d 所示，分别标注出底板、轴承、凸台、支撑板和肋板的定形尺寸和定位尺寸。标注时，如果出现尺寸重复，则要作适当的调整。如标注了轴承的定位尺寸 60 后，可以省去支撑板的定形尺寸 46。

4）标注总体尺寸。标注了组合体各基本立体的定形和定位尺寸后，一般还要考虑总体尺寸的标注。如图 2-4-23c 所示，轴承座的总长和总高都是 90，在图上已经注出，由于必须注出底板的定位尺寸 7 和宽度 60，因此不标注宽度方向的总体尺寸。

5）校核。最后，对已标注的尺寸，按正确、完整、清晰的要求进行检查，如有不妥，作适当调整，结果如图 2-4-23d 所示。

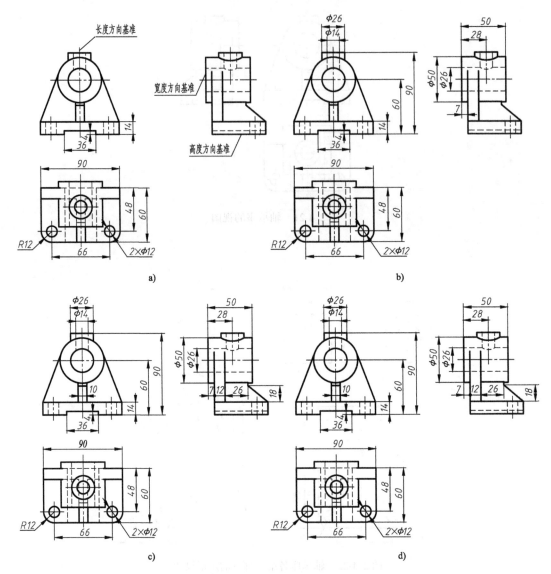

图 2-4-23　轴承座的尺寸标注

a）确定尺寸基准并标注底板尺寸　b）标注轴承和凸台尺寸

c）标注支撑板和肋板尺寸　d）校核后的标注结果

任 务 总 结

　　形体分析法是画图及尺寸标注的基本方法，主要作用是将复杂的问题分解为简单的问题，先解决简单的问题，复杂的问题就迎刃可解。要正确绘制组合体三视图，应熟练掌握组合体的各种组合方式及表达方法；要掌握组合体尺寸的标注方法，应熟练掌握常见基本立体的尺寸标注方法。

任务5 组合体三视图的识读

读图是画图的逆过程，通过读图能够提高空间想象能力以及对投影的分析能力。画图是将空间形体按正投影法表达在平面图纸上；而读图则是根据平面视图想象出物体空间形状的过程。读图的基本方法仍然是形体分析法，对于一些比较复杂的局部形状，还需采用线面分析法。

2.6.5 读组合体三视图的基本要领

1. 几个视图联系起来看，反复对照视图和想象中的形体

组合体形状较复杂，通常需要多个视图才能表达清楚。读图时要几个视图联系起来看，才能准确想象出组合体各组成部分的形状及其相互位置，切忌只看一个视图就下结论。读图的过程，就是将想象中的形体与给定的视图反复对照，直到二者完全相符的过程。

如图2-5-1a、b、c所示的三组投影图，它们的正面投影相同，但联系水平投影可知，它们表达的立体形状不一样；图2-5-1d、e、f三组投影图的水平投影相同，而实际上所表示的是三个不同的形体。

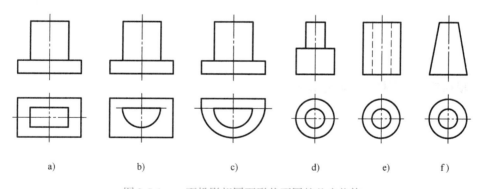

a)	b)	c)	d)	e)	f)

图2-5-1 一面投影相同而形状不同的几个物体

又如图2-5-2所示的四组投影图，它们的正面投影、水平投影均相同，但联系侧面投影可知，它们分别表示了四个不同形状的物体。

事实上，根据图2-5-1a~c的正面投影、d~f的水平投影以及图2-5-2的正面投影和水平投影，还可以分别构思出更多不同形状的立体。

由此可见，在读图时，一般要将几个视图联系起来阅读、分析、构思，才能想象出视图所唯一表示的组合体的形状。

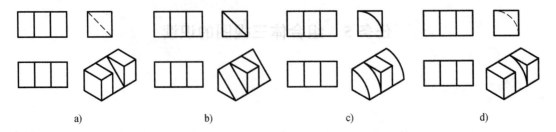

图 2-5-2　正面投影和水平投影相同而形状不同的几个物体

2. 应明确视图中线框和图线的含义

1）视图中的每一个封闭线框，通常是物体上一个表面或孔的投影，所表示的面可能是平面或者曲面，也可能是平面与曲面相切所组成的组合面。

图 2-5-3 所示主视图中的封闭线框 b'、c'、d' 和俯视图中的封闭线框 e 表示的是平面的投影；主视图中的封闭线框 a' 表示的是曲面的投影。

2）视图中的每一条图线，可能是下面情况中的一种：

① 投影面垂直面有积聚性的投影。图 2-5-3 所示俯视图中的线段 b、c、d 表示平面具有积聚性的水平投影；圆 a 表示曲面具有积聚性的水平投影。

② 两个面交线的投影。图 2-5-3 所示主视图中的 b' 和 c' 之间的线段，是平面 B 和平面 C 交线的投影。

③ 曲面投影的转向轮廓线。图 2-5-3 所示主视图中的 a' 线框左右两条竖直的线段是圆柱正面投影的转向轮廓线。

3）投影图中相邻的封闭线框，不一定是相交的两个面的投影，但一定是不同的面的投影。

如图 2-5-3 所示主视图中的线框 b' 与 c' 相邻，它们是相交的两个平面 B、C 的正面投影；而线框 a' 和 c' 相邻，它们是不同的两个面 A、C 的投影。

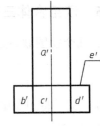

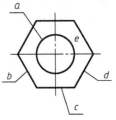

图 2-5-3　线框和图线的含义

3. 根据特征视图构思物体的形状

组合体的主视图最能反映物体的形状或结构特征，因此，一般情况下，应从主视图入手，根据特征视图构思出物体形状的几种可能，再对照其他视图，得出物体的正确形状。但有时也需要从其他反映形体特征的视图着手，构思出各形体的结构。如图 2-5-4 所示，中间部分在主视图中反映其形状特征；两侧形体则在俯视图中反映其形状特征。

图 2-5-4　组合体的特征视图

4. 善于构思物体的形状

为了提高读图能力，应不断培养构思物体形状的能力，从而进一步丰富空间想象能力，做到正确和迅速地读懂视图。因此，一定要多看，多构思物体的形状。

例 2-5-1　如图 2-5-5 所示，已知物体三视图的外轮廓，构思该物体形状，并补全投影图。

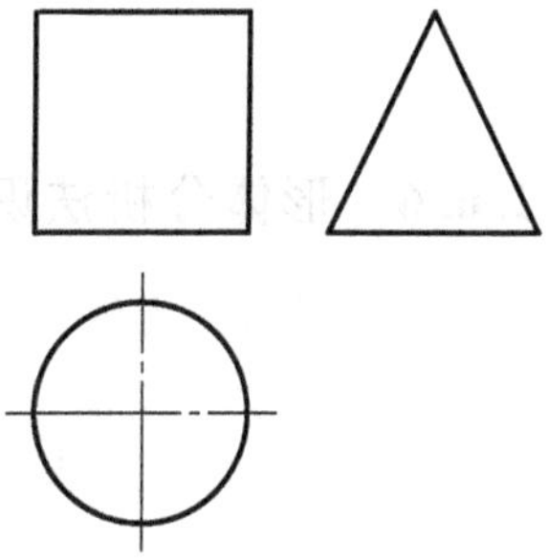

分析：一个物体通常要根据三面投影才能确定形状，因此，在构思过程中，可以从正面投影入手，逐步按三面投影的外轮廓来构思这个物体，最后想象出该物体的形状。注意构思过程要充分利用物体的特征视图。

构思过程如图 2-5-6 所示。

1）正面投影为正方形的物体，可以有多种形状，如正方体、圆柱体等，如图 2-5-6a 所示。

2）正面投影为正方形、水平投影为圆的物体，一定是圆柱体，如图 2-5-6b 所示。

图 2-5-5　构思物体的形状

3）由正面投影和水平投影确定物体为圆柱体后，当侧面投影为三角形时，可以想象出，它是圆柱体被两个侧垂面前后对称截切后形成的，如图 2-5-6c 所示。

4）圆柱被截切后产生的截交线以及截平面间的交线需在投影图中画出，补全交线后的立体图如图 2-5-6d 所示，三视图表达如图 2-5-6e 所示。

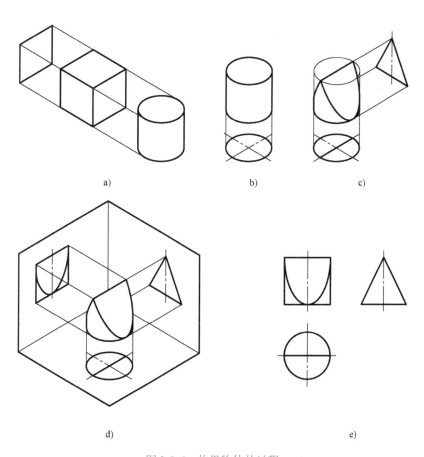

图 2-5-6　构思物体的过程

a）圆柱或棱柱　b）圆柱　c）圆柱被切　d）立体图　e）三视图

2.6.6 形体分析法识读组合体三视图

读图的基本方法与画图一样，主要采用形体分析法。一般从反映组合体形状或结构特征的主视图入手，对照其他视图，分析组合体由哪些基本立体组成，以及各形体之间的组合方式和相对位置关系，最后综合想象出物体的总体形状。例2-5-2和例2-5-3说明了运用形体分析法看图的步骤。

例2-5-2 如图2-5-7a所示，根据组合体的三视图，想象其形状。

看图步骤如下：

1）分线框、对照投影关系。从主视图入手，借助丁字尺、三角板和分规等，按照三视图投影规律，几个视图联系起来，可以将该组合体分解成Ⅰ、Ⅱ、Ⅲ三个封闭的实线框，当作组成这个组合体的三个部分，如图2-5-7a所示。

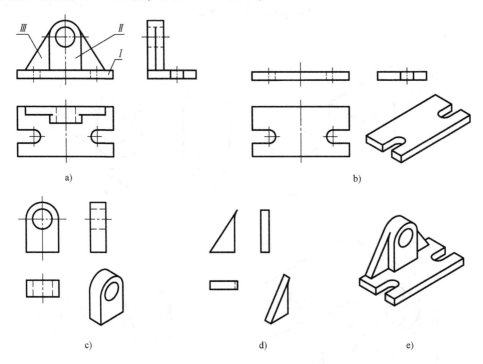

图2-5-7 读组合体视图的步骤

a）分线框 b）想象Ⅰ部分的形状 c）想象Ⅱ部分的形状 d）想象Ⅲ部分的形状 e）综合想象的结果

2）识形体，定位置。根据每一部分的投影想象出形体，并确定它们的相互位置。如图2-5-7b~d所示。

3）综合起来想整体。最后将各个形体综合考虑得到如图2-5-7e所示组合体。

例2-5-3 如图2-5-8所示，已知支撑的主视图和左视图，想象支撑的整体形状，并补画俯视图。

作图：

1）分线框，对投影。将主视图分成三个封闭线框，如图 2-5-8 所示。

2）识形体，定位置，逐个作出各组成部分的俯视图。根据每一部分的投影想象出形体，并确定它们的相互位置，补画俯视图，如图 2-5-9a ~ c 所示。

3）根据各部分的形状和相对位置，想象支撑的整体形状，完成俯视图，如图 2-5-9d 所示。

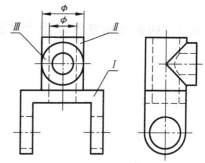

图 2-5-8　支撑的主视图和左视图

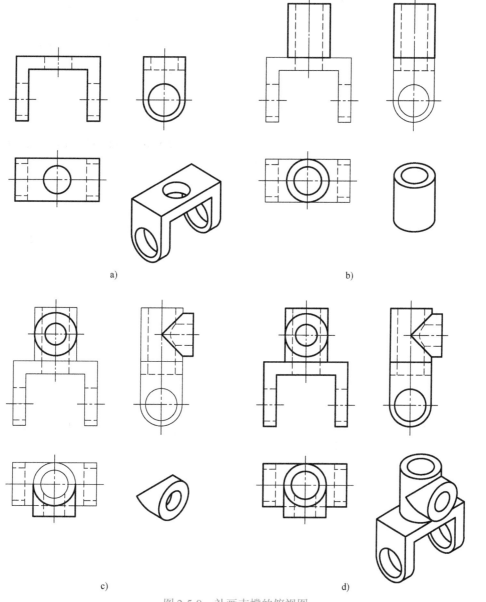

a)　　　　　　　　　　　　　　b)

c)　　　　　　　　　　　　　　d)

图 2-5-9　补画支撑的俯视图

a）想象I的形状，画出俯视图　b）想象II的形状，画出俯视图　c）想象III的形状，画出俯视图　d）综合整体形状，检查、加深

2.6.7 线面分析法识读组合体三视图

读图一般采用形体分析法，但是对于一些较复杂的形体的局部，还需要采用线面分析法，即通过分析面的形状、面的相对位置以及面与面的交线等来帮助想象物体的形状。

例2-5-4 如图2-5-10a所示，已知压板的主视图和俯视图，补画其左视图。

分析：由图2-5-10a所示的俯视图可以看出，压板是前后对称的；主视图中有三个封闭线框 c'、d'、e'，它们对应的俯视图上的投影 c、d、e 都具有积聚性，C 为铅垂面，D、E 为正平面；俯视图中的封闭线框 a、b、f 对应的主视图上的投影 a'、b'、f' 也具有积聚性，B 为正垂面，A、F 为水平面。由此可以想象压板是一长方体，左端被正垂面 B 及前后对称的两个铅垂面 C 截切，底部则分别被前后对称的正平面 E 和水平面 F 截切，如图2-5-10b所示。

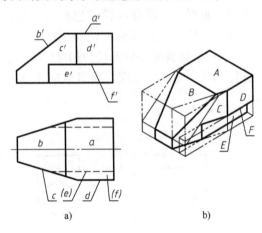

图2-5-10 压板的已知条件及投影分析

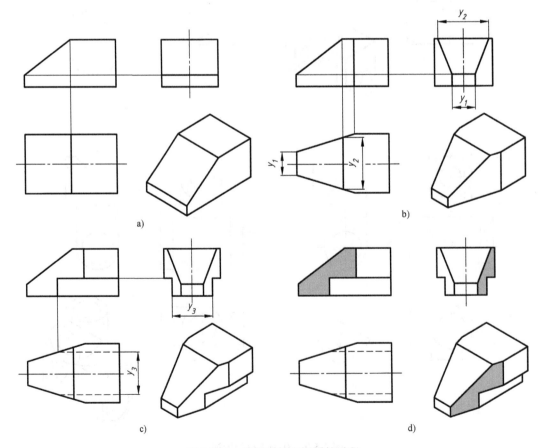

图2-5-11 补画压板左视图的过程

a) 左上角被正垂面截切 b) 左端被前后对称的铅垂面截切 c) 下部被前后对称的正平面及水平面截切 d) 用类似性检查，加深

作图：

1）长方体被正垂面 B 截切，画出截切后的左视图，如图 2-5-11a 所示。

2）被 B 截切后的长方体再被两个前后对称的铅垂面 C 截切，画出截切后的左视图，如图 2-5-11b 所示。注意 y_1、y_2 尺寸。

3）在两次截切的基础上，长方体又被水平面 F 和两个前后对称的正平面 E 截切，画出截切后的左视图，如图 2-5-11c 所示。注意 y_3 尺寸。

4）运用投影的类似性进行检查，然后加深，如图 2-5-11d 所示。

例 2-5-5　如图 2-5-12a 所示，已知支架的主视图和俯视图，想象出它的形状并补画左视图。

分析：如图 2-5-12b 所示，以主视图中的三个封闭线框 a'、b'、c' 对照俯视图，由于没有一个类似形与上述封闭线框对应，因此，A、B、C 所代表的三个面一定与水平面垂直，它们在俯视图中的对应投影可能是 a、b、c 三条线中的一条。联系主视图和俯视图可知，这个支架分为前、中、后三层，由于支架正面投影上的所有轮廓均为可见，则一定是最低的一层位于最前，最高的一层位于最后，A、B、C 三个面的俯视图如图 2-5-12b 所示。进一步分析可知，最低的前层上有一个方形的槽；中层的上端有一个半圆柱的槽，半圆柱槽的直径与支架宽度相等；最高的后层上有一个直径较小的半圆柱槽；中层和后层有一个圆柱形的通孔。最后想象出的支架的形状如图 2-5-12c 所示。

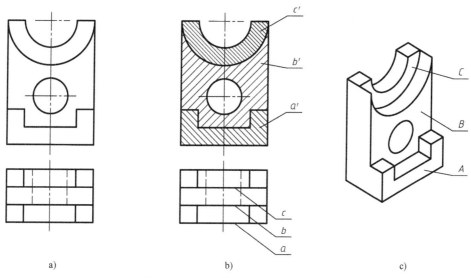

图 2-5-12　支架的已知条件和分析过程

a）已知　b）分线框　c）立体图

作图：根据主视图和俯视图的对应关系，逐步画出每一层及该层每个面的左视图，最后检查、加深。作图过程如图 2-5-13 所示。

读图的基本方法与画图一样，主要采用形体分析法。一般从反映组合体形状或结构特征的主视图入手，对照其他视图，分析组合体由哪些基本立体组成，以及各形体之间的组合方

式和相对位置关系，最后综合想象出物体的总体形状。在这个过程当中，熟练掌握和运用读组合体三视图的基本要领是非常重要的。

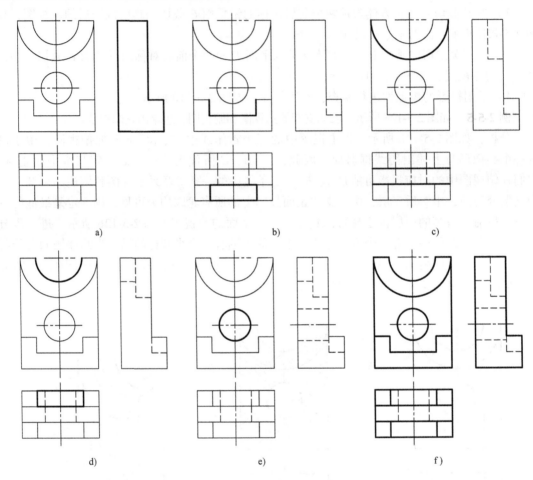

图 2-5-13 补画支架左视图的过程

a）画外轮廓 b）画层的方形槽 c）画中间层的半圆柱形槽 d）画后层的半圆柱形槽
e）画从中间层往后贯穿的圆孔 f）检查、加深

项 目 总 结

1. 通过本项目的学习，了解仅仅用一个图形很难把立体完整的表达出来，一般情况下我们用三面投影（三视图）从三个不同方向可以比较完整的表达简单立体。复杂立体的表达见项目三的讲解。

2. 学习了什么是投影，什么是正投影。一定要掌握三视图之间"高平齐、长对正、宽相等"的投影规律，掌握形体分析法和线面分析法，能够正确识读和规范绘制简单立体的三视图。

3. 掌握简单立体尺寸标注的方法步骤，为下一步学习零件的识读和绘制打下基础。

项目三 绘制与识读零件图

1. 掌握常用视图、剖视图、断面图的概念、种类、用途和画法。
2. 了解零件图的作用与内容。
3. 掌握典型零件表达方案和尺寸标注方法。
4. 了解零件常见工艺结构。
5. 了解零件图上常见技术要求的含义及标注方法。
6. 能看懂中等难度的零件图，能规范绘制简单的零件图。

任务 1　阀体的表达

任务分析

图 3-1-1 所示为阀体的三维造型。用三视图表达时，按自然位置安放并选择比较能够反映其主要形体特征的方向为主视方向，如图 3-1-1 中的箭头所示。如果用主、俯、左三个视图表达，由于阀体左右两侧的形状不同，则在左视图中将会出现许多虚线，这将给画图和看图带来困难。如何正确用工程图样来表达此零件呢？

图 3-1-1　阀体的三维造型

3.1　零件外形的表达方法——视图

视图是根据有关标准和规定，用正投影法绘出的图形，主要用来表达机件的外部形状和结构，一般只画出机件的可见部分，必要时才用细虚线表达其不可见部分。视图通常分为基本视图、向视图、局部视图和斜视图。

1. 基本视图

当机件的形状比较复杂时，其六个侧面的形状都可能不相同，为了清晰地表达机件的六个侧面，需要在原有 V、H、W 三投影面的基础上，分别在其对面再增加三个投影面，组成一个正六面体，这六个投影面称为基本投影面。

机件向基本投影面投射所得的视图，称为基本视图。把机件放置在正六面体中，分别将其向六个基本投影面投射，就得到六个基本视图。即：

主视图——由前向后投射所得的视图，反映了机件的长度和高度；

俯视图——由上向下投射所得的视图，反映了机件的长度和宽度；

左视图——由左向右投射所得的视图，反映了机件的高度和宽度；

右视图——由右向左投射所得的视图，反映了机件的高度和宽度；

后视图——由后向前投射所得的视图，反映了机件的长度和高度；

仰视图——由下向上投射所得的视图，反映了机件的长度和宽度。

六个投影面的展开方法，如图 3-1-2 所示。正投影面保持不动，其他各个投影面按箭头所示方向，展开到与正投影面在同一个平面上。

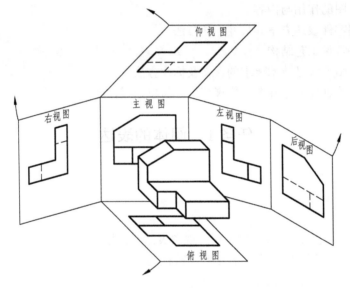

图 3-1-2　六个基本视图的形成及其展开

六个基本视图一般按六面体的展开位置配置，且一律不标注视图的名称，如图 3-1-3 所示。

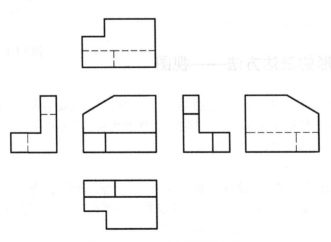

图 3-1-3　六个基本视图的配置

六个基本视图之间仍符合"长对正、高平齐、宽相等"的关系。以主视图为基准，除后视图外，其他视图在远离主视图的一侧，仍表示机件的前侧部分；而靠近主视图的一侧，表示机件的后侧部分。

虽然机件可以用六个基本视图来表达，但在实际应用中，并不是所有机件都需要采用六个基本视图来表达，应针对机件的实际形状和结构特点，按以下原则选择视图：

1）在完整、清晰地表达机件结构形状的前提下，力求视图的数量最少。

2）尽量避免使用细虚线表达机件的轮廓。但未表达清楚的结构，其投影细虚线仍应画出。

3）避免不必要的细节重复表达。

如图 3-1-4 中的机件，可按其轴线侧垂安放，并以垂直于轴线的方向作为主视图的投射方向。选择视图时，如果只采用主、左视图，虽然能完整表达这个机件，但由于左、右两凸缘的形状不同，左视图将会出现许多细虚线，影响图形的清晰程度和增加标注尺寸的困难。再增加一个右视图，就能完整和比较清晰地表达这个机件。图 3-1-4 中，机件的内腔结构和凸缘上孔的深浅在左、右视图中未表达清楚，故在主视图中画出了表达内腔结构和孔的细虚线。而左、右凸缘及小孔的形状结构分别在左、右视图中已表达清楚，故在这两个视图中，省略了凸缘和小孔的细虚线。

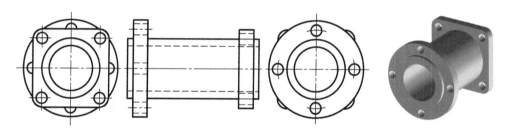

图 3-1-4　基本视图的应用

2. 向视图

向视图是可以自由配置的基本视图。若一个机件的基本视图不按图 3-1-3 配置，或不能画在同一张图纸上时，则把此基本视图称为向视图。此时，应在视图上方用大写字母标出视图的名称"×"，并在相应的视图附近用箭头和相同的大写字母表示该向视图的投射方向。如图 3-1-5 所示，在视图上方分别标注了大写字母 A、B 的两个视图均为向视图。图中未加标注的四个视图是基本视图：主视图、俯视图、左视图和后视图。

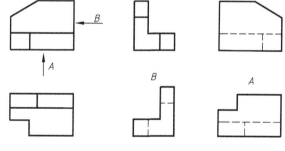

图 3-1-5　向视图及其标注

图 3-1-6 为阀体的表达方案。由于仅用三视图已无法将机件的形状全部表达清楚，所以

增加了一个向视图（A向视图），它主要用来表达机件右侧的外形。由于用四个图已将机件的全部形状表达清楚，不仅是左视图中的虚线，连同俯视图及A向视图中的虚线都可以不画。在上述阀体的表达方案中，请思考一下，若将A向视图按投影关系配置，即把其配置在主视图左侧并与主视图保持高平齐的关系，则此图是否还需要标注？

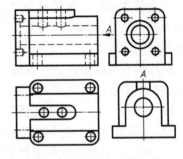

图 3-1-6　阀体的表达方案

　　视图主要用于表达零件的外部形状，六个基本视图按规定位置配置，不标注；向视图可自由配置，标注时应在视图的上方标注大写字母，在相应视图附近用箭头指明投射方向，并标注相同字母。

任务2　压紧杆的表达

　　图3-2-1a所示为压紧杆的三维造型，由于零件上存在倾斜结构，若采用如图3-2-1b所示的三视图表达，则倾斜部分在俯视图和左视图上的投影都不具有实形性，这将给画图和看图都带来不便。对于这种情况，常采用斜视图和局部视图来表达。

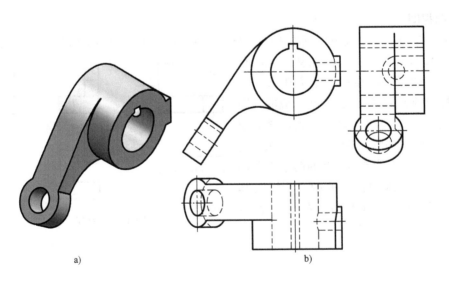

a)　　　　　　　　　　　　　　b)

图 3-2-1　压紧杆及其三视图

a）三维造型　b）三视图

3.2　局部视图

将机件的某一部分向基本投影面投射所得的视图，称为局部视图。

局部视图用于表达机件的局部形状。如果机件的主要形状已在基本视图上表达清楚，只有某一局部的形状未表达清楚时，可只将机件的该部分向基本投影面投射，画出相应的局部视图。

如图 3-2-2a 所示的机件，画出了主视图和俯视图，但在这两视图中，左右两侧凸台的形状还没有表达清楚，故只将此两局部结构分别向左视图和右视图的投影平面进行投射，即采用了"A""B"两个局部视图来表达两侧凸台的形状，如图 3-2-2b 所示。这样表达，既完整、清晰，又重点突出，简单明了，便于画图和看图。

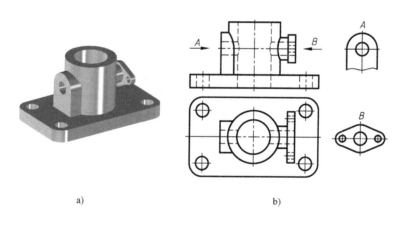

a)　　　　　　　　　　　　　　　　　b)

图 3-2-2　局部视图

a）三维造型　b）增加了 A、B 局部视图

画局部视图时应注意：

1）局部视图一般用波浪线或双折线表示断裂部分的边界，如图 3-2-2 中的局部视图 A 所示。但是，如果所表达的局部结构的外轮廓线是封闭的，波浪线可省略不画，如图 3-2-2 中的局部视图 B 所示。

2）局部视图可按基本视图的配置形式配置，且可以不标注，如图 3-2-2 中的局部视图 A 可以不标注；也可按向视图的配置形式自由配置，此时需加标注，标注形式与向视图相同，如图 3-2-2 中的局部视图 B 所示。

3）为了节省绘图时间和图幅，对于对称的构件或机件的视图，可只画一半或四分之一，并在对称线的两端，画出两条与其垂直的平行细实线，如图 3-2-3 所示，此时，可将其视为是以细点画线作为断裂边界的局部视图的特殊画法。

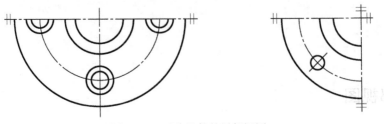

图 3-2-3 对称机件的局部视图

3.3 斜视图

将机件向不平行于基本投影面的平面投射所得到的视图，称为斜视图。

斜视图主要用于表达机件上相对基本投影面处于倾斜位置的局部结构的形状。如图 3-2-4a 所示，机件右边处于正垂位置的斜板部分倾斜于基本投影面，在基本视图上不能反映斜板部分真实形状。为了清晰地表达这一部分的结构形状，可加一个平行于斜板部分的正垂面作为辅助投影面，然后用正投影法将斜板部分向辅助投影面投射，就可得到反映倾斜部分真实形状的斜视图，如图 3-2-4b 中的斜视图 A 所示。

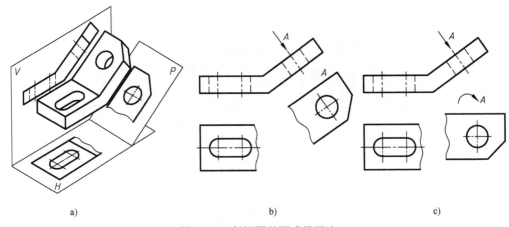

a)   b)   c)

图 3-2-4 斜视图的形成及画法

画斜视图时应注意：

1）斜视图通常按向视图的配置形式配置和标注，即用大写字母及箭头指明投射方向，且在斜视图上方用相同字母注明视图的名称，所有字母都必须水平书写，如图 3-2-4b 所示。

2）斜视图只要求表达倾斜部分的局部形状，其余部分不必在斜视图中绘出，可用波浪线表示其断裂边界。

3）必要时，允许将斜视图旋转放正，并加注旋转符号"⌒"，大写字母要放在靠近旋转符号的箭头端。旋转符号表示的旋转方向应与图形的旋转方向相同，如图 3-2-4c 所示。

图 3-2-5a 为压紧杆的表达方案。压紧杆由于有倾斜的结构，为了让各部分都投影成实

形，方案采用了四个图表达，保留了原三视图中的主视图，舍去了俯视图和左视图，取而代之的是一个斜视图和两个局部视图。其中，斜视图用来表达机件上倾斜部分的实形，剩余部分用 B 向局部视图表达；C 向局部视图用以表达机件右侧的 U 形凸台。这种表达方法显然比用三视图表达更简明易懂。

图 3-2-5b 是压紧杆的另一表达方案。请比较两种表达方案在画图及标注方面的异同点。

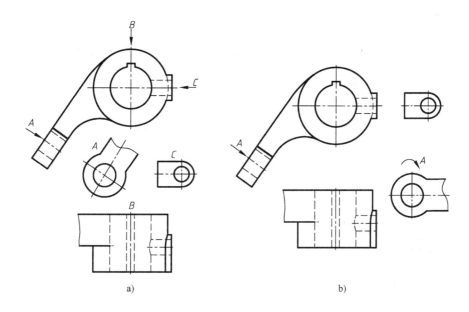

a)　　　　　　　　　　　　　b)

图 3-2-5　压紧杆表达方案

局部视图用于表达零件局部外形，可按基本视图或向视图的配置形式配置并标注。斜视图用于表达零件倾斜部分外形，按向视图的配置形式配置并标注。

任务 3　泵盖的表达

泵盖的三维造型如图 3-3-1a 所示，其内部的不可见结构比较多，若用两个视图来表达其形状，如图 3-3-1b 所示，则在主视图中会用较多的虚线。过多的虚线会影响图形的清晰度，不便于读图和标注尺寸。为了清晰地表达零件的内部结构和形状，国家标准规定了剖视的表达方法。

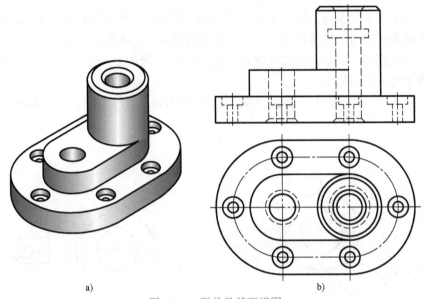

a)   b)

图 3-3-1 泵盖及其两视图

3.4 剖视图

1. 剖视图的形成

假想用剖切面剖开机件，将处在观察者和剖切面之间的部分移去，而将其余部分向投影面投射所得的图形称为剖视图，简称剖视。剖切面为平面或柱面。

如图 3-3-2a 所示。假想用一平面沿机件的前后对称面将其剖开，将处在观察者和剖切面之间的前半部分移去，只将剖切断面和断面后的可见部分沿箭头所指的方向进行投射，即得到如图 3-3-2b 所示的剖视图。

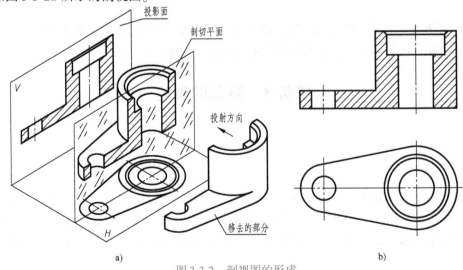

a)   b)

图 3-3-2 剖视图的形成

2. 剖视图的画法

以图 3-3-3 所示的机件在主视图上画剖视图为例，说明画剖视图的步骤。

1）弄清机件的内外形状和总体特征，画出机件的视图，如图 3-3-3a 所示。该机件前后完全对称，且机件上左右两端的孔均处于正平位置的前后对称面上。

2）确定剖切面的剖切位置。如图 3-3-3a 所示，根据机件的结构特征，选择剖切平面与机件的前后对称面重合。

3）在已画好的视图上重绘出断面的形状，并在断面区域中绘出剖面线，即剖面符号，如图 3-3-3b 所示。

4）重绘断面后的可见轮廓，并在所有视图中擦去已表达清楚的细虚线，如图 3-3-3c 所示。

5）按照规定的方法进行标注，如图 3-3-3d 所示。

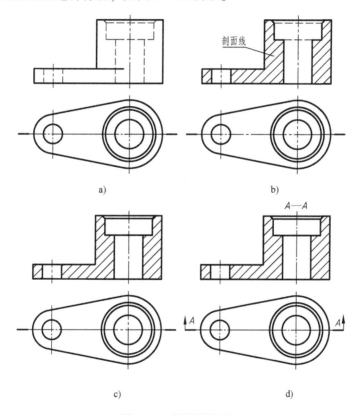

图 3-3-3 剖视图的画法

a）画出视图，确定剖切位置 b）重绘断面形状，并绘出剖面线 c）重绘断面后可见轮廓，检查整理 d）标注

3. 剖视图的标注

（1）剖视图标注的三要素

剖切线——指示剖切面位置的线，用细点画线表示。

剖切符号——指示剖切面起、迄和转折位置及投射方向的符号，分别用粗短画和箭头表示。箭头画在指示剖切面位置的起、迄处，并与粗短画垂直。

字母——注写在剖视图上方，用以表示剖视图的名称的大写字母。为便于读图时查找，应在剖切符号附近注写相同的字母。

以上三要素的组合标注如图 3-3-4a 所示。剖切符号之间的剖切线一般可省略不画。如图 3-3-4b 所示。

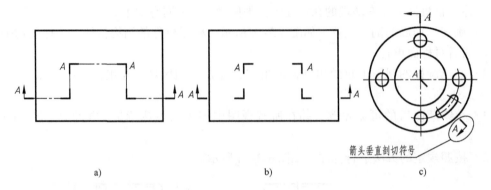

箭头垂直剖切符号

a)　　　　　　　　　　　　b)　　　　　　　　　　　　c)

图 3-3-4　剖视图的标注

（2）剖视图的标注方法

1）一般应在剖视图的上方用大写字母标出剖视图的名称"×－×"，在相应的视图上用剖切符号表示剖切位置和投射方向，并标注相同的字母，如图 3-3-3d 所示。

2）当剖视图按投影关系配置，中间又无其他图形隔开时，表示投影方向的箭头可以省略。

3）当单一剖切平面通过机件的对称面或主要对称面，且剖视图按投影关系配置，中间又没有其他图形隔开时，不必标注，如图 3-3-7b 所示。图 3-3-3d 可不标注。

4）当单一剖切平面的剖切位置明显时，局部剖视图不必标注。

（3）剖面符号的画法　假想用剖切面剖开机件，剖切面与机件的接触部分称为剖面区域。在绘制剖视图时，通常应在剖面区域内按规定画出与零件材料相对应的剖面符号，见表 3-3-1。

表 3-3-1　常用材料的剖面符号

金属材料（已有规定剖面符号除外）		液体	
非金属材料（已有规定剖面符号除外）		线圈绕组元件	
型砂、填砂、砂轮、陶瓷刀片、硬质合金刀片、粉末冶金等		转子、电枢、变压器和电抗器等的叠钢片	
玻璃及供观察者用的其他透明材料		隔网（筛网、过滤网等）	
木材纵断面		木材横断面	
混凝土		钢筋混凝土	

对金属材料制成的零件的剖面符号，一般应画成与主要轮廓线或剖面区域的对称线成45°的一组平行细实线，也称剖面线。剖面线之间的距离视剖面区域的大小而异，通常可取2~4mm；同一零件的各个剖面区域的剖面线应方向相同，间隔相等，如图 3-3-5 所示。

当剖视图中的主要轮廓线与水平方向成 45°或接近 45°时，剖面线应与水平方向成 30°或60°，如图 3-3-6 所示。

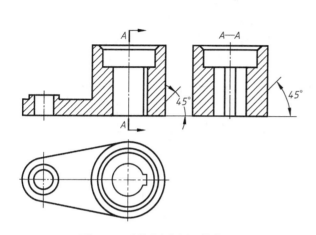 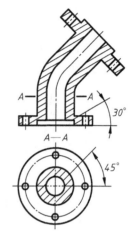

图 3-3-5　剖视图中剖面线的画法　　　　　　图 3-3-6　30°或60°剖面线示例

（4）画剖视图应注意的问题

1）合理确定剖切面的位置。为了在剖视图中表达内部结构的实形，剖切平面应该平行于相应的投影面，并尽量通过机件的回转轴线。当机件在剖视图投射方向对称时，剖切平面应与机件的该对称面重合，即通过机件的对称面剖切；当机件在剖视图投射方向不对称时，剖切面则应通过所需表达的内部结构的中心位置剖切。

2）由于剖视图是假想用剖切面剖开机件后画出的，因此，当机件的某个视图画成剖视图后，机件的其他视图仍应完整地画出，而不应只画剖切后剩余的部分，如图 3-3-7a 所示的俯视图是错误的。

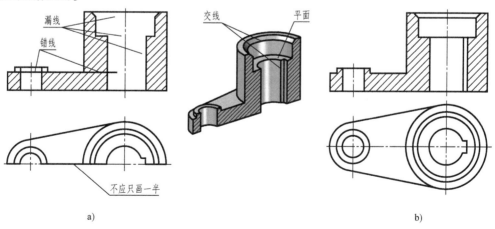

图 3-3-7　剖视图的常见错误

a）错误　b）正确

3）位于剖切断面后方的可见轮廓线应全部绘出，避免漏线和错线，如图3-3-7a所示的主视图是错误的。

4）对于剖切断面后方的不可见部分，若在其他视图中已表达清楚，则剖视图中相应的细虚线应省略，即在一般情况下剖视图中不画细虚线。在图3-3-8中，机件底板上的台阶形状已在左视图中表达清楚，故在剖视图中不应画出其投影细虚线。此外，机件采用剖视图表达后，机件上已经表达清楚的内部结构在其他视图中也不应绘出。如机件上的孔在剖视图和俯视图中已表达清楚，故左视图中孔的细虚线不应绘出；机件底板上的方槽，在剖视图和左视图中已表达清楚，故俯视图中方槽的细虚线不应绘出。但是，若省略细虚线后，不能确定物体的形状，或画出少量细虚线后能节省一个视图时，则应画出对应的细虚线。

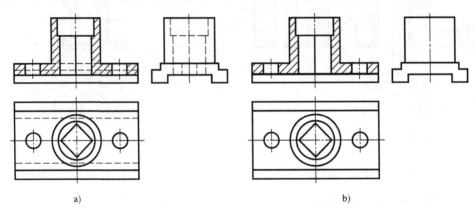

a)   b)

图 3-3-8　剖视图中虚线的处理

a）不好　b）好

5）根据国家标准的规定，对于机件上的肋、轮辐及薄壁等，如被剖切面纵向剖切，如图3-3-9b所示，则这些结构通常按不剖绘制，即不画剖面符号，只需用粗实线将它与相邻部分隔开；但若相邻部分为回转体时，应按回转体转向轮廓线分界。如图3-3-9a所示。

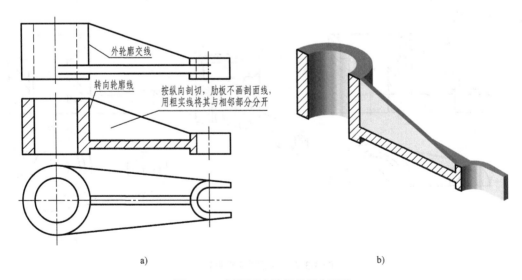

外轮廓交线

转向轮廓线

按纵向剖切，肋板不画剖面线，用粗实线将其与相邻部分分开

a)   b)

图 3-3-9　剖视图中肋板的规定画法

有了剖视图的知识，对于泵盖这样内部结构较复杂的机件，主视图若再用视图表达，显然已不合适，应采用剖视图来表达。因为泵盖形体对称，所以从正中全剖，如图 3-3-10a 所示，其表达方案如图 3-3-10b 所示。

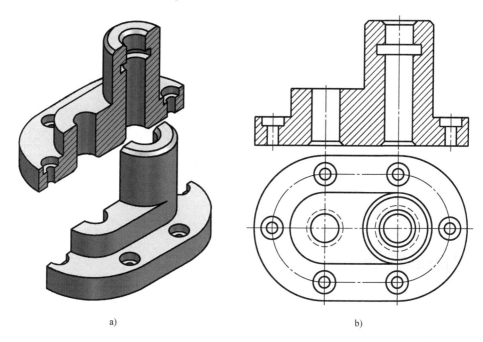

图 3-3-10　泵盖剖视图表达方案

当零件外形简单、内形复杂、且形体又不对称时，可采用全剖视的方法表达内形，由于外形简单，可由其他视图表达清楚。注意剖切符号的标记，当剖切在对称面上，剖视图按投影方向布置，中间没有其他图隔开，可省标记。注意肋板剖切要按规定画法绘制。

任务 4　支架的表达

图 3-4-1 所示为支架的两视图，通过读图可以知道，支架由五部分组成：上、下两块长方形板；中间一圆柱；前后各有一个 U 形凸台，并且内部有较多的孔结构。对于这种内外形状都较复杂的对称机件，适合用半剖视图来表达。

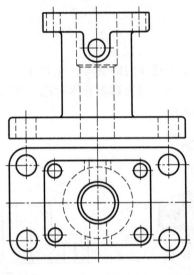

图 3-4-1　支架视图

3.5　剖视图的种类

根据国家标准的规定，剖视图按剖切范围的大小可分为：全剖视图、半剖视图、局部剖视图。

1. 全剖视图

（1）全剖视图的概念　用剖切面完全地剖开机件所得的剖视图称为全剖视图，简称为全剖视，如图 3-3-10 所示。

（2）全剖视图的适用范围　当机件的外形简单，内部结构较复杂又不对称时，常采用全剖视图。如图 3-3-10 所示机件，其外形为简单的长圆柱形，而内部结构较复杂，且机件左右不对称，故主视图采用全剖视图表达。

在图 3-3-10 中，由于剖切面通过机件的前后对称面，且剖视图按投影关系配置，中间没有其他图形隔开，故可不必标注。

2. 半剖视图

（1）半剖视图的概念　当机件具有对称平面时，向垂直于对称平面的投影面投射所得的图形，可以对称中心线为界，一半画成剖视图，另一半画成视图，这种剖视图称为半剖视图，简称为半剖视，如图 3-4-2 所示。

（2）半剖视图的适用范围　半剖视图的特点是用剖视图和外形图的各一半来表达机件的内外形。所以，当机件的内外形状均需表达，且机件的形状又对称时，常采用半剖视图表达机件。如图 3-4-3 所示机件的内外结构都复杂，均需要表达，如果主视图采用全剖视，则机件前方的凸台将被剖掉，在主视图中就不能完整地表达机件的外形。而由于机件左右对称，因此可将主视图画成半剖视图，这样既反映了内形，又保留了机件的外部形状；由于机件前后对称，因此可将俯视图画成半剖视图，这样既反映了内形，又保留了机件顶部方板的形状。

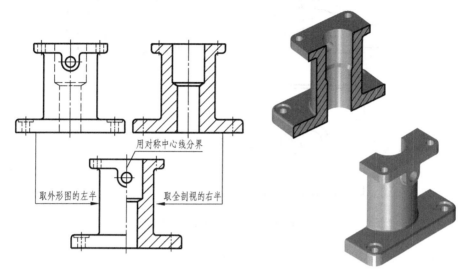

用对称中心线分界

取外形图的左半　　取全剖视的右半

图 3-4-2　半剖视图的概念

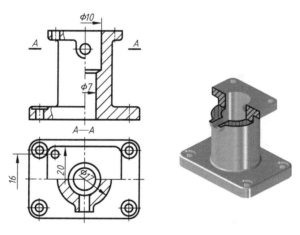

图 3-4-3　半剖视图

此外，当机件的形状接近对称，且不对称部分已在其他视图中表达清楚时，也可采用半剖视。如图 3-4-4 中的主视图所示。

半剖视图的标注与全剖视图相同。图 3-4-3 中主视图采用的剖切平面通过机件的前后对称面，故可不必标注；而俯视图所用的剖切平面不是机件的对称平面，故应标注出剖切面位置和名称，但箭头可以省略。

（3）画半剖视图时应注意的问题

1）半剖视图中的半个视图和半个剖视图的分界线应为对称中心线，不能画成粗实线，如图 3-4-3 所示。

2）在表示外形的半个视图中，一般不画细虚线，但对于孔、槽要画出中心线位置。对于那些在半剖图中未表达清楚的结构，可以在半个视图中作局部剖，如图 3-4-3 所示。

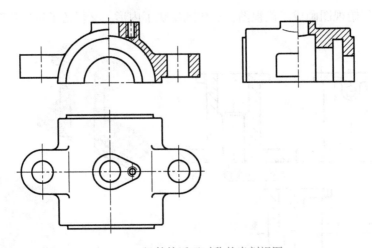

图 3-4-4　机件接近于对称的半剖视图

3）在半剖视图中标注尺寸时，由于许多结构的投影轮廓线只画出了一半，特别是内部结构的投影轮廓线，故只在尺寸线的一端绘出箭头并指到尺寸界线，而另一端只要略超出对称中心线即可，且不画箭头，注出完整结构的尺寸。如图 3-4-3 中的 $\phi10$ 和 20 等。

3. 局部剖视图

（1）局部剖视图的概念　用剖切面局部地剖开机件所得的剖视图称为局部剖视图，如图 3-4-5 所示。局部剖视图中被剖部分与未剖部分的分界线，用波浪线或双折线绘制。

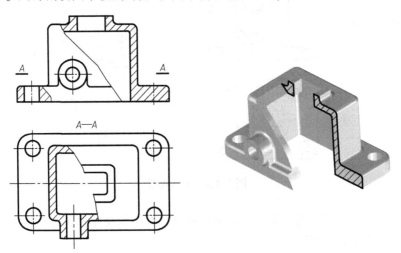

图 3-4-5　局部剖视图

（2）局部剖视图的适用范围　局部剖视图具有同时表达机件内、外结构的优点，且不受机件是否对称的条件限制，所以应用比较广泛，常用于下列情况：

1）某些规定不允许剖视的实心杆件，如轴、手柄等，需要表达某处的内部结构时，如图 3-4-6 所示。

2）机件虽然对称，但轮廓线与对称中心线重合，此时不宜采用半剖视，而应采用局部剖视，如图 3-4-7 所示。

局部剖视的标注与全剖视图相同。如果用剖切位置明显的单一剖切平面剖切，局部剖视图可以不标注，如图 3-4-6、图 3-4-7 所示；图 3-4-5 中的局部剖视 "*A—A*" 按规定省略了箭头。

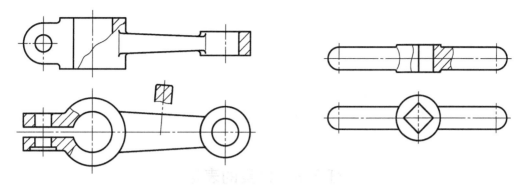

图 3-4-6 不宜采用全剖视的局部剖视图   图 3-4-7 不宜采用半剖视的局部剖视图

（3）画局部剖视图应注意的问题

1）局部剖视图一般用波浪线与视图部分分界，波浪线表示机件断裂的轮廓线，因此，波浪线不能超出视图的轮廓线；遇槽、孔洞等空心结构时不能穿空而过；不能与视图中其他图线重合或画在轮廓线的延长线上，如图 3-4-8 所示。

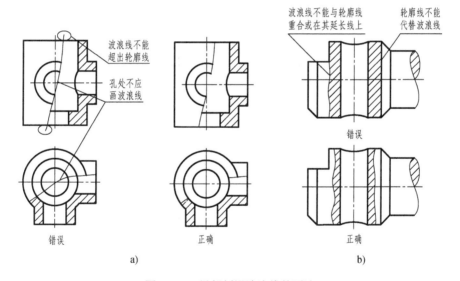

图 3-4-8 局部剖视波浪线的画法

2）当被剖切的局部结构为回转体时，允许以该结构的中心线作为局部剖视与视图的分界线，即用中心线代替波浪线，如图 3-4-6 所示。

3）局部剖视是一种比较灵活的表达方法，其剖切位置和范围可根据实际需要而定，若应用得当，可使机件的表达简明清晰；但在一个视图中，局部剖视的数量不宜过多，以免使图形显得支离破碎。

图 3-4-1 所示的支架，形体对称，既需要表达外形，又需要表达内部结构，故采用半剖

视图来表达。对于安装板四角的孔，用了局部剖视图来进行表达，其表达方案如图3-4-3所示。

当零件内、外形状均复杂且又对称时，可采用半剖视方法进行表达，具体画法：以对称中心线为界，一半画成视图表达外形，注意表达清楚的虚线不画，另一半画成剖视图表达内形。注意半剖视图的标记与全剖视图的标记是一样的。

任务5 模具的表达

图3-5-1所示为模具的两视图，通过读图不难想象它的形状。这个机件的特点是：外部形状简单，内部形状较复杂。若主视图用剖视方法来表达，仅用简单的一个剖切面是不好表达的。

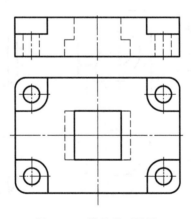

图3-5-1 模具的两视图

3.6 剖切面的种类

剖视图能否清晰地表达机件的结构形状，剖切面的选择很重要。剖切面共有以下三种。应用其中任何一种都可得到全剖视图、半剖视图和局部剖视图。

1. 单一剖切面

常用的单一剖切面有单一剖切平面和单一斜剖切平面两种。

（1）单一剖切平面 这种剖切平面的特征是平行于某一基本投影面。前面所讲的全剖视图、半剖视图、局部剖视图的例子，都是用的单一剖切平面剖切得到的，这是一种最为常用的剖切方法。

（2）单一斜剖切平面 这种剖切平面的特征是垂直于某一基本投影面。用它来表达机件上倾斜部分的内部结构形状，如图3-5-2所示。

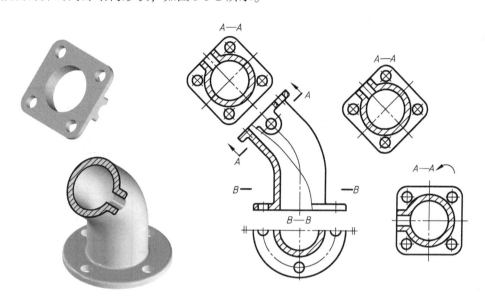

图3-5-2 单一斜剖切平面获得的剖视图

这种剖视图必须标注，虽然剖切平面是倾斜的，但字母必须水平书写。这种剖视图一般按投影关系配置，在不致引起误解的情况下，也允许将图形旋转，此时必须标注，标注形式与斜视图类似。

2. 几个平行的剖切平面

几个平行的剖切平面可以是两个或两个以上，各剖切平面的转折必须是直角，用来表达机件在几个平行平面不同层次上的内形。图3-5-3是用两个平行的剖切平面剖开机件画出的剖视图。这种剖视图一般需在剖切符号的转折位置进行标注。

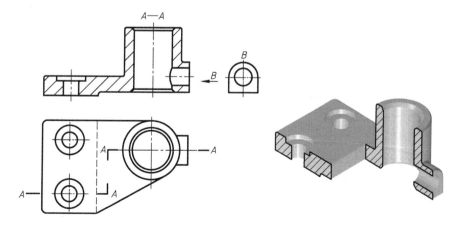

图3-5-3 几个平行剖切平面获得的剖视图

画这种剖视图时应注意：

1）由于剖切是假想的，故在剖视图中不应画出剖切平面转折处的分界线；剖切平面的转折处不应与图中的轮廓线重合，如图 3-5-4 所示。

2）在剖视图中，相同的内部结构剖切一处即可；不应出现不完整的结构，如半个孔、不完整的肋板等，仅当两个要素在图形上具有公共对称中心线时，方可以各画一半，此时应以对称中心线为界，如图 3-5-5 所示。

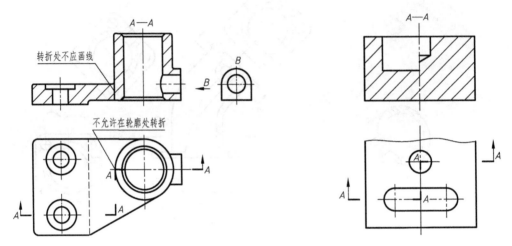

图 3-5-4　用几个平行的剖切平面获得的剖视图错误示例　　　图 3-5-5　允许出现不完整要素的剖视图

3. 几个相交的剖切面

这里所指的"剖切面"应包括剖切平面和柱面。它用来表达那些内部结构分布在相交平面上的复杂机件。采用几个相交的剖切面绘制剖视图时，先假想按剖切位置剖开机件，然后将被倾斜剖切面剖切的结构及相关部分旋转到与选定的投影面平行后，再进行投影。图 3-5-6、图 3-5-7、图 3-5-8 是采用两个相交的剖切平面获得的全剖视图；图 3-5-9 是采用几个平行、相交的剖切面获得的全剖视图。

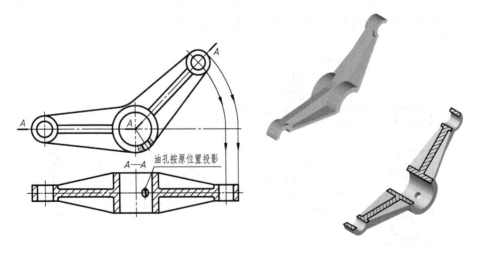

图 3-5-6　两个相交的剖切平面获得的剖视图（一）

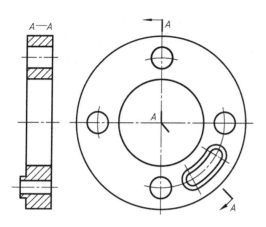

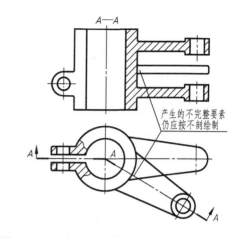

图 3-5-7　两个相交的剖切平面获得的剖视图（二）　　图 3-5-8　两个相交的剖切平面获得的剖视图（三）

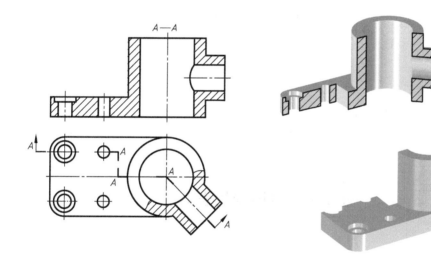

图 3-5-9　几个平行、相交剖切面获得的剖视图

这种剖视图必须标注。其省略字母的情况与几个平行的剖切平面相同。

画这种剖视图时应注意：

1）无论是剖切平面之间相交，还是剖切平面与剖切柱面相交，其交线必须垂直于相应的投影面。

2）剖切平面后的可见结构仍应按原有位置进行投射，如图 3-5-6 中的小油孔。

3）当剖切后产生不完整要素时，应将此部分按不剖绘制，如图 3-5-8 所示。

根据模具的两视图可知，在模具上有几种大小或形状不同的结构，可采用两个平行的剖切平面剖开机件，如图 3-5-10a 所示。表示剖切位置的剖切符号标注在俯视图上，主视图为剖视图，注意在剖切平面转折处不应画线，如图 3-5-10b 所示。

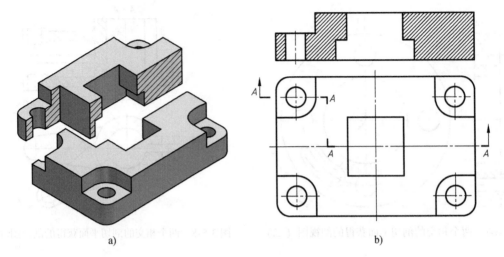

a)   b)

图 3-5-10   模具的表达方案

任 务 总 结

当零件外形简单、内形复杂，仅用简单的一个剖切面不好表达时，可采用几个平行、相交的剖切平面剖切的方法来表达，注意要用剖切符号表达清楚剖切位置，投影时剖切平面转折处不应画线。

任务 6   阶梯轴的表达

任 务 分 析

图 3-6-1 所示为阶梯轴的三维造型，轴上的槽、孔等结构比较多，采用前面的剖视图表达是不太合适的，在实际工程图中，一般采用断面图来表达轴上的槽、孔等结构。

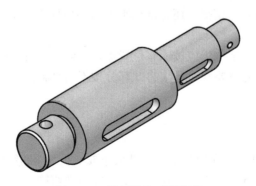

图 3-6-1   阶梯轴的三维造型

3.7　断面图

1. 基本概念

假想用剖切面将机件的某处切断，仅画出剖切面与机件接触部分的图形，称为断面图，简称断面，如图 3-6-2 所示。断面图与剖视图的区别是：断面图只画出机件被剖切后的断面的形状；而剖视图除了画出机件被剖切后的断面形状外，还要画出机件被剖切后剖切断面后的可见轮廓线，如图 3-6-2 所示。

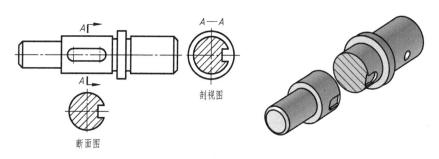

图 3-6-2　断面图的形成及与剖视图的区别

断面图常用于表达机件上某一局部的断面，例如：机件上的肋板、轮辐、键槽、小孔及各种型材的断面形状等。

2. 断面图的种类

根据断面图在绘制时所配置的位置不同，断面图分为移出断面和重合断面两种。

（1）移出断面　画在视图轮廓之外的断面称为移出断面。移出断面的轮廓线用粗实线绘制，通常按以下原则绘制和配置：

1）移出断面图一般尽量配置在剖切符号的延长线上，如图 3-6-2 所示，或剖切线的延长线上，如图 3-6-3 所示。

2）断面图的图形对称时，移出断面可配置在视图的中断处，如图 3-6-4 所示。

3）必要时，可将移出断面图配置在其他适当的位置，如图 3-6-5 所示。

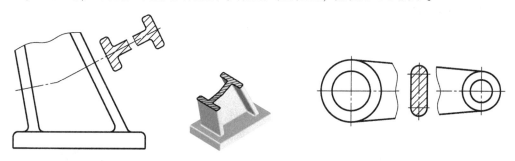

图 3-6-3　移出断面图的配置（一）　　　　图 3-6-4　移出断面图的配置（二）

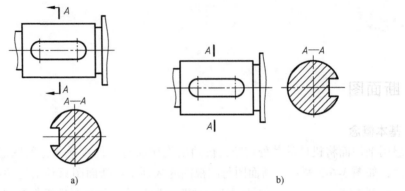

图 3-6-5　移出断面图的配置（三）

4）由两个或多个相交的剖切平面剖切得到的移出断面图，中间一般应断开，如图 3-6-3 所示。

5）当剖切平面通过机件上由回转面形成的孔或凹坑的轴线时，则这些结构按剖视图要求绘制，如图 3-6-6 所示。

6）当剖切平面通过非圆孔，会导致出现完全分离的两个断面时，则这些结构应按剖视图要求绘制，如图 3-6-7 所示。

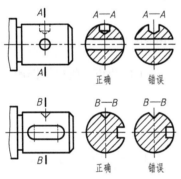

图 3-6-6　按剖视图要求绘制的断面图（一）

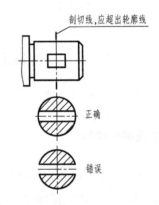

图 3-6-7　按剖视图要求绘制的断面图（二）

（2）重合断面图　画在视图内的断面图称为重合断面图，如图 3-6-8 所示。

重合断面图轮廓线用细实线绘制。当视图中的轮廓线与重合断面的图形重叠时，视图中的轮廓线仍应连续画出，不可中断，如图 3-6-8b 所示。

3. 断面图的标注

断面图的标注内容和要求与剖视图基本相同，下面作一些具体说明：

1）移出断面一般应在断图的上方用大写字母标出断面图的名称“×—×”，在相应的视图上用剖切符号表示剖切位置和投射方向，并标注相同的字母，如图 3-6-5a 所示，剖切符号之间的剖切线可省略不画。

2）画在剖切符号延长线上的不对称移出断面，要画出剖切符号，可以省略字母，如图 3-6-2 所示。不对称的重合断面可省略标注，如图 3-6-8b 所示。

3）画在剖切符号延长线上的对称移出断面以及对称的重合断面，均不必标注，只需画出剖切线表明剖切位置即可，如图 3-6-3、图 3-6-7、图 3-6-8a、图 3-6-8c 所示。

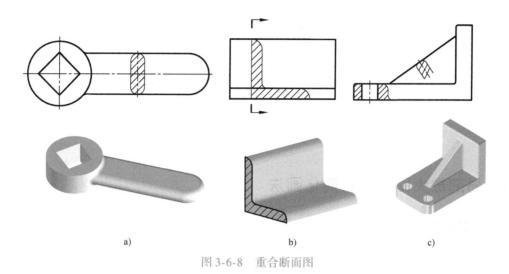

图 3-6-8　重合断面图

4）不配置在剖切符号延长线上的对称移出断面，以及按投影关系配置的移出断面，均可省略箭头，如图 3-6-5b 所示。

5）配置在视图中断处的移出断面不必标注，如图 3-6-4 所示。

根据图 3-6-9，选择箭头所示方向为阶梯轴的主视方向，其主视图如图所示。轴上的键槽、孔等结构都采用断面图表示。此图中，各断面图的标注不尽相同，请分析看看为什么？

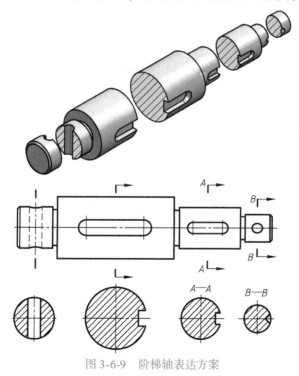

图 3-6-9　阶梯轴表达方案

 任 务 总 结

　　轴类零件上的槽、孔等结构比较多，一般采用断面图、局部剖来表达轴上的槽、孔等结构。但对于轴上的细小结构，如退刀槽、越程槽该怎么表达？

 知 识 拓 展

3.8　局部放大图和常用简化画法

1. 局部放大图

　　将机件的部分结构，用大于原图形所采用的比例画出的图形，称为局部放大图，如图3-6-10所示。当机件上的细小结构在视图中表达不清楚，或不便于标注尺寸和技术要求时，可采用局部放大图。

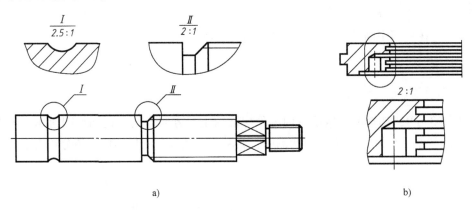

图 3-6-10　局部放大图

　　画局部放大图时应注意：

　　1）局部放大图可画成视图、剖视图或断面图，而与被放大部位的原表达方式无关，如图3-6-10a所示。

　　2）局部放大图应尽量配置在被放大部位附近，并在原视图上用细实线圆或长圆圈出被放大的局部部位，如图3-6-10所示。

　　3）当同一机件上有多处被放大部位时，必须用罗马数字依次标明被放大的部位，并在局部放大图的上方标注出相应的罗马数字和所采用的比例，标注形式如图3-6-10a所示。当机件上仅有一处被放大时，则只需圈出被放大部位，并在局部放大图上方标注所用比例即可，如图3-6-10b所示。

　　4）局部放大图的比例，是指该图形中机件要素的线性尺寸与实际机件相应要素的线性尺寸之比，与原图形所采用的比例无关。

2. 常用简化画法

　　1）当回转体机件上均匀分布的肋、轮辐、孔等结构不处在剖切平面上时，仍可将这些

结构假想地旋转到剖切平面上画出，如图 3-6-11 所示。

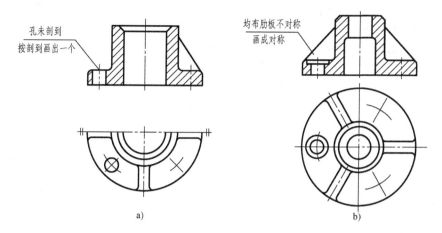

图 3-6-11 回转体机件上均布结构的简化画法示例

2）圆柱形法兰和类似机件上均匀分布的孔，可按图 3-6-12 所示的方法表示。

3）当机件上具有若干相同的结构要素如孔、槽等，并按一定规律分布时，只需画出几个完整的结构，其余的用细实线连接或用细点画线表示出它们的中心位置，但必须在图中注明该结构的总数，如图 3-6-13 所示。

图 3-6-12 圆柱形法兰均布孔的简化画法示例

图 3-6-13 成规律分布的相同结构要素的简化画法示例

4）网状物、编织物或机件上的滚花部分，可以在轮廓线附近用粗实线局部示意绘出，并在零件图的视图上或技术要求中注明这些结构的具体要求，如图 3-6-14 所示。

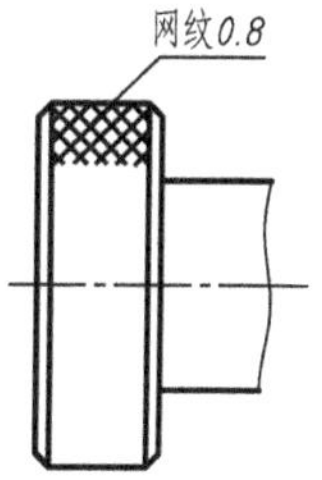

5）较长的机件如轴、杆、型材、连杆等，若其沿长度方向形状相同或按一定规律变化时，可断开缩短绘制，但必须按原来的长度标注其长度尺寸，如图 3-6-15 所示。

6）与投影面倾斜角度小于或等于 30° 的圆或圆弧，其投影椭圆可用圆或圆弧代替，如图 3-6-16 中的俯视图所示。

图 3-6-14 滚花的简化画法示例

7）当回转体机件上的平面在图形中不能充分表达时，可用两条相交的细实线表示这些平面，如图 3-6-17 所示。

8）在不致引起误解时，零件图中的小圆角、小倒角等允许不画，但必须在图中注明尺寸或在技术要求中加以说明，如图 3-6-18 所示。

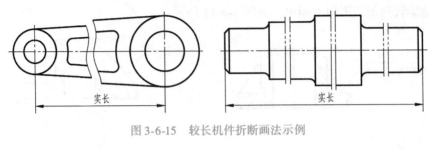

图 3-6-15 较长机件折断画法示例

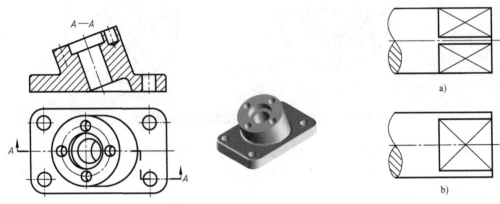

图 3-6-16 倾斜圆的简化画法示例

图 3-6-17 平面的简化画法示例

9）机件上斜度不大的结构，当在一个视图中已经表达清楚时，在其他图形中可按小端画出，如图 3-6-19 所示。

10）在需要表示位于剖切面前的结构时，这些结构按假想投影的轮廓线用双细点画线绘制，如图 3-6-20 所示。

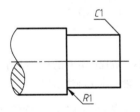

图 3-6-18 圆角、倒角
的简化画法示例

图 3-6-19 斜度不大的结构
的简化画法示例

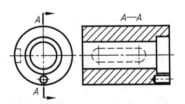

图 3-6-20 假想表示法示例

任务7 阅读零件图

任务分析

图 3-7-1 和图 3-7-2 所示为缸体零件的立体图及零件图，如何正确阅读该机械图样呢？

要正确合理使用工程图样来表达零件，除了必须掌握剖视图、断面图等绘制方法外，还需掌握常见零件的分类及视图、零件的表面结构等技术要求的相关知识。

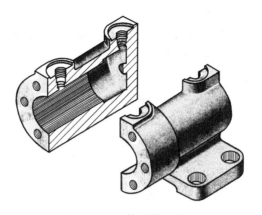

图 3-7-1 缸体零件立体图

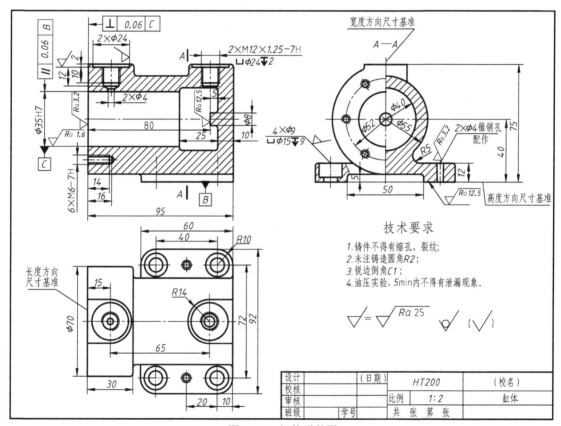

图 3-7-2 缸体零件图

相 关 知 识

3.9 零件图概述

在生产中，加工制造零件的主要依据就是零件图。一般的生产过程是：先根据零件图中所注的材料进行备料，然后按零件图中的图形、尺寸和其他要求进行加工制造，再按技术要求检验加工出的零件是否达到规定的质量标准。由此可见，零件图是指导制造和检验零件的图样，因此，图样中必须包括制造和检验该零件时所需的全部资料。图 3-7-3 是实际生产中用的零件图，其具体内容如下：

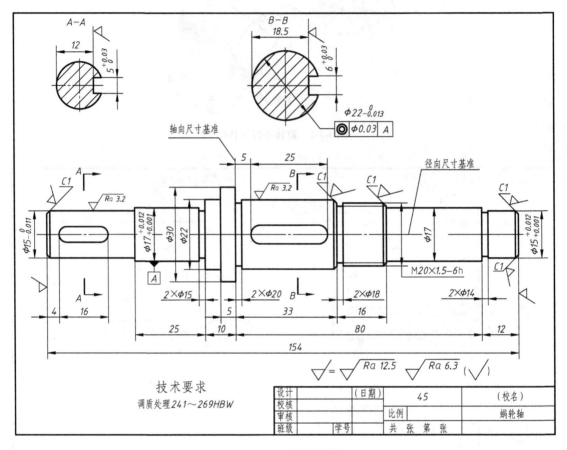

图 3-7-3　蜗轮轴零件图

　　（1）一组视图　应充分运用本项目所介绍的视图、剖视图、断面图以及其他规定画法和简化画法，正确、完整、清晰、简便地表达出零件的结构形状。

　　（2）完整尺寸　正确、完整、清晰、合理地注出制造和检验零件所须的尺寸。

　　（3）技术要求　用规定的代号、数字、字母或另加文字注释，注写出零件在加工、制造时应达到的各项技术指标。包括表面结构、尺寸公差、几何公差、表面处理和材料热处理的要求。

　　（4）标题栏　标题栏在零件图右下角，内容包括该零件的名称、材料、比例、数量、图号以及设计、制图、校核人员的签名和日期。

3.10　零件图的视图选择及尺寸标注

1. 零件图的视图选择

用一组视图表达零件时，首先要进行零件图的视图选择，也就是要求选用适当的表达方法，完整、清晰与简便地表达出零件的内、外结构形状。零件图视图选择的原则是：在对零件结构形状进行分析的基础上，首先选择最能反映零件特征的视图作为主视图，再选其他视图。

（1）主视图的选择 主视图是一组视图中最主要的视图，选择主视图要考虑下列两个问题：

1）安放位置。应尽量符合零件的工作位置或加工位置。

2）投射方向。应能清楚地反映零件的结构形状特征。

（2）其他视图的选择 选取其他视图时，应在完整、清晰地表达零件内、外结构形状的前提下，尽量减少视图数量，以方便画图与看图。

2. 零件图的尺寸标注

在零件图上标注尺寸，除了要符合项目二所述的正确、完整、清晰的要求外，在可能范围内，还要标注得合理。尺寸标注的合理性，指标注的尺寸能满足设计和加工工艺的要求，也就是不仅使零件能在部件或机器中很好地工作，还能使零件便于制造、测量和检验。

在具体标注时，应恰当选择好尺寸基准。零件的长、宽、高三个方向的尺寸至少各要有一个尺寸基准，从基准出发标注定位、定形尺寸。常用的基准有：基准面——底板的安装面、重要端面、装配结合面、零件对称面等；基准线——回转体轴线。

标注尺寸时还需注意：对零件间有配合关系的尺寸，例如孔和轴的配合，应分别在各自的零件图中注出相同的定位尺寸。

要做到尺寸标注得合理，需要较多的机械设计和加工方面的知识，仅学习本课程是不够的。因此，本章对尺寸标注的合理性，只能作一些粗浅的介绍和分析。

3. 典型零件分析

根据零件的结构特征，大致可分为四类零件：

1）轴套类零件。轴、衬套等零件。

2）盘盖类零件。端盖、阀盖、齿轮等零件。

3）叉架类零件。拨叉、连杆、支座等零件。

4）箱体类零件。阀体、泵体、减速器箱体等零件。

一般说来，后一类零件比前一类零件复杂，因而零件图中的视图数目和尺寸数量也较多。

（1）轴套类零件

1）结构特点。轴套类零件是机器中常见的一类零件，轴类零件一般用于支撑齿轮、带轮等传动件，套类通常安装在轴上或箱体上，在机器中起定位、调整、连接和保护等作用。

图 3-7-4 所示是减速器中的蜗轮轴，它的基本形状是同轴回转体，主要在车床上加工。轴左端开有键槽，轴肩Ⅰ、Ⅱ、Ⅲ分别为左端滚动轴承、蜗轮和右端滚动轴承作轴向定位，为了与圆螺母连接，轴上制有螺纹。

2）视图选择。为了便于加工时看图，轴套类零件按加工位置安放，即轴线水平放置，以垂直于轴线的方向作为主视图的投射方向。由于轴套类零件基本上是同轴回转体，因此，采用一个基本视图加上一系列直径尺寸，就能表达它的主要形状。对于轴上的销孔、键槽等，可采用移出断面。这样，既表达了它们的形状，也便于标注尺寸。对于轴上的局部结构，如砂轮越程槽、螺纹退刀槽等，可采用局部放大图表达。如图 3-7-3 所示，蜗轮轴轴线水平放置，以垂直于轴线的方向作为主视图的投射方向，平键槽朝前，可在主视图上反映键槽的形状和位置；轴上的两个键槽在主视图上仅反映了它的长度和宽度，为了表示其深度，分别采用了移出断面。这样，蜗轮轴的全部结构形状就表达清楚了。

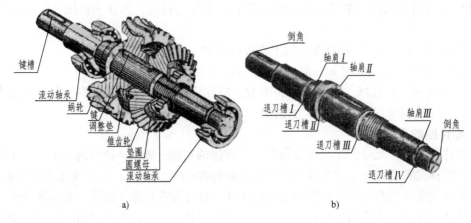

a) b)

图 3-7-4 蜗轮轴结构图

3）尺寸标注。轴套类零件的尺寸主要分为径向尺寸和轴向尺寸。常以水平位置的轴线作为径向尺寸基准，注出图 3-7-3 所示的 $\phi 15_{-0.011}^{0}$、$\phi 17_{+0.001}^{+0.012}$、$\phi 22_{-0.013}^{0}$、$\phi 15_{+0.001}^{+0.012}$ 等，这样把设计上的要求和工艺基准（轴加工时，两端用顶针支承）统一起来。轴向尺寸基准常选用重要的端面、接触面（轴肩）或加工面等。如图 3-7-3 所示，选用蜗轮定位轴肩为轴向尺寸基准，由此注出 10、33、80、5 等尺寸，再以右端面为轴向尺寸的辅助基准，注出轴总长 154。

（2）盘盖类零件

1）结构特点。盘盖类零件包括手轮、带轮、齿轮、法兰盘、各种端盖等，基本形状多为扁平盘状，常有各种形状的凸缘、均布的圆孔和肋等局部结构。这类零件一般用于传递动力和转矩或起支撑、轴向定位、密封等作用。如图 3-7-5 所示的阀盖，左端外螺纹 M32 × 2 连接管道；右端有 75mm × 75mm 的方形凸缘，凸缘上有四个 $\phi 14mm$ 的圆柱孔，阀盖与阀体连接时，用于安装四个双头螺柱。

2）视图选择。盘盖类零件按加工位置安放，即轴线水平放置；它的主视图，可选用图 3-7-5 所示的剖视图，也可选图中左视图的外形图为主视图，但经过比较，选前者为主视图较好，因为它层次分明，显示了外螺纹、各台阶与内孔的形状及相对位置；并且也符合它主要的加工位置。

为了表达盘盖类零件上各种形状的凸缘、均布的圆孔和肋等局部结构，需要增加基本视图，如左视图或右视图。在图 3-7-5 中就增加了左视图，以表达带圆角的方形凸缘和四个均布的通孔。

3）尺寸标注。盘盖类零件的尺寸，通常选用通过轴孔的轴线作为径向尺寸基准，如图 3-7-5 所示，径向尺寸基准同时也是标注方形凸缘的高、宽方向的尺寸基准。

长度方向的尺寸基准，常选用重要的端面。例如这个阀盖就选用表面结构 Ra 为 12.5μm 的右端凸缘（与调整垫的接触面）作为长度方向的尺寸基准，由此注出 $5_{0}^{+0.18}$、

$44_{-0.39}^{0}$ 等尺寸。

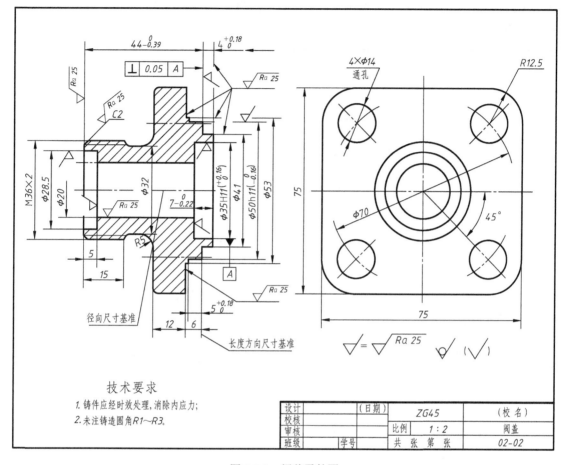

图 3-7-5　阀盖零件图

（3）叉架类零件

1）结构特点。叉架类零件包括各种用途的拨叉和支架。拨叉主要用在各种机器的操纵机构上，起操纵、调速作用；支架主要起支承和连接作用。这类零件结构复杂，多为铸件，经多道工序加工而成，结构一般分支承、工作、连接三部分。连接部分多为肋板结构，且形状弯曲、扭斜的较多。

2）视图选择。叉架类零件由于加工位置多变，所以常按工作位置安放；在选择主视图时，应将能较多地反映零件各部分结构形状和相对位置的方向作为主视方向，如图 3-7-6 所示。

这类零件常常需要两个或两个以上的基本视图，并且要用局部视图、断面图等表达零件的细部结构。如在图 3-7-6 中，除主视图外，还采用俯视图表达支承板、肋和工作圆筒的宽度及它们的相对位置；此外，采用局部视图 A，表达支承板左端面的形状，采用移出断面图表达肋的断面形状。

3）尺寸标注。在标注叉架类零件尺寸时，常选较大加工面或零件对称面为尺寸基准，这类零件定位尺寸多，圆弧连接较多，所以还要注意标注已知弧、中间弧的定位尺寸。如图 3-7-6 所示，选用支承板左端面为长度方向的尺寸基准；选用支承板水平对称面为高度方向的尺寸基准；从这两个基准出发，分别注出 74、95，定出上部工作圆筒的轴线位置，作为 φ20、φ38 的径向尺寸基准；选用零件前后对称面为宽度方向的尺寸基准，在俯视图中注出 30、40、60，局部视图 A 中注出 60、90。

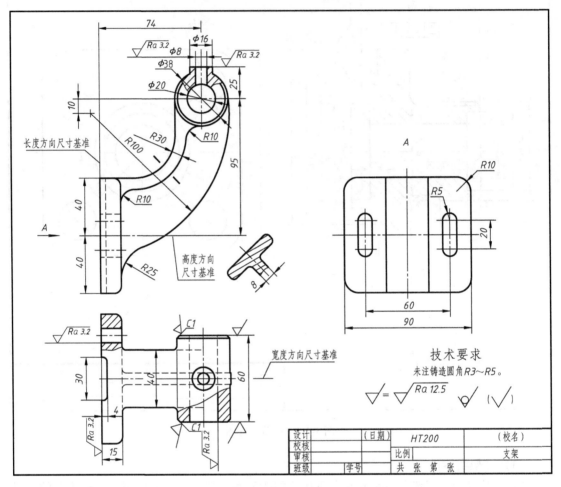

图 3-7-6　支架零件图

（4）箱体类零件

1）结构特点。泵体、阀体、减速器箱体等都属于箱体类零件，主要用来支承、包容、保护运动零件或其他零件，也起定位和密封作用。这类零件多为铸件，内、外结构比前面三类零件复杂。图 3-7-7 所示为箱体，该箱体的重要部分是传动轴的轴承孔系，用来安放、支承轴及滚动轴承，箱体左侧的螺孔用于连接箱盖，箱体底部有底板，底板上有四个安装孔。

2）视图选择。箱体类零件为了便于了解其工作情况，常按工作位置安放。表达箱体类零件，一般需要三个以上的基本视图和向视图，并常常取剖视。图 3-7-8 是箱体的零件

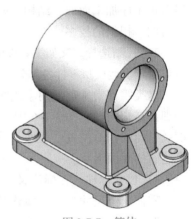

图 3-7-7　箱体

图，按工作位置放置，沿孔的轴线方向作为主视图的投射方向，主视图采用全剖视来表达中间轴孔的位置与长度。左视图采用半剖视表示外部形状及中间的支承部分空腔的内部结构，俯视图主要表达中间的支承部分和底板的形状，用虚线表达底部凸台的形状，以简化视图数量。

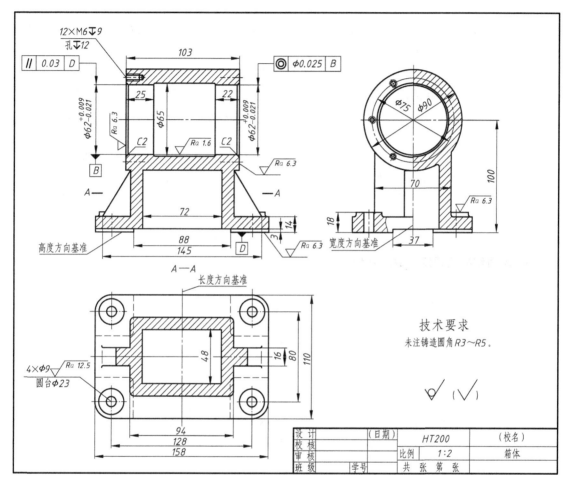

图 3-7-8　减速器箱体零件图

3）尺寸标注。

① 基准分析。箱体的结构比较复杂，尺寸数量较多，通常选用设计上要求的轴线、重要的安装面、接触面或加工面、箱体某些主要结构的对称面等作为尺寸基准。如图 3-7-8 的箱体，长度方向选用底板左、右对称面为基准，宽度方向选用前、后对称面为基准，底面为高度方向尺寸基准。

② 轴孔的定位尺寸。由于尺寸较多，这里主要分析轴孔的定位尺寸和主要尺寸。轴孔尺寸的正确与否，影响传动件的正确啮合，因此轴孔的尺寸极为重要。轴孔的位置，从图 3-7-8 可知由尺寸 100 所决定。

③ 其他重要尺寸。箱体上与其他零件有配合关系或装配关系的尺寸应注意零件间尺寸的协调。如箱体底板上安装孔的中心距 128 和 80，应与机床台面钻孔的中心距一致。又如

各轴承孔的直径应与相应的滚动轴承外径一致。箱壁左侧螺孔的定位尺寸应与轴承盖的相应尺寸相同。

3.11　表面结构的表示法

零件图是指导机器生产的重要技术文件，因此零件图上除了有图形和尺寸外，还必须有制造该零件时应该达到的一些技术要求。

所谓表面结构是指零件表面的几何形貌，它是表面粗糙度、表面波纹度、表面纹理、表面缺陷和表面几何形状的总称。国家标准 GB/T 131—2006 对表面结构的表示法作了全面的规定，本节只介绍应用最广的表面结构在图样上的表示法及其符号、代号的标注与识读方法。

经过加工的表面，其表面并不光滑，仍具有大小不同的峰谷，我们把这种具有较小间距的峰谷所组成的微观几何形状特征称为表面粗糙度。表面粗糙度对零件的摩擦、磨损、抗疲劳、抗腐蚀，以及零件间的配合性能等都有很大的影响。粗糙度越高，零件的表面性能越差；反之，则表面性能越好，但加工成本也越高。因此，国家标准规定了零件表面粗糙度的评定参数，以便在保证使用功能的前提下，选用较经济的评定参数值。

1. 表面结构的评定参数及数值

（1）算术平均偏差 Ra　在一个取样长度 l_r 内，轮廓偏距 y 绝对值的算术平均值，如图 3-7-9 所示，其值为

$$Ra = \frac{1}{n}\sum_{i=1}^{n} |Z_i|$$

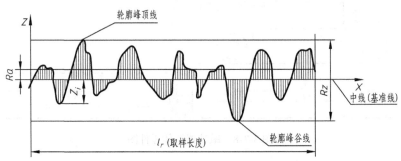

图 3-7-9　表面结构的评定参数

（2）轮廓最大高度 Rz　在一个取样长度 l_r 内，最大轮廓峰顶线与最大轮廓峰谷深之间的距离，如图 3-7-9 所示。

以上两个参数的单位均为 μm，Ra 最为常用，常用值为 0.4μm、0.8μm、1.6μm、3.2μm、6.3μm、12.5μm、25μm。其值的选用应根据零件的功能要求而定。Ra 的数值越小，表面质量越高，但加工成本也越高。在满足使用要求的前提下，应选用经济性较好的评定参数值。

2. 表面结构符号、代号

表面结构符号的画法及其有关的规定，以及注写的位置，见表 3-7-1。

表 3-7-1　表面结构的符号及其含义

符号名称	符　　号		含　　义
基本符号	H_1 h $60°$ $60°$ H_2	当尺寸数字高 $h=3.5\text{mm}$ 时: 符号线宽 $d'=0.25\text{mm}$ $H_1=3.5\text{mm}$ $H_2=7.5\text{mm}$ 注:按 GB/T 131—2006 的相应规定,此 d'、H_1、H_2 是当图样中尺寸数字高度选取 $h=3.5\text{mm}$ 时给定的。根据 h 的值的不同,d'、H_1、H_2 也相应增大。	表示对表面结构有要求的符号。基本符号仅用于简化代号的标注,当通过一个注释时可单独使用,没有补充说明时不能单独使用
扩展符号		✓	用去除材料的方法获得的表面,仅当其含义为"被加工表面"时可单独使用
		⎷	用不去除材料的方法获得的表面,也可用于表示保持上道工序形成的表面
完整符号		✓ ✓ ⎷	在以上所示符号的长边上加一横线,以便注写对表面结构的各种要求
		✓ ✓ ⎷	表示在图样某个视图上构成封闭轮廓的各表面有相同的表面结构要求

表面结构代号含义举例,见表 3-7-2。

表 3-7-2　表面结构代号类型示例及含义

代　号	含　　义	代　号	含　　义
✓ $Ra\ 3.2$	表示去除材料,算术平均偏差 Ra 为 $3.2\mu\text{m}$	⎷ $Rz\ 0.4$	表示不允许去除材料,轮廓最大高度 Rz 为 $0.4\mu\text{m}$
✓ $Ra\ max\ 6.3$ $Rz\ 12.5$	表示任意加工方法,Ra 的最大值为 $6.3\mu\text{m}$,Rz 为 $12.5\mu\text{m}$	⎷ $U\ Ra\ max\ 3.2$ $L\ Ra\ 0.8$	表示不允许去除材料,上限值,Ra 的最大值为 $3.2\mu\text{m}$;下限值,Ra 为 $0.8\mu\text{m}$

3. 表面结构代号的标注

表面结构代号在图样上的标注方法见表 3-7-3。

表 3-7-3　表面结构代号的标注方法

序号	规定及说明	标 注 示 例
1	表面结构要求对每一表面一般只标注一次,并尽可能注在相应的尺寸及其公差的同一视图上 　表面结构要求的注写和读取方向与尺寸的注写和读取方向一致 　表面结构可标注在轮廓线上,其符号应从材料外指向并接触表面。必要时,表面结构符号也可用带箭头或黑点的指引线引出标注	

(续)

序号	规定及说明	标 注 示 例
2	当工件的大多数表面有相同的表面结构要求时,如"Ra 25"可将其统一标注在标题栏附近。此时,在圆括号内给出无任何其他标注的基本符号	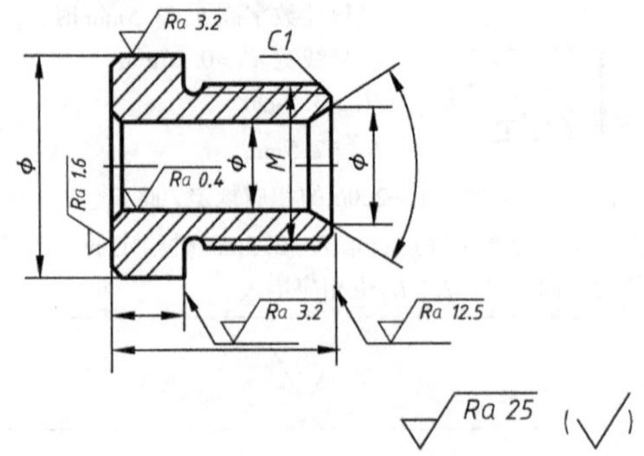
3	如果工件的全部表面结构要求都相同,可将其结构要求统一标注在标题栏附近	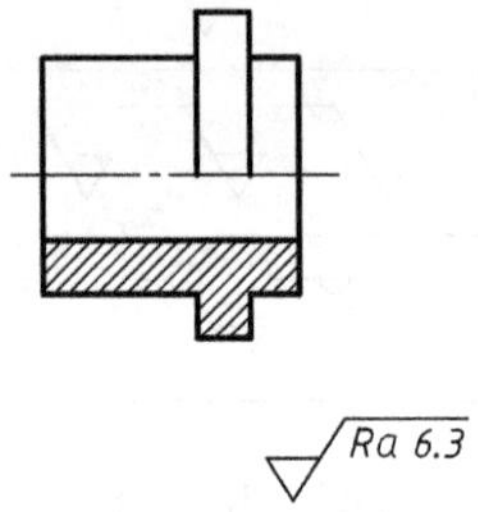
4	不连续的同一表面,可用细实线相连,其表面结构代号只要标注一次,如图 a 所示 同一表面结构要求不同时,需用细实线分界,并注出相应的表面结构代号和尺寸,如图 b 所示	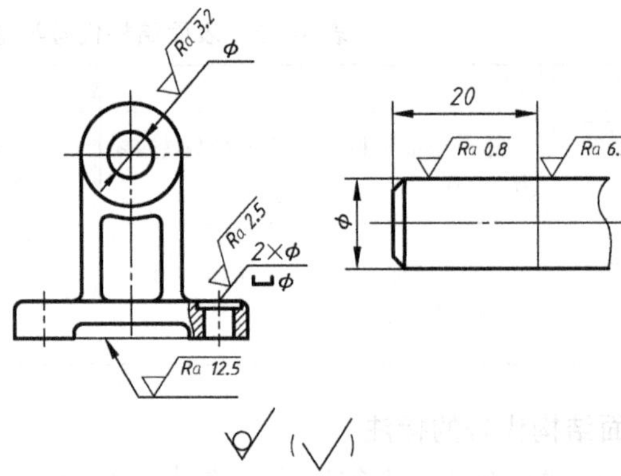
5	当多个表面具有相同的表面结构要求或图纸空间有限时,可以采用简化注法 如图 a 所示,用带字母的完整符号,以等式的形式,在图形或标题栏附近,对有相同表面结构要求的表面进行简化标注 如图 b 所示,只用基本符号、扩展符号,以等式的形式给出对多个表面共同的表面结构要求。视图中相应表面上应注有左边符号	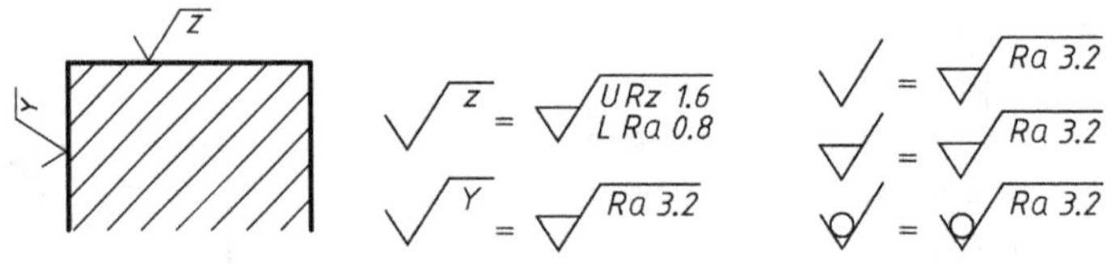

（续）

序号	规定及说明	标 注 示 例
6	键槽、倒角和圆角的表面结构要求的标注方法	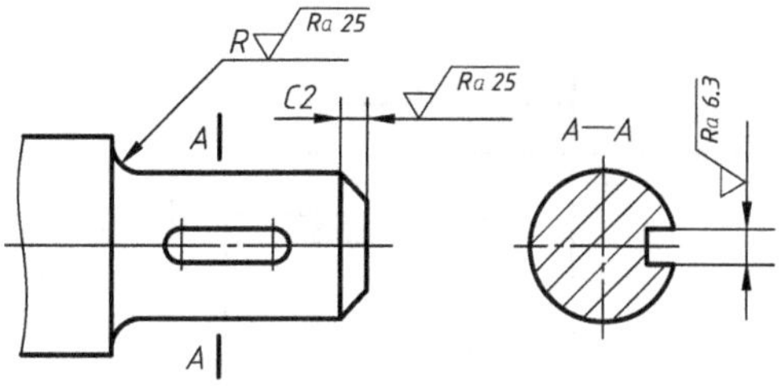
7	零件上连续表面及重复要素的表面，如孔、槽、齿等的表面，其表面结构代号要求只标注一次	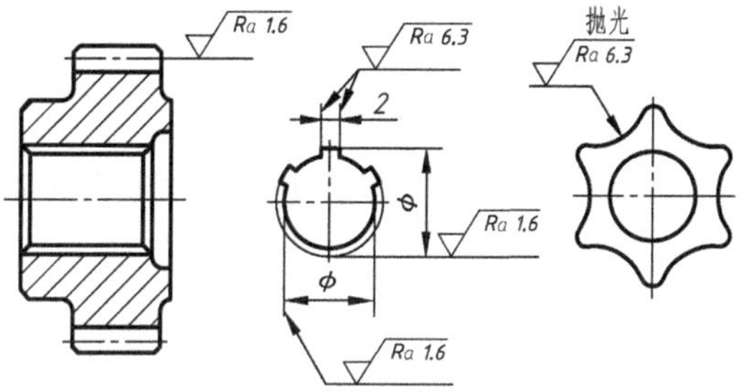
8	螺纹没画出牙型时，表面结构代号注在尺寸线或引出线上	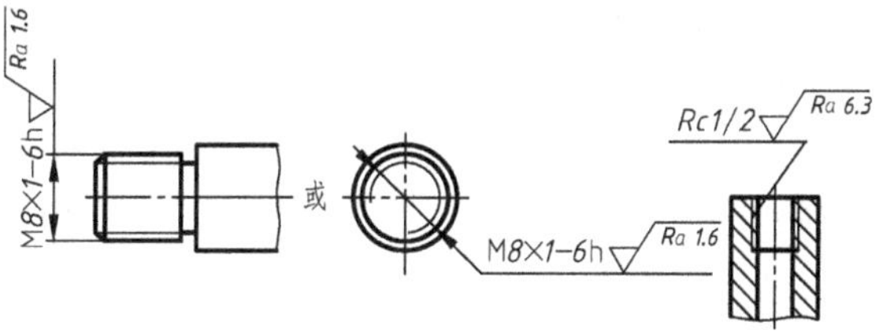
9	需要将零件局部热处理或局部涂（镀）时，应用粗点画线画出其范围并标注相应的尺寸，也可将其要求写在表面结构符号长边的横线内	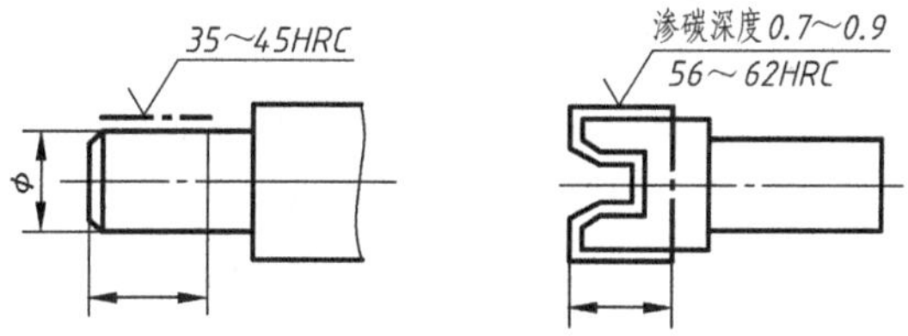

3.12　极限与配合简介

极限与配合是零件图和装配图中的一项重要的技术要求，也是检验产品质量的技术指标。

1. 极限与配合的基本概念

在大批量的生产中，为了提高效率，相同的零件必须具有互换性。互换性是指相同规格的零件，不经修配，就能顺利进行装配，并能保证使用性能和要求的性质。零件要具有互换性，必须要求零件尺寸的精确度，但并不是要求将零件的尺寸都做得绝对精确，而只是将其限定在一个合理的范围内变动，以满足不同的使用要求。这个在满足互换性的条件下，零件尺寸的允许变动量就叫尺寸公差，简称公差。

（1）基本术语和定义 结合图3-7-10，用图解的方式对相关的术语和定义进行介绍。

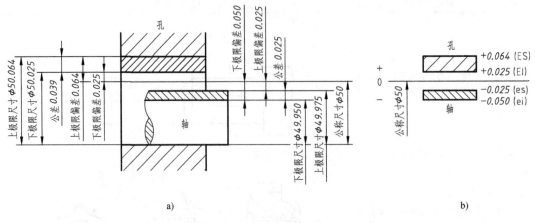

图3-7-10 极限术语图解和公差带示意图

a）极限术语图解 b）公差带图

1）公称尺寸。原称基本尺寸，由图样规范确定的理想形状要素的尺寸。如图3-7-10a中的 $\phi50$。

2）极限尺寸。孔或轴允许尺寸变化的两个极限值。提取组成要素的局部尺寸，即实际尺寸应位于其中，也可达到极限尺寸。

孔或轴允许的最大尺寸，称为上极限尺寸。如孔为 $\phi50.064$ mm；轴为 $\phi49.975$ mm。

孔或轴允许的最小尺寸，称为下极限尺寸。如孔为 $\phi50.025$ mm；轴为 $\phi49.950$ mm。

极限尺寸可以大于、小于或等于公称尺寸。

3）极限偏差。极限尺寸减其公称尺寸所得的代数差，简称偏差。上极限尺寸和下极限尺寸减其公称尺寸所得的代数差，分别称为上极限偏差和下极限偏差。国标规定偏差代号：孔的上极限偏差用 ES 表示，下极限偏差用 EI 表示；轴的上极限偏差用 es 表示，下极限偏差用 ei 表示。偏差可以是正值、负值或零。图3-7-10a 中孔、轴的极限偏差分别计算如下：

孔 $\begin{cases} \text{上极限偏差 ES} = 50.064 - 50 = +0.064\text{mm} \\ \text{下极限偏差 EI} = 50.025 - 50 = +0.025\text{mm} \end{cases}$ 轴 $\begin{cases} \text{上极限偏差 es} = 49.975 - 50 = -0.025\text{mm} \\ \text{下极限偏差 ei} = 49.950 - 50 = -0.050\text{mm} \end{cases}$

4）公差。上极限尺寸减下极限尺寸，或上极限偏差减下极限偏差的差值，称为公差。它是允许尺寸的变动量，恒为正值。图3-7-10a 中孔、轴的公差计算如下：

孔 $\begin{cases} \text{公差} = \text{上极限尺寸} - \text{下极限尺寸} = 50.064 - 50.025 = 0.039\text{mm} \\ \text{公差} = \text{上极限偏差} - \text{下极限偏差} = 0.064 - 0.025 = 0.039\text{mm} \end{cases}$

轴 $\begin{cases} \text{公差} = \text{上极限尺寸} - \text{下极限尺寸} = 49.975 - 49.950 = 0.025\text{mm} \\ \text{公差} = \text{上极限偏差} - \text{下极限偏差} = -0.025 - (-0.050) = 0.025\text{mm} \end{cases}$

5）零线和公差带。由代表上极限偏差和下极限偏差，或上极限尺寸和下极限尺寸的两条线所限定的一个区域，称为公差带。常用它来形象地表示公称尺寸、极限偏差和公差的关系，图3-7-10b 为图3-7-10a 的公差带图，其中，零线是表示公称尺寸的一条直线，即零偏差线。

（2）配合 公称尺寸相同且相互结合的孔和轴的公差带之间的关系，称为配合。根据使用要求不同，配合的松紧程度也不同。国家标准将配合分为三种类型。

1）间隙配合。孔的公差带完全位于轴的公差带之上，孔的下极限尺寸大于或等于轴的上极限尺寸，孔与轴装配是具有间隙的配合，如图 3-7-11 所示。

2）过盈配合。孔的公差带完全位于轴的公差带之下，孔的上极限尺寸小于或等于轴的下极限尺寸，孔与轴装配是具有过盈的配合，如图 3-7-12 所示。

3）过渡配合。孔与轴的公差带相互交叠，轴、孔之间可能具有间隙或过盈的配合，如图 3-7-13 所示。

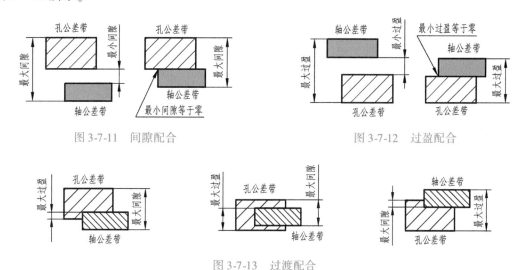

图 3-7-11 间隙配合   图 3-7-12 过盈配合

图 3-7-13 过渡配合

2. 标准公差和基本偏差

标准公差和基本偏差是确定公差带的两个基本要素，标准公差确定公差带的大小，基本偏差确定公差带的位置，如图 3-7-14 所示。

1）标准公差。在国家标准极限和配合制中，所规定的任一公差，称为标准公差。标准公差确定公差带大小。标准公差等级代号用符号 IT 和数字组成。标准公差等级分为 IT01，IT0，IT1，IT02，…，IT18，共 20 级。IT01 级最高，IT18 级最低，公差等级越高，公差数值越小。基本尺寸和公差等级相同的孔和轴，它们的标准公差数值相等，各级标准公差的数值，可查阅附表 18。

2）基本偏差。基本偏差确定公差带位置，基本偏差是指靠近零线的那个极限偏差，它可以是上极限偏差，也可以是下极限偏差。国家标准对孔和轴分别规定了 28 种基本偏差。如图 3-7-15 所示，它的代号用字母表示，大写为孔，小写为轴，各公差带仅有基本偏差一端封闭，另一端的位置取决于标准公差数值的大小。

在孔的基本偏差系列中，A~H 基本偏差为下极限偏差 EI，J~ZC 基本偏差为上极限偏差 ES。JS 没有基本偏差，上、下极限偏差各为标准公差的一半，写成 ±ITn/2；在轴的基本偏差系列中，a~h 基本偏差为上极限偏差 es，j~zc 基本偏差为下极限偏差 ei。js 没有基本偏差，上、下极限偏差各为标准公差的一半，写成 ±ITn/2。

基本偏差和标准公差，根据尺寸公差的定义有以下计算公式：

$$ES = EI + IT \ 或 \ EI = ES - IT \qquad ei = es - IT \ 或 \ es = ei + IT$$

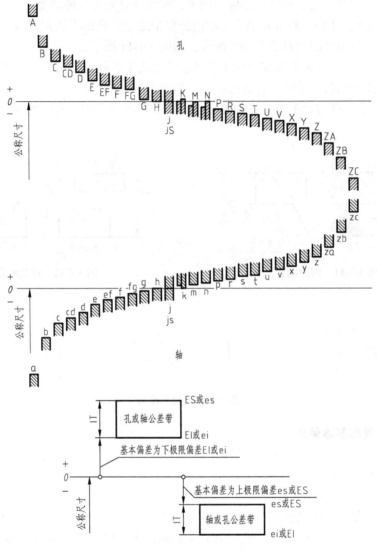

图 3-7-14 公差带大小和位置

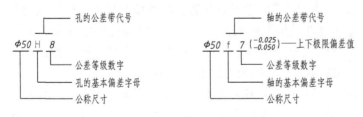

图 3-7-15 基本偏差系列示意图

孔和轴的公差带代号用基本偏差的字母和公差等级数字表示。标注公差的尺寸用公称尺寸后跟所要求的公差带或（和）对应的偏差值表示。例如：

附表 18 和附表 19 分别摘录了 GB/T 1800.1—2009 规定的轴和孔的基本偏差数值。

3. 配合制度

国家标准规定有基孔制和基轴制两种配合制度。

1）基孔制。基本偏差为一定的孔的公差带，与不同基本偏差的轴的公差带形成各种配合的一种制度称为基孔制。在国家标准极限和配合制中，基孔制是孔的下极限尺寸与公称尺寸相等，孔的下极限偏差为零的一种配合制度。

在基孔制配合中，轴的基本偏差从 a ~ h 用于间隙配合；从 j ~ zc 用于过渡配合和过盈配合，当轴的基本偏差的绝对值大于或等于孔的标准公差时，为过盈配合，反之，则为过渡配合。如图 3-7-16 中 ϕ50H7 的孔与 ϕ50f7 的轴，形成间隙配合；与 ϕ50k6、ϕ50n6 的轴，形成过渡配合；与 ϕ50s6 的轴，形成过盈配合。

2）基轴制。基本偏差为一定的轴的公差带，与不同基本偏差的孔的公差带形成各种配合的一种制度称为基轴制。在国家标准极限和配合制中，基轴制是轴的上极限尺寸与公称尺寸相等，轴的上极限偏差为零的一种配合制度。

在基轴制配合中，孔的基本偏差从 A ~ H 用于间隙配合；从 J ~ ZC 用于过渡配合和过盈配合，当孔的基本偏差的绝对值大于或等于轴的标准公差时，为过盈配合，反之，则为过渡配合。如图 3-7-17 中 ϕ50h6 的轴与 ϕ50F7 的孔，形成间隙配合；与 ϕ50K7、ϕ50N7 的孔，形成过渡配合；与 ϕ50S7 的孔，形成过盈配合。

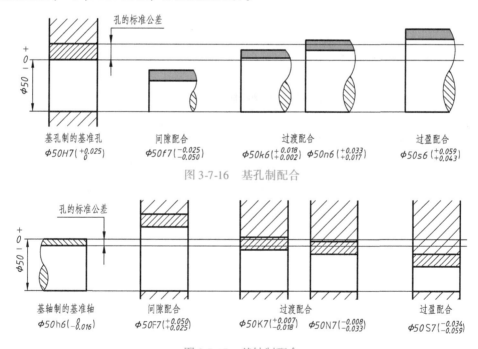

图 3-7-16 基孔制配合

图 3-7-17 基轴制配合

3）优先、常用配合。国家标准根据机械工业产品生产使用的需要，考虑到各类产品的不同特点，制订了优先及常用配合，应尽量使用优先和常用配合。表 3-7-4 为基孔制优先、常用配合系列，表 3-7-5 为基轴制优先、常用配合系列。配合用相同的公称尺寸后跟孔、轴公差带表示。孔、轴公差带写成分数形式，分子为孔公差带，分母为轴公差带。GB/T 1800.2—2009 规定了轴、孔的极限偏差，本书附表 20 和附表 21 摘录了优先配合中轴、孔的极限偏差。

表 3-7-4 基孔制优先、常用配合

基准孔	轴																				
	a	b	c	d	e	f	g	h	js	k	m	n	p	r	s	t	u	v	x	y	z
	间隙配合								过渡配合			过盈配合									
H6						H6/f5	H6/g5	H6/h5	H6/js5	H6/k5	H6/m5	H6/n5	H6/p5	H6/r5	H6/s5	H6/t5					
H7						H7/f6	◤H7/g6	◤H7/h6	H7/js6	◤H7/k6	H7/m6	◤H7/n6	◤H7/p6	H7/r6	◤H7/s6	H7/t6	◤H7/u6	H7/v6	H7/x6	H7/y6	H7/z6
H8					H8/e7	◤H8/f7	H8/g7	◤H8/h7	H8/js7	H8/k7	H8/m7	H8/n7	H8/p7	H8/r7	H8/s7	H8/t7	H8/u7				
				H8/d8	H8/e8	H8/f8		H8/h8													
H9			H9/c9	◤H9/d9	H9/e9	H9/f9		◤H9/h9													
H10			H10/c10	H10/d10				H10/h10													
H11	H11/a11	H11/b11	◤H11/c11	H11/d11				◤H11/h11													
H12		H12/b12						H12/h12													

注：1. $\frac{H6}{n5}$、$\frac{H7}{p6}$在公称尺寸小于或等于3mm和$\frac{H8}{r7}$在公称尺寸小于或等于100mm时，为过渡配合。

2. 标注◤符号的配合为优先配合。

表 3-7-5 基轴制优先、常用配合

基准轴	孔																				
	A	B	C	D	E	F	G	H	JS	K	M	N	P	R	S	T	U	V	X	Y	Z
	间隙配合								过渡配合			过盈配合									
h5						F6/h5	G6/h5	H6/h5	JS6/h5	K6/h5	M6/h5	N6/h5	P6/h5	R6/h5	S6/h5	T6/h5					
h6						F7/h6	◤G7/h6	◤H7/h6	JS7/h6	◤K7/h6	M7/h6	◤N7/h6	◤P7/h6	R7/h6	◤S7/h6	T7/h6	◤U7/h6				
h7					E8/h7	◤F8/h7		◤H8/h7	JS8/h7	K8/h7	M8/h7	N8/h7									
h8				D8/h8	E8/h8	F8/h8		H8/h8													
h9				◤D9/h9	E9/h9	F9/h9		◤H9/h9													
h10				D10/h10				H10/h10													
h11	A11/h11	B11/h11	◤C11/h11	D11/h11				◤H11/h11													
h12		B12/h12						H12/h12													

注：1. $\frac{N6}{h5}$、$\frac{P7}{h6}$在公称尺寸小于或等于3mm时，为过渡配合。

2. 标注◤符号的配合为优先配合。

4. 极限与配合的标注和查表

（1）极限与配合在图样上的标注

1）在装配图上的标注。在装配图上标注配合尺寸如图 3-7-18a 所示。

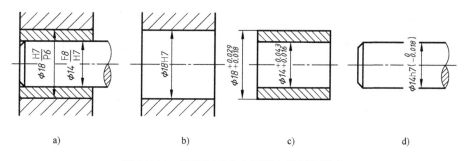

图 3-7-18 极限与配合在图样上的标注形式

a）在装配图上的注法 b）只注公差带 c）只注极限偏差值 d）公差带和极限偏差值兼注

2）在零件图上的标注。在零件图上标注尺寸公差的方法有三种形式：只注公差带，如图 3-7-18b 所示；只注极限偏差值，如图 3-7-18c 所示；同时注出公差带和极限偏差值，如图 3-7-18d 所示。

在零件图上标注极限偏差，其字高要比公称尺寸的字高小一号，上极限偏差注在上方，下极限偏差应与公称尺寸注在同一底线上，如图 3-7-18c 所示。上下极限偏差中小数点后右端的"0"一般不予注出，如 $\phi 60_{-0.09}^{-0.06}$；如果为了使上下极限偏差的小数点后的位数相同，可以用"0"补充，如 $\phi 50_{-0.010}^{+0.015}$。如上极限偏差或下极限偏差为"零"，应标注"0"，并与下极限偏差或上极限偏差的小数点前的个位数对齐，如图 3-7-18d 所示。当上、下极限偏差数值相同时，其数值只需标注一次，在数值前注出符号"±"，且字高与基本尺寸相同，如 $\phi 80 \pm 0.015$。

（2）查表方法 根据公称尺寸和公差带，可通过查表获得孔、轴的极限偏差值。查表的步骤一般是：先查出孔、轴的标准公差，再查出其基本偏差，最后由配合件的标准公差和基本偏差的关系算出另一个偏差。对于优先及常用的配合的极限偏差，可直接由查表获得。

例 3-7-1 查表写出 $\phi 30 \dfrac{\text{H8}}{\text{f7}}$ 的偏差数值。

分析：对照表 3-7-4 可知，$\dfrac{\text{H8}}{\text{f7}}$ 是基孔制的间隙配合，其中 H8 是基准孔的公差带；f7 是配合轴的公差带。

查表步骤：

1）$\phi 30\text{H8}$ 基准孔的极限偏差可由附表 21 查得。在表中由基本尺寸大于 24~30mm 的行和公差带为 H8 的列相交处查得 $_{0}^{+33}$，故 $\phi 30\text{H8}$ 可写成 $\phi 30_{\ 0}^{+0.033}$。

2）$\phi 30\text{f7}$ 配合轴的极限偏差可由附表 20 查得。在表中由基本尺寸大于 24~30mm 行和公差带为 f7 的列相交处查得 $_{-41}^{-20}$，故 $\phi 30\text{f7}$ 可写成 $\phi 30_{-0.041}^{-0.020}$。

3.13 几何公差简介

在生产实践中，经过加工的零件，不但会产生尺寸误差，而且会产生几何误差。

例如，图3-7-19a所示为一理想形状的销轴，而加工后的实际形状则是轴线变弯了，如图3-7-19b所示，因而产生了形状误差。又如，图3-7-20a所示为一要求严格的四棱柱，加工后的实际位置却是上表面倾斜了，如图3-7-20b所示，因而产生了方向误差。

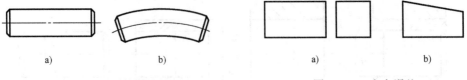

图3-7-19 形状误差   图3-7-20 方向误差

如果零件存在严重的几何误差，将对其装配造成困难，影响机器的质量，因此，对于精度要求较高的零件，除给出尺寸公差外，还应根据设计要求，合理地确定出几何误差的最大允许值，如图3-7-21中的 $\phi0.08$，即销轴圆柱面的提取中心线应限定在直径等于0.08mm的圆柱面内；图3-7-22中的0.01，表示提取（实际）上表面应限定在间距等于0.01mm、平行于基准表面 A 即下表面的两平行平面之间。

通过这些措施，才能将其误差控制在一个合理的范围内。为此，国家标准规定了一项保证零件加工质量的技术指标——几何公差（GB/T 1182—2008），即旧标准中的"形状和位置公差"。

新标准将"中心要素"改称为"导出要素"。即"中心线"和"中心面"用于表达非理想形状的导出要素，"轴线"和"中心平面"用于表达理想的导出要素。例如，"轴线"，被测要素称为"中心线"，基准要素称为"轴线"；原"测得要素"改为"提取要素"。

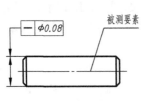

图3-7-21 直线度公差

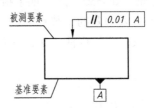

图3-7-22 平行度公差

1. 几何公差各项目符号及代号

几何公差的几何特征和符号如表3-7-6所示。

表3-7-6 几何公差的几何特征和符号

公差类型	几何特征	符号	有无基准
形状公差	直线度	——	无
	平面度	▱	无
	圆度	○	无
	圆柱度	⌭	无
形状公差、方向公差或位置公差	线轮廓度	⌒	有或无（形状公差无）
	面轮廓度	⌓	有或无（形状公差无）

(续)

公差类型	几何特征	符 号	有无基准
方向公差	平行度	//	有
	垂直度	⊥	有
	倾斜度	∠	有
位置公差	位置度	⊕	有或无
	同心度（用于中心点） 同轴度（用于轴线）	◎	有
	对称度	═	有
跳动公差	圆跳动	∕	有
	全跳动	⫽	有

2. 公差框格及基准符号

用公差框格标注几何公差时，公差要求注写在划分成两格或多格的矩形框中。其标注内容、顺序及框格的绘制规定等，如图 3-7-23a 所示。

基准符号如图 3-7-23b 所示。涂黑的和空白的基准三角形含义相同。与被测要素相关的基准用一个大写字母表示，字母标注在基准方格中。

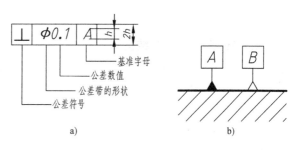

图 3-7-23　几何公差框格及基准符号

a）几何公差框格　b）基准符号

3. 几何公差标注示例

图 3-7-24 所示是一根气门阀杆，图中标注的各几何公差代号的含义及其解释如下：

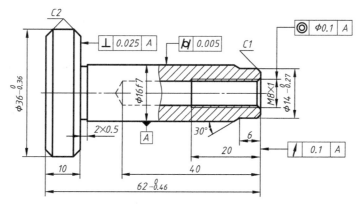

图 3-7-24　几何公差标注示例

$\boxed{\text{⌭} \mid 0.005}$ 表示 φ16 圆柱面的圆柱度公差为 0.005mm。即提取（实际）φ16 圆柱面应限制在半径为公差值 0.005mm 的两同轴圆柱面之间。

◎ $\phi0.1$ A 表示 M8 × 1 的中心线对基准 A 的同轴度公差为 0.1mm。即 M8 × 1 螺纹孔的提取（实际）中心线应限定在直径等于 0.1mm，且与 $\phi16$ 圆柱的轴线同轴的圆柱面内。

／ 0.1 A 表示右端面对基准 A 的轴向圆跳动公差为 0.1mm。即在与 $\phi16$ 圆柱的轴线同轴的任意圆柱截面上，提取（实际）右端面圆应限定在轴向距离等于 0.1mm 的两个等圆之间。

⊥ 0.025 A 表示 $\phi36$ 圆柱的右端面对基准轴线 A 的垂直度公差为 0.025mm。即提取的 $\phi36$ 圆柱的右端面应限定在间距等于 0.025mm、垂直于 $\phi16$ 圆柱的轴线的两平行平面之间。

从图中可以看到，在标注几何公差时，用指引线连接被测要素和公差框格。当公差涉及轮廓线或轮廓面时，箭头应指向该要素的轮廓线或其延长线，且与尺寸线明显错开；当公差涉及要素的中心线时，箭头应位于相应尺寸线的延长线上，如 M8 × 1 中心线的同轴度注法；当基准要素是尺寸要素确定的轴线时，基准三角形应放置在该要素尺寸线的延长线上，如基准 A。

3.14 零件结构的工艺性简介

零件的结构形状，主要根据它在机器或部件中的作用来决定。但是，制造工艺对零件的结构也有某些要求。因此，在设计和绘制一个零件时，应该使零件的结构既能满足使用上的要求，又要方便制造。

1. 铸造零件的工艺结构

（1）铸造圆角 制造铸件时，为了便于脱模和避免砂型尖角在浇注时发生落砂，以及防止铸件两表面相交之根部尖角处出现裂纹、缩孔，往往在铸件转角处做成圆角，如图 3-7-25 所示。

在零件图上铸造圆角必须画出。圆角半径大小须与铸件壁厚相适应。其半径值一般取 3～5mm，可在技术要求中统一说明。

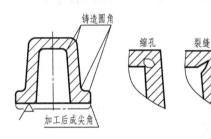

图 3-7-25 铸造圆角

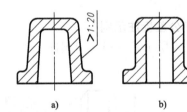

图 3-7-26 起模斜度

a) 画出和标注起模斜度 b) 不画出和标注起模斜度

（2）起模斜度 造型时，为了能将木模顺利地从砂型中取出，常沿木模的起模方向作出斜度，这个斜度，叫做起模斜度，如图 3-7-26a 所示。

起模斜度的大小：木模常为 1°～3°；金属型为 0.5°～2°。因斜度很小，通常在图样上不画出，也不标注，如图 3-7-26b 所示。

（3）铸件壁厚 铸件在浇注时，壁厚处冷却慢，易产生缩孔或在壁厚突变处产生裂缝，如图 3-7-27c 所示。因此，要求铸件壁厚保持均匀一致或采取逐渐过渡的结构，如图 3-7-27a、b 所示。

（4）过渡线 由于铸件上有圆角的存在，就使零件表面的交线变得不十分明显，但为了便于看图及区分不同的表面，图样中仍需按没有圆角时交线的位置画出这条不太明显的线，这条线称为过渡线。

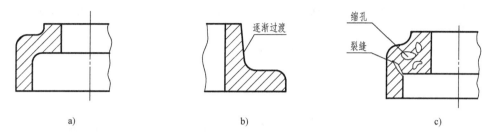

图 3-7-27 铸件壁厚

a）壁厚均匀　b）逐渐过渡　c）产生缩孔和裂缝

过渡线的画法与没有圆角时的相贯线画法完全相同，只是在表示时稍有差异。下面，按几种情况加以说明。

1）GB/T 17450—1998、GB/T 4457.4—2002 中规定，过渡线用细实线绘制。

2）当两曲面相交时，过渡线不与圆角轮廓线接触，如图 3-7-28 所示。

3）当两曲面相切时，过渡线在切点附近应该断开，如图 3-7-29、图 3-7-30c 所示。

4）当平面与平面、平面与曲面相交时，过渡线应在转角处断开，并加画过渡圆弧，其弯向与铸造圆角的弯向一致，如图 3-7-30b 所示。

5）在画肋板与圆柱组合的过渡线时，其过渡线的形状与肋板的断面形状、以及肋板与圆柱的组合形式有关，如图 3-7-30 所示。

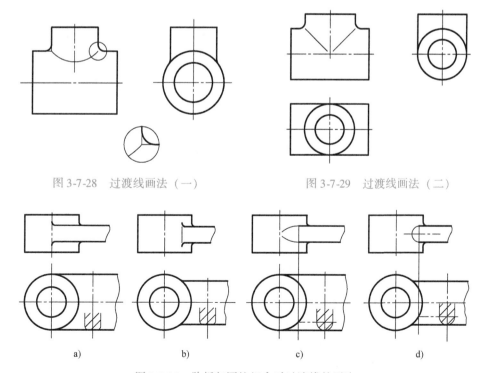

图 3-7-28 过渡线画法（一）　　　　图 3-7-29 过渡线画法（二）

图 3-7-30 肋板与圆柱组合时过渡线的画法

2. 零件加工面的工艺结构

（1）倒角和倒圆　为了去除毛刺、锐边和便于装配，轴或孔的端部一般都加工成倒角；为了避免应力集中，在轴肩处往往加工成圆角的过渡形式，称为倒圆。倒角和倒圆的尺寸注法如图3-7-31所示。

倒角和倒圆的尺寸系列，可查阅附表22。

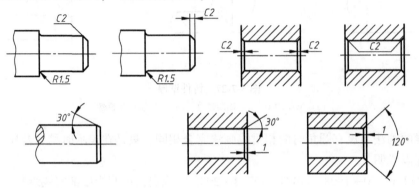

图 3-7-31　倒角和圆角

（2）退刀槽和越程槽　切削时，为了便于退出刀具或使砂轮可以稍稍越过加工面，不使刀具或砂轮损坏，以及在装配时相邻零件保证靠紧，常在待加工零件的轴肩处预先加工出退刀槽和砂轮越程槽。如图3-7-32所示。

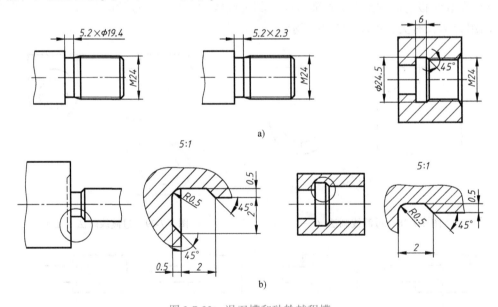

图 3-7-32　退刀槽和砂轮越程槽

a）退刀槽　b）砂轮越程槽

其具体结构和尺寸，可按"槽宽×槽深"或"槽宽×直径"的形式注出。当槽的结构比较复杂时，可画出局部放大图标注尺寸。

砂轮越程槽和退刀槽的结构尺寸系列，可查阅附表23。

（3）钻孔结构　零件上有各种不同形式和不同用途的孔，多数是由钻头加工而成，其中有通孔和不通孔。用钻头加工的不通孔，在底部有一个 120° 的锥坑，钻孔的深度应是圆柱部分的深度，不包括锥坑。在用两个直径不同的钻头钻出的阶梯孔的过渡处，也存在锥角为 120° 的圆台，其画法及尺寸标注见图 3-7-33 所示。

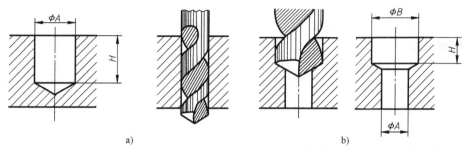

图 3-7-33 钻孔结构（一）

a）不通孔 b）阶梯孔

钻孔时，要求钻头的轴线应与被加工表面尽量垂直，以保证钻孔准确和避免钻头折断。图 3-7-34 表示了三种钻孔端面的正确结构。

（4）凸台和凹坑 为了保证零件间接触良好，零件上凡与其他零件接触的表面一般都要加工，但为了降低零件的制造费用，在设计零件时应尽量减少加工面。因此，在零件上常有凸台和凹坑结构。凸台应在同一平面上以保证加工方便，如图 3-7-35 所示。

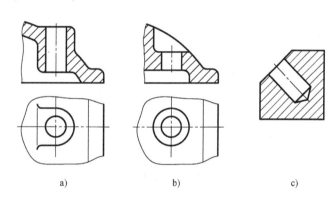

图 3-7-34 钻孔结构（二）

a）凸台 b）凹坑 c）斜面

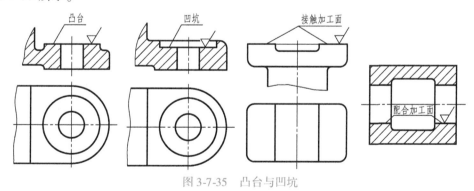

图 3-7-35 凸台与凹坑

任 务 实 施

在生产实践中经常要看和绘制零件图。培养绘图和读图能力，是学习本门课程最主要的任务之一。

零件图的要求是：了解零件的名称、所用材料和它在机器中的作用，通过分析视图、尺寸和技术要求，想象出零件中各组成部分的结构形状和相对位置从而在头脑中建立起一个完整的、具体的零件形象，并对其复杂程度、要求高低和制造方法做到心中有数，以便设计加工过程的进行。

下面以图 3-7-2 为例，说明读零件图的一般方法和步骤。

1. 概括了解

读零件图时，首先从标题栏中了解零件的名称、材料、重量、画图比例等，并联系典型零件的分类，对零件有一个初步的了解。

通过看标题栏得知，该零件的名称为缸体，材料为铸铁，绘图比例为 1∶2，可见此缸体为小型零件，属箱体类零件。

2. 分析表达方案，明确视图间关系

要读懂零件图，想出零件形状，必须先分析表达方案，明确各个视图之间的关系。具体应抓住以下几点：表达方案选用了几个视图，哪个是主视图，哪些是基本视图，哪些是辅助视图，它们之间的投影关系如何。对于向视图、局部视图、斜视图、断面图以及局部放大图等，要根据其标注，找出它们的表达部位和投射方向。对于剖视图，还要搞清楚其剖切位置、剖切面形式和剖开后的投射方向。

缸体采用了主、俯、左三个基本视图。主视图是全剖视图，用单一剖切平面通过零件的前后对称面剖切，其中，左端的 M6 螺孔并未剖到，是采用规定画法绘制的；左视图是半剖视图，用单一剖切平面通过底板上销孔的轴线剖切，其中，在半剖视图上又取了一个局部剖，以表达沉孔的结构；俯视图为外形图。

3. 分析形体、想象零件形状

在读懂视图间关系的基础上，运用形体分析法和线面分析法，分析零件的结构形状。

运用形体分析法看图，就是从形状、位置特征明显的视图入手，分别想象出各组成部分的形状并将其加以综合，进而想象出整个零件形状的过程。

通过分析，可大致将缸体分为四个组成部分：

1）直径为 $\phi70$mm 的圆柱形凸缘。

2）直径为 $\phi55$mm 的圆柱。

3）在两个圆柱上部各有一个 U 形凸台，经锪平又加工出了螺孔。

4）带有凹坑的底板。底板上加工有四个供穿入内六角圆柱头螺钉固定缸体用的沉孔和两个安装定位用的圆锥销孔。此外，主视图又清楚地表示出了缸体的内部结构是直径不同的两个圆柱形空腔，右端的"缸底"上有一个圆柱形凸台。各组成部分的相对位置图中已表达得很清楚，就不一一赘述了。缸体零件的全貌如图 3-7-1 所示。

4. 分析尺寸

分析尺寸时，先分析零件长、宽、高三个方向上尺寸的主要基准。然后从基准出发，找出组成部分的定位尺寸和定形尺寸，搞清哪些是主要尺寸。

从图 3-7-2 中可以看出，其长度方向以左端面为基准，宽度方向以缸体的前后对称面为基准，高度方向以底板底面为基准。缸体的中心高 40、两个锥销孔轴线间的距离 72，以及主视图中的尺寸 80 都是影响缸体工作性能的定位尺寸，为了保证其尺寸的准确度，它们都是从尺寸基准出发直接标注的。孔径 $\phi35$H7 是配合尺寸。以上这些都是缸体的重要尺寸。

5. 分析技术要求

对零件图上标注的各项技术要求，如表面结构要求、极限偏差、几何公差、热处理等要逐项识读，尤其要分析清楚其含义，把握住对技术指标要求较高的部位和要素，以便保证零件的加工质量。例如，$\phi35$H7：表明该孔与其他零件有配合关系。 表明 $\phi35$H7 孔的中心线对基准面 B 的平行度公差为 0.06mm，即 $\phi35$ 孔提取（实际）中心线应限定在距离为 0.06mm 且平行于底板地面的两平行平面之间。 表明左端面与基准轴线 C 的垂直度公差为 0.06mm，即提取（实际）左端面应限定在距离为 0.06mm 且垂直于 $\phi35$ 孔轴线的两平行平面之间。从所注的表面结构的要求看，$\phi35$H7 孔表面的 Ra 上限值为 1.6μm，在加工表面中要求是最高的。其他表面结构要求请自行分析。

6. 归纳总结

在以上分析的基础上，将零件各部分的结构形状、大小及其相对位置和加工要求进行综合归纳，即可得到对该零件的全面了解和认识，从而真正读懂这张零件图。有条件时还应参考有关资料和图样，如产品说明书、装配图和相关零件图，以对零件的作用、工作情况及加工工艺作进一步了解。

任 务 总 结

读零件图是专业工程技术人员必须具备的能力，本任务通过实例，结合零件结构分析、视图选择、尺寸标注和技术要求，阐述了读零件图的方法和步骤。

知 识 拓 展

3.15 零件测绘

对现有的零件实物进行绘图、测量和确定技术要求的过程，称为零件测绘。在仿造、修配机器或部件以及进行技术改造时，常常要进行零件测绘。

测绘零件的工作常在现场进行，由于受条件的限制，一般先绘制零件草图，然后由零件草图整理成零件图。

零件草图是绘制零件图的重要依据，必要时还可直接用来制造零件。因此零件草图必须具备零件图应有的全部内容。要求做到：图形正确、表达清晰、尺寸完整、线型分明、图面整洁、字体工整，并注写出技术要求等有关内容。

1. 零件测绘的方法与步骤

（1）了解和分析测绘对象　首先应了解零件的名称、用途、材料以及它在机器或部件中的位置和作用，然后对该零件进行结构分析和制造方法的分析。

（2）确定视图表达方案　先根据显示零件形状特征的原则，按零件的加工位置或工作位置确定主视图，再按零件的内外结构特点选用必要的其他视图和剖视、断面等表达方法。视图表达方案要完整、清晰、简练。

（3）绘制零件草图　参阅图 3-7-5，以绘制球阀上阀盖的零件草图为例，说明绘制零件草图的步骤。零件草图见图 3-7-36。

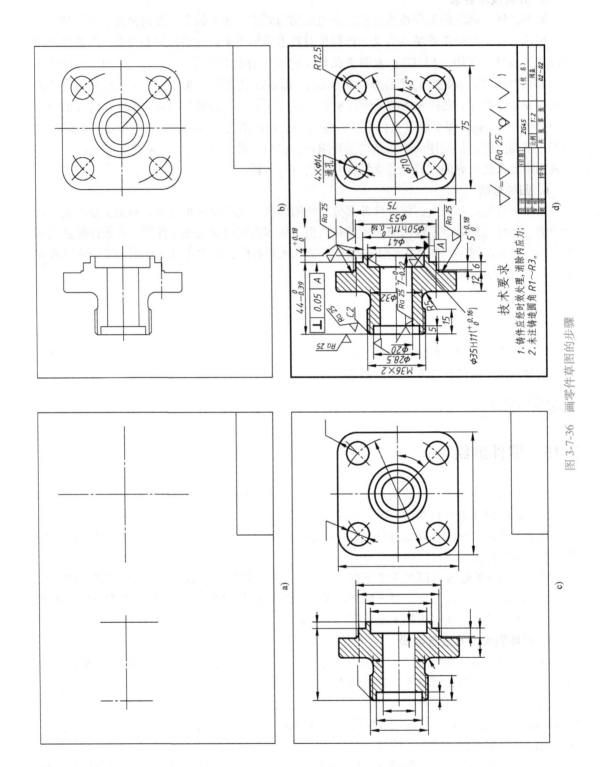

图 3-7-36 画零件草图的步骤

1）布置视图，画出各视图的轴线、对称中心线以及主要基准面的轮廓线，如图3-7-36a所示。布置视图时，要考虑到各视图间应留有标注尺寸的位置。

2）以目测比例画各视图的主要部分投影，如图3-7-36b所示。

3）取剖视、断面，画剖面线，画出全部细节。选定尺寸基准，按正确、完整、清晰以及尽可能合理地标注尺寸的要求，画出全部尺寸界线、尺寸线及箭头，经仔细校核后，按规定线型将图线加深，如图3-7-36c所示。

4）逐个量注尺寸，标注各表面的表面结构代号，并注写技术要求和标题栏，如图3-7-36d所示。

（4）画零件图　对画好的零件草图进行复核后，再画零件图。

2. 零件尺寸的测量方法

测量尺寸是零件测绘过程中的必要步骤。零件上全部尺寸的测量应集中进行，这样不但可以提高工作效率，还可以避免错误和遗漏。

测量零件尺寸时，应根据零件尺寸的精确程度选用相应的量具。常用的量具有直尺、卡钳、游标卡尺和螺纹规。常用的测量方法见表3-7-7。

表3-7-7　零件尺寸的测量方法

项目	图例与说明	项目	图例与说明
直线尺寸	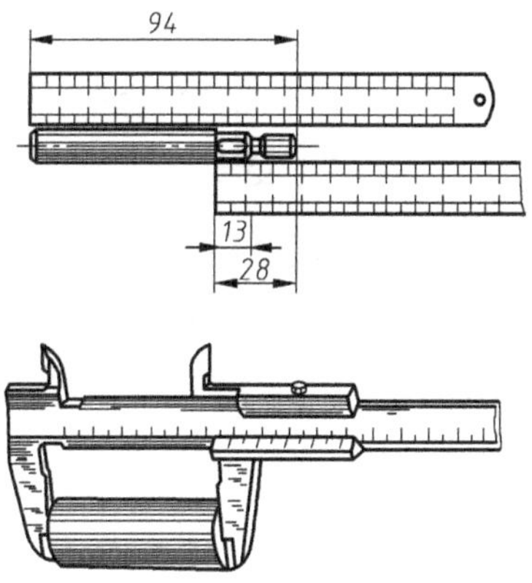 直线尺寸可用钢直尺或游标卡尺直接测量	直径尺寸	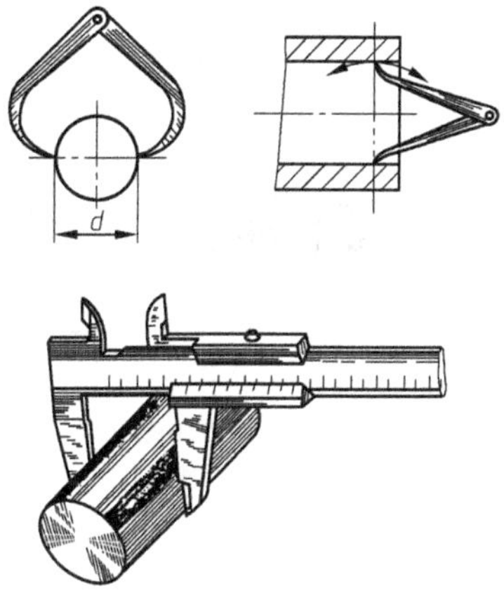 直径尺寸可用内、外卡钳间接测量或用游标卡尺直接测量
壁厚尺寸	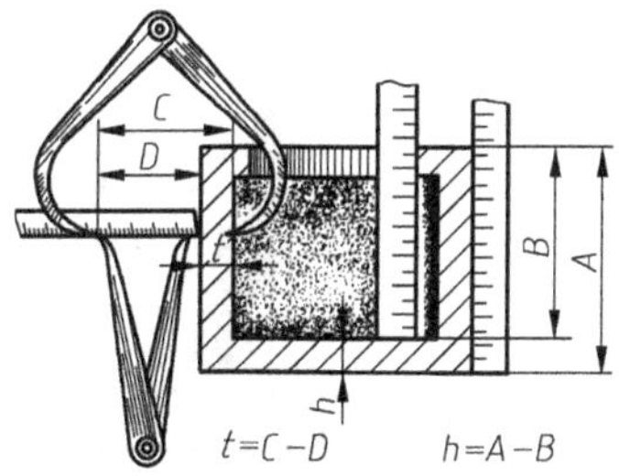 $t=C-D$　　　$h=A-B$ 壁厚尺寸可用钢直尺测量，如底壁厚度 $h=A-B$；或用外卡钳和钢直尺测量，如左侧壁的厚度 $t=C-D$	孔间距	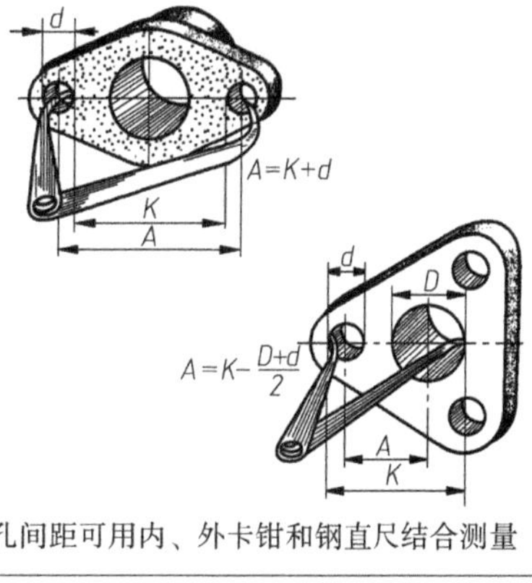 $A=K+d$ $A=K-\dfrac{D+d}{2}$ 孔间距可用内、外卡钳和钢直尺结合测量

（续）

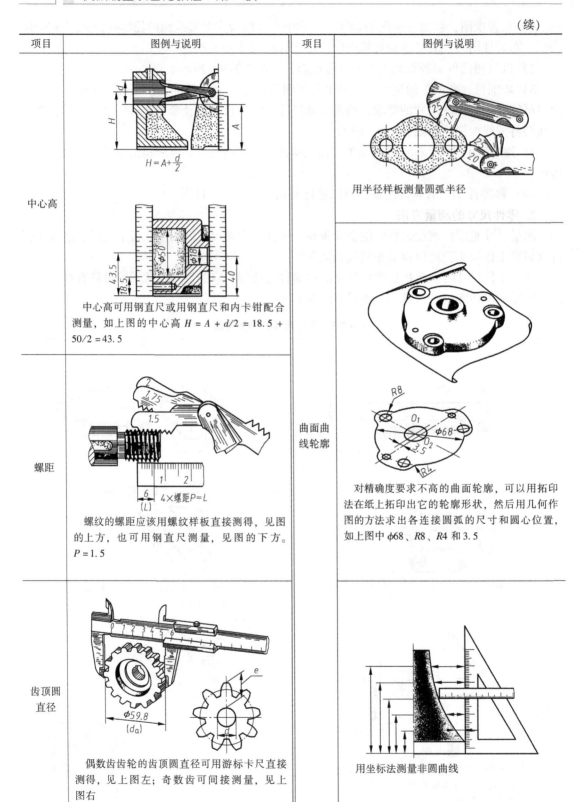

项目	图例与说明	项目	图例与说明
中心高	$H = A + \dfrac{d}{2}$ 中心高可用钢直尺或用钢直尺和内卡钳配合测量，如上图的中心高 $H = A + d/2 = 18.5 + 50/2 = 43.5$	曲面曲线轮廓	用半径样板测量圆弧半径 对精确度要求不高的曲面轮廓，可以用拓印法在纸上拓印出它的轮廓形状，然后用几何作图的方法求出各连接圆弧的尺寸和圆心位置，如上图中 $\phi68$、$R8$、$R4$ 和 3.5
螺距	$4 \times$ 螺距 $P = L$ 螺纹的螺距应该用螺纹样板直接测得，见图的上方，也可用钢直尺测量，见图的下方。$P = 1.5$	曲面曲线轮廓	
齿顶圆直径	$\phi59.8$ (d_a) 偶数齿齿轮的齿顶圆直径可用游标卡尺直接测得，见上图左；奇数齿可间接测量，见上图右		用坐标法测量非圆曲线

3. 零件测绘的注意事项

1）零件上因制造、装配的需要而形成的工艺结构，如铸造圆角、倒圆、退刀槽、凸台、凹坑等，都必须画出；但零件的制造缺陷，如砂眼、气孔、刀痕等，以及长期使用所造成的磨损，都不应画出。

2）有配合关系的尺寸，一般只要测出它的基本尺寸，其配合性质和相应的极限偏差，应在仔细分析后查阅手册确定。

3）零件上的非配合尺寸或不重要的尺寸，允许将测得的尺寸适当圆整。

4）对螺纹、键槽、齿轮的轮齿等标准结构的尺寸，应把测量的结果与标准值核对，采用标准的结构尺寸，以便制造。

项 目 总 结

绘制和阅读图样是本课程的最终目的，通过本项目的学习，要掌握对零件的结构进行分析，即对零件各部位的功能进行分析，视图选择要把表达零件信息量最多的那个方向作为主视图的投射方向，合理确定零件的表达方案；要了解零件的设计基准和工艺基准，根据基准合理标注零件尺寸；合理确定零件技术要求并在图样上进行正确标注。读零件图要抓反映零件形状特征的那个视图，应用投影规律将一组视图联系起来看，由此想象出零件的整体形状。

项目四 绘制与识读装配图

项目目标

1. 掌握标准件、了解常用件的用途及规定画法。
2. 掌握装配图绘制的方法和步骤，正确绘制机器或部件的装配图。
3. 掌握识读装配图的方法和步骤。
4. 掌握由装配图拆画零件图的方法和步骤。
5. 学习遵守机械制图国家标准的有关规定，学会查阅有关的标准和资料。

任务1 千斤顶装配图的识读与绘制

任务分析

装配图是表达机器或部件装配关系和工作原理的图样。设计时，一般先绘制装配图，再拆画出零件图；生产时，先根据零件图加工出零件，再根据装配图将零件装配成部件或机器。因此，装配图是进行装配、调试、检验、及维修的必备资料，是表达设计思想和指导生产的重要技术文件。

千斤顶利用螺旋（或液压）传动来顶举重物，是机械安装、汽车维修、建筑施工等行业常用的一种起重或顶压工具。本任务是绘制图4-1-1所示的螺旋千斤顶的装配图。

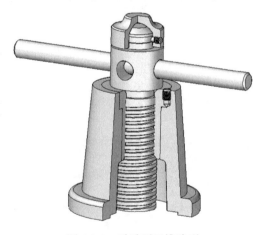

图4-1-1 千斤顶三维造型

要掌握装配图的作用和内容。

掌握装配图的表达方法。

掌握装配图的尺寸标注。

了解装配结构的合理性。

掌握装配图绘制的方法和步骤。

相关知识

4.1 标准件和常用件

有些零件，在机器设备中大量使用，其结构、形状和尺寸均已标准化、系列化，我们称之为标准件，如：螺栓、螺柱、螺钉、螺母、键、销、轴承等。另一些零件，它们只是部分结构、参数标准化，称为常用件，如：齿轮、弹簧等。

对于标准件和常用件，在制造时，可运用专用设备和标准的刀具、量具进行高效率、大批量的专业化生产，在使用时可方便地按规格选用和更换。在绘图时，为了提高效率，其结构和形状不必按真实投影画出，而是根据相应的国家标准所规定的画法、代号和标记进行绘图和标注。

4.1.1 螺纹基本知识

1. 螺纹的形成

螺纹是按螺旋线的原理制成的。在圆柱（或圆锥）外表面形成的螺纹称为外螺纹。在内孔面上形成的螺纹称为内螺纹。

螺纹的加工方法很多，最常用的方法是用车床车螺纹或者用丝锥攻螺纹。如图 4-1-2 所示。

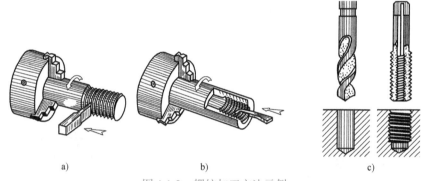

图 4-1-2 螺纹加工方法示例

a）加工外螺纹 b）加工内螺纹 c）加工较小直径的螺纹

2. 螺纹的要素

（1）牙型 在通过螺纹轴线的剖面上，螺纹的轮廓形状称为螺纹的牙型。常见的牙型有：三角形、梯形、矩形、锯齿形等，不同牙型的螺纹有不同的用途，如三角形螺纹用于连接，梯形、矩形等螺纹常用于传动。螺纹凸起部分顶端称为牙顶，螺纹沟槽底部称为牙底。

（2）直径 螺纹的直径有大径、小径、中径三个，如图 4-1-3 所示。外螺纹直径用小写字母，内螺纹直径用大写字母表示。

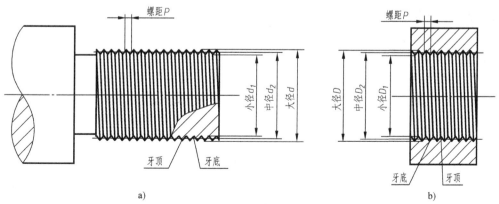

图 4-1-3 螺纹的直径和螺距

a）外螺纹 b）内螺纹

1）大径 d、D。指与外螺纹的牙顶或内螺纹的牙底相切的假想圆柱或圆锥的直径。

2）小径 d_1、D_1。指与外螺纹的牙底或内螺纹的牙顶相切的假想圆柱或圆锥的直径。

3）中径 d_2、D_2。指一个假想的圆柱或圆锥的直径，其母线通过牙型上沟槽和凸起宽度相等的地方。

在实际使用中，代表螺纹尺寸的直径称为公称尺寸，用螺纹大径表示。

（3）线数 n 形成螺纹的螺旋线的条数称为线数。沿一条螺旋线形成的螺纹称为单线螺纹，沿两条或两条以上螺旋线形成的螺纹称为多线螺纹。如图4-1-4所示。

（4）螺距 P 和导程 Ph 螺纹相邻两牙在中径线上对应两点的轴向距离称为螺距。同一螺旋线上相邻两牙在中径线上对应两点的轴向距离称为导程。线数 n、螺距 P 和导程 Ph 之间的关系为

$$Ph = n \times P$$

（5）旋向 螺纹分左旋和右旋两种，如图4-1-5所示。当内外螺纹旋合时，顺时针方向旋入者为右旋，逆时针方向旋入者为左旋。常用的是右旋螺纹。

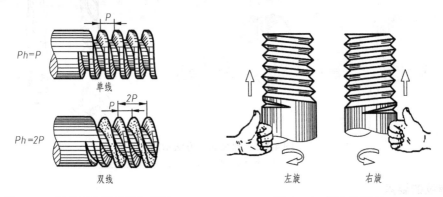

图 4-1-4 螺纹的线数导程和螺距   图 4-1-5 螺纹的旋向

当螺纹上述5个要素完全相同时，内外螺纹才能相互旋合，实现零件间的连接或传动。

国家标准对螺纹的牙型、大径和螺距三要素作了统一规定。这三要素均符合国家标准的螺纹称为标准螺纹；牙型不符合国家标准的螺纹称为非标准螺纹；只有牙型符合国家标准的螺纹称为特殊螺纹。

3. 螺纹的规定画法

螺纹不按真实投影作图，而是采用机械制图国家标准 GB/T 4459.1—1995 和 GB/T 197—2003 规定的画法进行作图。

（1）外螺纹的规定画法 外螺纹的大径用粗实线表示，小径用细实线表示。螺纹小径按大径的0.85倍绘制。小径的细实线应画入倒角内，螺纹终止线用粗实线表示。在反映圆的视图中，表示小径的细实线圆只画约3/4圈，螺杆端面上的倒角圆省略不画，如图4-1-6所示。

（2）内螺纹的规定画法 内螺纹通常采用剖视图表达，大径用细实线表示，小径和螺纹终止线用粗实线表示，小径取大径的0.85倍，注意剖面线应画到粗实线为止；若是不通孔，钻孔深度一般应比螺纹深度大0.5D，底部的锥顶角应按120°画出；在反映圆的视图中，大径用约3/4圈的细实线圆弧绘制，孔口倒角圆不画，如图4-1-7a所示。

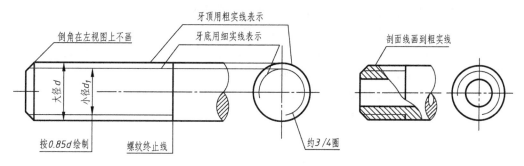

图 4-1-6 外螺纹规定画法

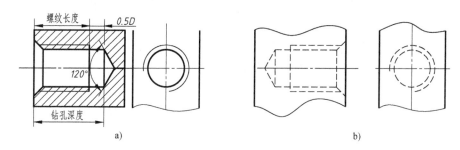

图 4-1-7 内螺纹的规定画法

当螺纹的投影不可见时，所有图线均画成虚线，如图 4-1-7b 所示。

（3）螺纹连接的规定画法 内外螺纹连接时，常采用剖视图画出，其旋合部分按外螺纹绘制，其余部分按各自的规定画法绘制。标准规定，当沿外螺纹的轴线剖开时，螺杆作为实心零件按不剖绘制。表示螺纹大、小径的粗、细实线应分别对齐。当垂直于螺纹轴线剖开时，螺杆处应画剖面线，如图 4-1-8 所示。

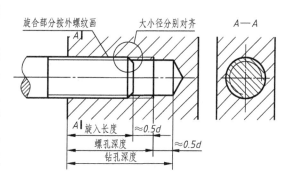

图 4-1-8 螺纹连接的规定画法

4. 螺纹的种类和标注

（1）螺纹的种类 常用的螺纹按用途可分为连接螺纹（如普通螺纹、管螺纹）和传动螺纹（如梯形螺纹、锯齿形螺纹）两类，前者起连接作用，后者用于传递运动和动力。

由于螺纹的规定画法不能表示螺纹种类和螺纹要素，因此，绘制螺纹图样时，必须按照国家标准规定的格式和相应的代号进行标注。

（2）螺纹的标记

1）普通螺纹的标记。标记内容及格式如下：

| 螺纹特征代号 | 尺寸代号 |——| 公差带代号 |——| 旋合长度代号 |——| 旋向代号 |

说明：

① 普通螺纹特征代号为 M。

② 尺寸代号：单线：公称直径×螺距(粗牙不注螺距)

多线：公称直径×Ph 导程 P 螺距

③ 公差带代号：由中径公差带代号和顶径公差带代号组成。大写字母代表内螺纹，小写字母代表外螺纹，若两组公差带相同，则只写一组。

下列情况下，中等公差精度螺纹不标注其公差带代号。

内螺纹：——5H　公称直径≤1.4mm

——6H　公称直径≤1.6mm

外螺纹：——6h　公称直径≤1.4mm

——6g　公称直径≤1.4mm

④ 旋合长度代号：内外螺纹的旋合长度分为短（S）、中（N）、长（L）三种。一般采用中等旋合长度，此时 N 省略不标。

⑤ 旋向代号：左旋螺纹以"LH"表示，右旋螺纹不标注旋向。

例如："M16-5g6g-S"表示粗牙普通外螺纹，公称直径为16mm，螺距为2mm（查表），中径公差带为5g，顶径公差带为6g，短旋合长度，右旋；"M16×1-7H-LH"表示细牙普通内螺纹，公称直径为16mm，螺距为1mm，中径和顶径公差带均为7H，中等旋合长度，右旋。

2）55°密封管螺纹的标记。标记内容及格式为：

| 螺纹特征代号 | 尺寸代号 | 旋向代号 |

螺纹特征代号：

Rc——圆锥内螺纹

Rp——圆柱内螺纹

R_1、R_2——圆锥外螺纹

左旋管螺纹均在尺寸代号后加注"LH"。

例如："$R_1$1/2LH"表示与圆柱内螺纹配合的圆锥外螺纹，尺寸代号为1/2，左旋。

3）55°非密封管螺纹的标记。

55°非密封管螺纹特征代号用 G 表示。

① 尺寸代号：用无单位的一个数字表示（如1/2、3/4、1、……），并非公称直径。

② 公差等级代号：55°非密封管螺纹的外螺纹有 A、B 两种公差等级，应作标注。

③ 旋向代号：左旋时，55°非密封管螺纹的外螺纹应在公差等级代号后加注"–LH"。

例如："G3/4A-LH"表示55°非密封管螺纹的外螺纹，尺寸代号为3/4，公差等级为 A 级，左旋。

4）梯形螺纹的标记。标记内容及格式为：

| 螺纹特征代号 | 尺寸代号 | 中径公差带代号 |——| 旋合长度组代号 |——| 旋向代号 |

说明：

① 螺纹特征代号：梯形螺纹用 Tr 表示。

② 尺寸代号：单线：公称直径×螺距

多线：公称直径×导程 P 螺距

③ 旋向代号：左旋时标注"LH"，右旋时省略标注。

④ 旋合长度代号：旋合长度分为中等旋合长度（N）和长旋合长度（L）两种，中等旋合长度则不标注。

例如："Tr48×8-7e"表示单线梯形外螺纹，公称直径为48mm，螺距为8mm，右旋，中径公差带为7e，中等旋合长度。"Tr48×16P8-7H-L-LH"表示梯形内螺纹，公称直径为48mm，导程为16mm，螺距为8mm，中径公差带为7H，长旋合长度，左旋。

（3）螺纹的标注 对于标准螺纹，应标注出相应标准所规定的螺纹标记，普通螺纹、梯形螺纹和锯齿形螺纹，其标记应直接注在大径的尺寸线上；管螺纹的标记一律注在指引线末端的基准线上，指引线由大径引出，见表4-1-1。

表4-1-1 常见标准螺纹的种类、牙型、特征代号及标注示例

螺纹的种类		特征代号	外形及牙型	标注示例
连接螺纹	普通螺纹 （GB/T 197—2003） 粗牙	M	60°	M10
	细牙			M20×2-5H-L-LH
管螺纹	55°非密封管螺纹 （GB/T 7307—2001）	G	55°	G3/4 A
	55°密封管螺纹 （GB/T 7306—2000） 圆锥内螺纹	Rc	55°	Rp1
	圆柱内螺纹	Rp		
	圆锥外螺纹	R₁ R₂		
传动螺纹	梯形螺纹 （GB/T 57964—2022）	Tr	30°	Tr36×14P7-8c-LH
	锯齿形螺纹 （GB/T 13576—2008）	B	3° 30°	B36×6LH-7e

4.1.2 螺纹紧固件连接及其画法

1. 常用螺纹紧固件及标记

常用的螺纹紧固件有螺栓、螺柱、螺钉、螺母和垫圈等。它们的结构、尺寸都已分别标准化，称为标准件，在使用或绘图时，可以从相应的标准中查到所需的结构尺寸。

表 4-1-2 中列出了一些常用的螺纹紧固件及其规定标记。

表 4-1-2 常用螺纹紧固件及其规定标记

名　称	标　记	图　例	说　明
六角头螺栓	螺栓 GB/T 5782 M10×45	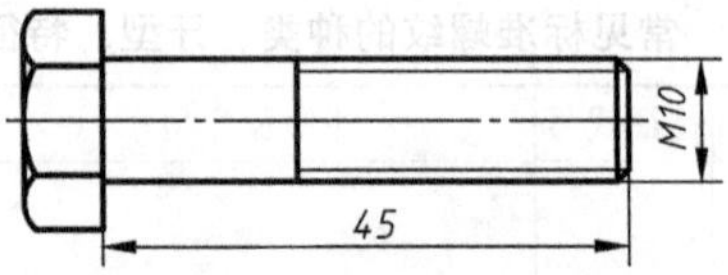	A 级六角头螺栓，螺纹规格 d = M10，公称长度 l = 45mm
双头螺柱	螺柱 GB/T 898 M10×35	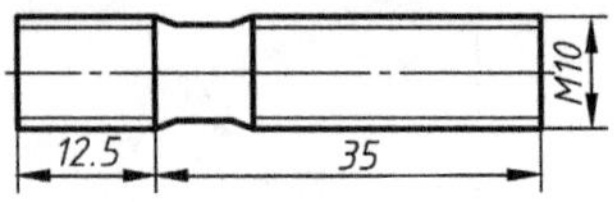	B 型双头螺柱，螺纹规格 d = M10，公称长度 l = 35mm，旋入机体一端长 b_m = 12.5mm
开槽圆柱头螺钉	螺钉 GB/T 65 M10×50	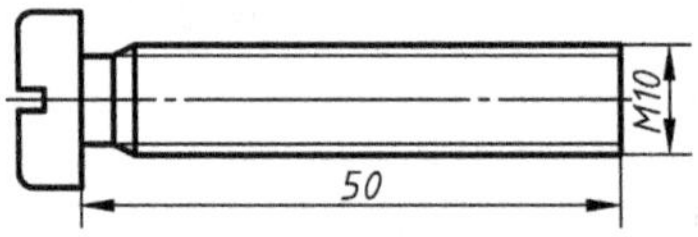	螺纹规格 d = M10，公称长度 l = 50mm 的开槽圆柱头螺钉
开槽沉头螺钉	螺钉 GB/T 68 M10×60	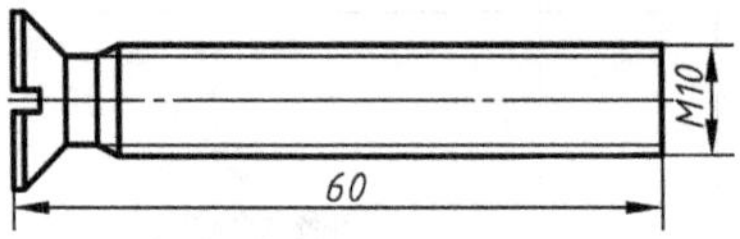	螺纹规格 d = M10，公称长度 l = 60mm 的开槽沉头螺钉
六角螺母	螺母 GB/T 6170 M10	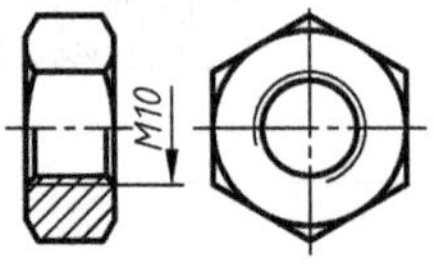	A 级 1 型六角螺母，螺纹规格 d = M10
平垫圈	垫圈 GB/T 97.1 10	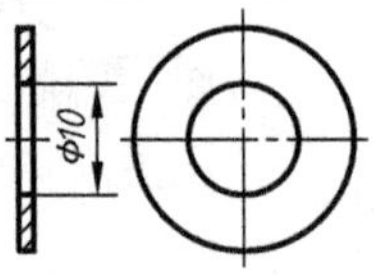	A 级平垫圈，公称规格为 10
标准型弹簧垫圈	垫圈 GB/T 93 12	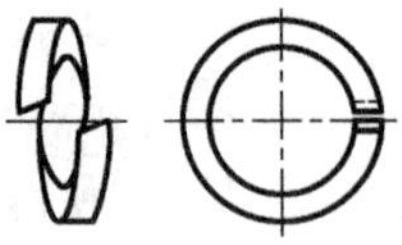	标准型弹簧垫圈，公称规格为 12

2. 常用螺纹紧固件的比例画法

螺纹紧固件的画法一般有比例画法和查表画法。当结构要求比较严格时，可用查表画法。但为了提高绘图效率，大多情况都采用比例画法。比例画法是根据紧固件的主要参数与螺纹公称直径的近似比例关系确定各部分尺寸，画出紧固件。比例画法如图 4-1-9 所示。

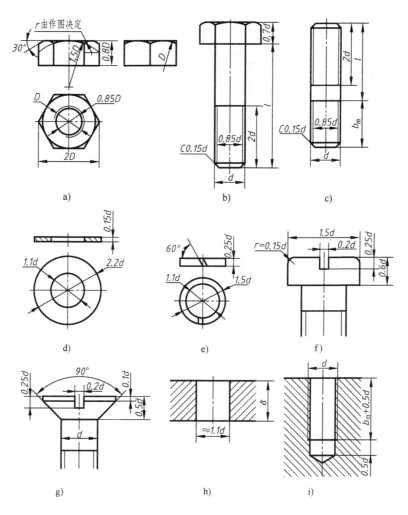

图 4-1-9　常用螺纹紧固件的比例画法

a) 螺母　b) 螺栓　c) 螺柱　d) 平垫圈　e) 弹簧垫圈　f) 圆柱头螺钉　g) 开槽沉头螺钉　h) 光孔　i) 螺纹孔

3. 常用螺纹紧固件的装配画法

常见的螺纹连接形式有螺栓连接、螺柱连接、螺钉连接等。其画法应遵循以下基本规定：

1) 两零件的接触面只画一条线，不接触面必须画两条线。

2) 相邻两被连接件的剖面线应相反，必要时可以相同，但剖面线必须相互错开或间隔不等。

3) 对于紧固件和实心零件，如螺栓、螺柱、螺钉、螺母、垫圈、键、销及轴等，若剖切面通过它们的轴线时，这些零件均按不剖绘制，只画外形，必要时可采用局部剖视。

4) 在同一张图上，同一零件的剖面线在各个视图上，其方向、间隔必须保持一致。

表 4-1-3 列出了螺栓、螺柱、螺钉三种连接的比例画法及说明。

表 4-1-3　螺栓、螺柱、螺钉连接比例画法

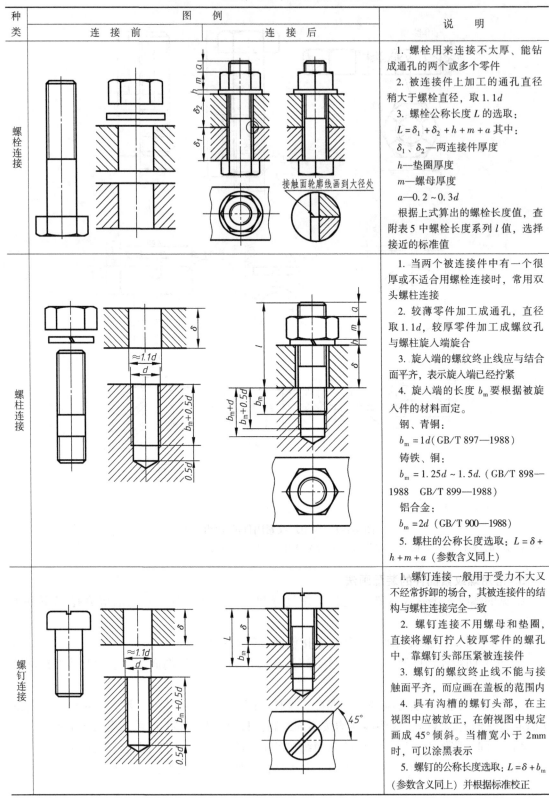

种类	图例		说明
	连接前	连接后	

螺栓连接

接触面轮廓线画到大径处

1. 螺栓用来连接不太厚、能钻成通孔的两个或多个零件
2. 被连接件上加工的通孔直径稍大于螺栓直径，取 $1.1d$
3. 螺栓公称长度 L 的选取：
$L = \delta_1 + \delta_2 + h + m + a$ 其中：
δ_1、δ_2—两连接件厚度
h—垫圈厚度
m—螺母厚度
$a = 0.2 \sim 0.3d$
根据上式算出的螺栓长度值，查附表 5 中螺栓长度系列 l 值，选择接近的标准值

螺柱连接

$\approx 1.1d$
$b_m + 0.5d$
$0.5d$
$b_m + d$
b_m

1. 当两个被连接件中有一个很厚或不适用螺栓连接时，常用双头螺柱连接
2. 较薄零件加工成通孔，直径取 $1.1d$，较厚零件加工成螺纹孔与螺柱旋入端旋合
3. 旋入端的螺纹终止线应与结合面平齐，表示旋入端已经拧紧
4. 旋入端的长度 b_m 要根据被旋入件的材料而定。
钢、青铜：
$b_m = 1d$（GB/T 897—1988）
铸铁、铜：
$b_m = 1.25d \sim 1.5d.$（GB/T 898—1988　GB/T 899—1988）
铝合金：
$b_m = 2d$（GB/T 900—1988）
5. 螺柱的公称长度选取：$L = \delta + h + m + a$（参数含义同上）

螺钉连接

$\approx 1.1d$
$b_m + 0.5d$
$0.5d$
$45°$

1. 螺钉连接一般用于受力不大又不经常拆卸的场合，其被连接件的结构与螺柱连接完全一致
2. 螺钉连接不用螺母和垫圈，直接将螺钉拧入较厚零件的螺孔中，靠螺钉头部压紧被连接件
3. 螺钉的螺纹终止线不能与接触面平齐，而应画在盖板的范围内
4. 具有沟槽的螺钉头部，在主视图中应被放正，在俯视图中规定画成 45°倾斜。当槽宽小于 2mm 时，可以涂黑表示
5. 螺钉的公称长度选取：$L = \delta + b_m$（参数含义同上）并根据标准校正

4.1.3　直齿圆柱齿轮参数计算及画法

齿轮是机械设备中广泛应用的传动件，必须成对使用，可用来传递运动和动力，改变转速和旋转方向。

常见的传动齿轮有圆柱齿轮、锥齿轮、蜗杆蜗轮，如图 4-1-10 所示。

圆柱齿轮——用于两平行轴之间的传动。

锥齿轮——用于两相交轴之间的传动。

蜗杆蜗轮——用于两交错轴之间的传动。

a)　　　　　　　　　　　　b)　　　　　　　　　　　c)

图 4-1-10　常见齿轮传动

a）圆柱齿轮　b）锥齿轮　c）蜗杆蜗轮

1. 直齿圆柱齿轮各部分的名称及参数

如图 4-1-11 所示，直齿圆柱齿轮各部分的名称及参数简述如下：

1）齿数 z。齿轮上轮齿的个数。

2）分度圆直径 d 和节圆直径 d_w。分度圆是齿轮设计和加工时的重要参数，它是一个假想的圆，在该圆上齿厚 s 与齿槽宽 e 相等。两齿轮啮合时，位于连心线 O_1O_2 上的两齿廓的接触点 P，称为节点。分别以 O_1、O_2 为圆心，O_1P、O_2P 为半径作两个相切的圆称为节圆。对于标准齿轮，分度圆和节圆是一个圆，即 $d = d_w$。

3）齿顶圆直径 d_a。通过齿顶的圆柱直径。

4）齿根圆直径 d_f。通过齿根的圆柱直径。

5）齿高 h。齿顶圆和齿根圆之间的径向距离。

6）齿顶高 h_a。齿顶圆和分度圆之间的径向距离。

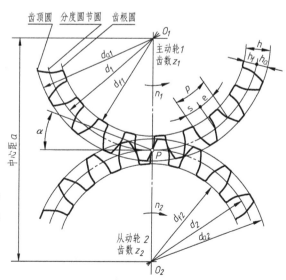

图 4-1-11　齿轮各项参数的示意图

7）齿根高 h_f。齿根圆和分度圆之间的径向距离。

8）齿距 p。在分度圆上，相邻两齿廓对应点间的弧长。

9）齿厚 s。在分度圆上，一个齿两侧对应齿廓之间的弧长。

10）槽宽 e。在分度圆上，一个齿槽两侧对应齿廓之间的弧长。

11）模数 m。分度圆周长 $\pi d = pz$，所以 $d = pz/\pi$，令 $m = p/\pi$，则 $d = mz$，式中 m 称为齿轮模数。模数以 mm 为单位，它是齿轮设计和制造的重要参数。为了便于设计和制造，减少齿轮成形刀具的规格和数量，国家标准对模数规定了标准值，见表4-1-4。

12）压力角 α。相互啮合的一对齿轮，其受力方向与运动方向之间所夹的锐角，称为压力角。国家标准规定，标准压力角为20°。

13）中心距 a。两啮合齿轮轴线之间的距离。

14）传动比 i。主动齿轮转速 n_1 与从动齿轮转速 n_2 之比，其与齿数成反比，即 $i = n_1/n_2 = z_2/z_1$。

表4-1-4　渐开线圆柱齿轮标准模数系列（GB/T 1357—2008）

第一系列	1 1.25 1.5 2 2.5 3 4 5 6 8 10 12 16 20 25 32 40 50
第二系列	1.125 1.375 1.75 2.25 2.75 3.5 4.5 5.5 (6.5) 7 9 11 14 18 22 28 36 45

注：选用模数时，应优先选用第一系列，其次选用第二系列，括号内的模数尽可能不用。

2. 直齿圆柱齿轮的尺寸计算

在已知模数 m 和齿数 z 时，齿轮的其他参数均可按表4-1-5中的公式计算出来。

表4-1-5　标准直齿圆柱齿轮各基本尺寸计算公式

名　称	代　号	计　算　公　式
齿距	p	$P = \pi m$
齿顶高	h_a	$h_a = m$
齿根高	h_f	$h_f = 1.25m$
齿高	h	$h = 2.25m$
分度圆直径	d	$d = mz$
齿顶圆直径	d_a	$d_a = m(z + 2)$
齿根圆直径	d_f	$d_f = m(z - 2.5)$
中心距	a	$a = m(z_1 + z_2)/2$

3. 直齿圆柱齿轮的规定画法

（1）单个齿轮的画法　单个齿轮一般用两个视图表示。在外形图中，齿顶圆和齿顶线用粗实线绘制，分度圆和分度线用细点画线表示，齿根圆和齿根线用细实线绘制（也可省略不画）。在剖视图中，齿根线用粗实线绘制，不能省略。当剖切面通过齿轮轴线时，轮齿一律按不剖绘制。

单个齿轮的画法如图4-1-12所示。直齿圆柱齿轮零件图如图4-1-13所示。

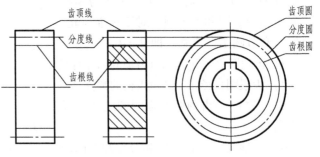

图4-1-12　单个直齿圆柱齿轮的画法

（2）一对齿轮啮合的画法　一对齿轮啮合，一般也采用两个视图表达。在垂直于圆柱齿轮轴线的投影面的视图中（圆视图），两齿轮的分度圆必须相切，啮合区内的齿顶圆均用粗实线绘制，齿根圆用细实线绘制，如图 4-1-14b 所示，也可省略不画，如图 4-1-14d 所示。在非圆视图中，外形图上啮合区的齿顶线不需画出，分度线用粗实线绘制，如图 4-1-14c 所示；采用剖视图表达时，在啮合区将一个齿轮的齿顶线用粗实线绘制，另一个齿轮的轮齿被遮挡，其齿顶线用虚线绘制或省略不画，如图 4-1-14a 和图 4-1-15 所示。

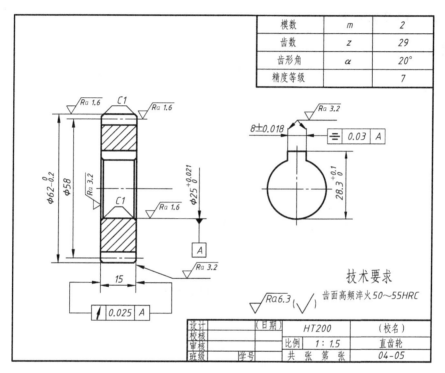

图 4-1-13　直齿圆柱齿轮零件图

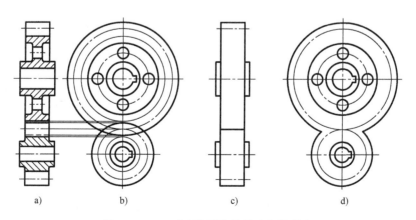

图 4-1-14　一对直齿圆柱齿轮啮合的画法

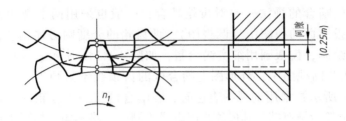

图 4-1-15　轮齿啮合区在剖视图中的画法

4.1.4　键、销及其连接画法

1. 键连接

（1）键的作用　键主要用作轴和轴上零件（如齿轮、带轮和凸轮等）之间的周向固定，起传递转矩的作用。

（2）键的种类　键是标准件，它的种类很多，常用的有普通平键、半圆键、钩头楔键三种，如图 4-1-16 所示。其中普通平键应用最广，按形状的不同可分为 A 型、B 型、C 型三种。

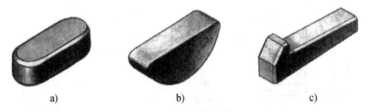

a)　　　　　　　　　b)　　　　　　　　　c)

图 4-1-16　常用键的种类

a）普通平键　b）半圆键　c）钩头楔键

在标记时，A 型平键可省略 A，而 B 型、C 型应标出 B、C。

例如，圆头普通平键，宽度 $b = 18\text{mm}$，高度 $h = 11\text{mm}$，长度 $L = 100\text{mm}$，其标记为：

GB/T 1096　键 $18 \times 11 \times 100$

选择普通平键时应根据轴径 d 从相应标准中查取键的截面尺寸（$b \times h$），然后按轮毂宽度选定键长 L。

常用普通平键的尺寸和键槽尺寸，均由国家标准确定。轴和轴上零件键槽的画法及尺寸注法如图 4-1-17 所示，相关数值可由附表 13 查得。

（3）键连接的画法　键装配后，键的一部分嵌在轴的键槽内，另一部分嵌在轮毂的键槽内，对于普通平键和半圆键连接，键的两侧面与轴、轮毂的键槽两侧面接触（工作面），键的底面与轴的

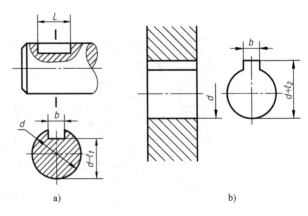

a)　　　　　　　　　b)

图 4-1-17　键槽的表示方法与尺寸标注

a）轴上的键槽　b）轮毂上的键槽

键槽底面接触，只画一条线；而键的顶面与轮毂键槽顶面之间为非工作面，不接触，应有间隙，要画两条线。

对于钩头楔键连接，键的顶面有 1∶100 的斜度，装配时沿轴向将键打入键槽内，直至打紧为止，因此，键的上、下面为工作面，两侧面为非工作面，但画图时所有面都只画一条线，不留间隙。

图 4-1-18 为普通平键连接画法。按照国家标准规定，剖切平面通过轴的轴线以及键的对称面时，轴和键均按不剖形式画出，为了表示键与轴的连接关系，可采用局部剖视表达。

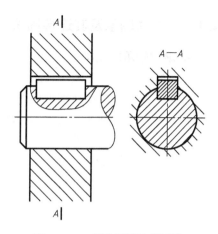

图 4-1-18 普通平键连接画法

2. 销连接

（1）销的作用 销可以用来定位、连接、传递动力和转矩，在安全装置中作被切断的保护件使用。

（2）销的种类 销是标准件，常用的有圆柱销、圆锥销和开口销三种，如图 4-1-19 所示。

a)   b)   c)

图 4-1-19 常用销的种类
a）圆柱销 b）圆锥销 c）开口销

其中圆柱销和圆锥销应用较广，通常用于零件间的连接和定位；而开口销可以用来防止槽形螺母松动或固定其他零件。

圆柱销和圆锥销的形式、尺寸可查附录。其规格尺寸为公称直径 d 和公称长度 l，圆锥销的公称直径是它的小端直径。

例如，公称直径 $d = 6$mm，公称长度 $l = 30$mm，材料为 35 钢，热处理硬度 28 ~ 38HRC，表面氧化处理的圆锥销，其规定标记为：

销 GB/T 117 6×30

（3）销连接的画法 画销连接图时，当剖切面通过销的轴线时，销按不剖处理；若垂直于销的轴线时，被剖切的销应画剖面线。销连接画法如图 4-1-20 所示。

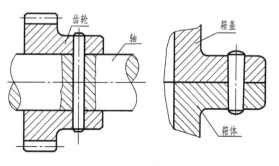

图 4-1-20 销连接的画法

4.1.5 滚动轴承及其连接画法

1. 滚动轴承的结构

滚动轴承的结构一般由外圈、内圈、滚动体和保持架组成，如图 4-1-21 所示。

外圈——装在机体或轴承座内，一般固定不动。

内圈——装在轴上，与轴紧密配合且随轴转动。

滚动体——装在内外圈之间的滚道中，有滚珠、滚柱、滚锥等类型。

保持架——用来均匀分隔滚动体，防止滚动体之间相互摩擦与碰撞。

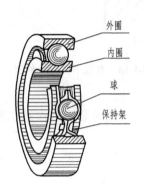 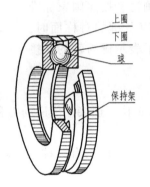 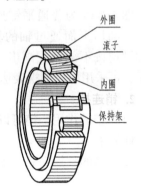

图 4-1-21 滚动轴承的结构和种类

2. 滚动轴承的分类

滚动轴承按承受载荷的方向可分为以下三种类型：

1）向心轴承。主要承载径向载荷，如：深沟球轴承。

2）推力轴承。只承受轴向载荷，如：推力圆柱滚子轴承。

3）向心推力轴承。同时承载轴向和径向载荷，如：圆锥滚子轴承。

3. 滚动轴承的代号和标记

（1）滚动轴承的代号 滚动轴承代号由前置代号、基本代号、后置代号三部分组成。排列顺序如下：

$$\boxed{前置代号} \quad \boxed{基本代号} \quad \boxed{后置代号}$$

1）基本代号。滚动轴承的基本代号由轴承类型代号、尺寸系列代号、内径系列代号组成，其排列顺序如下：

$$\boxed{类型代号} \quad \boxed{尺寸系列代号} \quad \boxed{内径系列代号}$$

类型代号：用数字或字母表示，见表 4-1-6。

尺寸系列代号：由两位数字组成。前一位数字代表宽度系列，后一位数字代表直径系列。它的作用是区别内径相同而宽度和外径不同的轴承。尺寸系列代号中括号内的数字注写时可省略。

内径代号：由两位数字组成，表示轴承公称内径的大小，其中 00、01、02、03 分别表示轴承内径 $d = 10mm$、$12mm$、$15mm$、$17mm$，04 以上表示轴承内径 $d =$ 数字 $\times 5mm$。

2）前置、后置代号。前置、后置代号是轴承在结构形状、尺寸、公差、技术要求等有改变时，在其基本代号左右添加的补充代号，一般情况可省略。

表 4-1-6 常用滚动轴承类型代号

代　号	轴 承 类 型	代　号	轴 承 类 型
0	双列角接触球轴承	6	深沟球轴承
1	调心球轴承	7	角接触球轴承
2	调心滚子轴承和推力调心滚子轴承	8	推力圆柱滚子轴承
3	圆锥滚子轴承	N	圆柱滚子轴承 双列或多列用字母 NN 表示
4	双列深沟球轴承	U	外球面球轴承
5	推力球轴承	QJ	四点接触球轴承

注：在表中代号后或前加字母或数字表示该类轴承中的不同结构。

（2）滚动轴承的标记　滚动轴承的标记示例如下：

标记示例：6 2 06
———— 表示内径：$d=6\times5mm=30mm$
———— 表示尺寸系列
———— 表示类型："6"表示深沟球轴承

3 02 06
———— 表示内径：$d=6\times5mm=30mm$
———— 表示尺寸系列
———— 表示类型："3"表示圆锥滚子轴承

4. 滚动轴承的画法

在装配图中，需较详细地表达滚动轴承的主要结构时，可采用规定画法；若只需较简单地表达滚动轴承的主要结构时，可采用特征画法，但同一图样中应采用同一画法。常用滚动轴承的特征画法和规定画法见表 4-1-7，表中的数据，可根据轴承代号查阅附表得到。

表 4-1-7 常用滚动轴承的特征画法和规定画法

轴承名称代号及 结构形式	查表主 要数据	规 定 画 法	特 征 画 法
深沟球轴承 （GB/T 276—2013） 60000 型 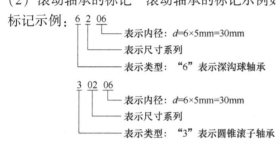	D d B		

（续）

轴承名称代号及 结构形式	查表主 要数据	规 定 画 法	特 征 画 法
圆锥滚子轴承 （GB/T 273.1—2011） 30000 型	D d B T C		
推力球轴承 （GB/T 301—2015） 51000 型	D d T		

4.1.6 弹簧及其连接画法

弹簧是机械中常用的零件，其作用是减振、夹紧、测力、储存能量等。

弹簧是常用件，种类很多，常见的有螺旋弹簧和涡卷弹簧等。其中圆柱螺旋弹簧应用最广，根据用途圆柱螺旋弹簧又分为压缩弹簧、拉伸弹簧和扭转弹簧三种，如图 4-1-22 所示。本节主要介绍圆柱螺旋压缩弹簧的各部分名称及规定画法。

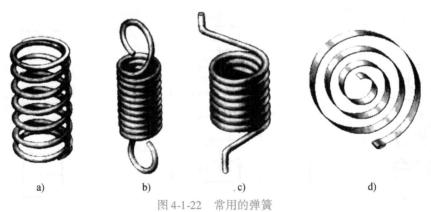

a)   b)   c)   d)

图 4-1-22 常用的弹簧

a）压缩弹簧 b）拉伸弹簧 c）扭转弹簧 d）涡卷弹簧

1. 圆柱螺旋压缩弹簧各部分名称及尺寸计算

表 4-1-8 列出了圆柱螺旋压缩弹簧各部分名称、基本参数及相互关系。

2. 圆柱螺旋压缩弹簧的规定画法

弹簧可以画成剖视图，也可以用视图或示意图来表示。根据 GB/T 4459.4—2003，圆柱螺旋弹簧的规定画法如下：

1）在平行于圆柱螺旋弹簧轴线的投影面的视图中，各圈的外轮廓线应画成直线。

2）圆柱螺旋弹簧均可画成右旋，但左旋弹簧不论画成左旋或右旋，必须加写"左"字。

3）圆柱螺旋弹簧如要求两端并紧且磨平时，不论支承圈数多少和末端贴紧情况如何，均按图 4-1-23（有效圈是整数，支承圈为 2.5 圈）的形式绘制。必要时也可按支承圈的实际结构绘制。

4）有效圈数在 4 圈以上的圆柱螺旋压缩弹簧，其中间部分可省略不画。省略后，允许适当缩短图形的长度。

表 4-1-8　圆柱螺旋压缩弹簧各部分名称和基本参数

名　称	符　号	说　明	图　例
型材直径	d	制造弹簧用的材料直径	
弹簧外径	D_2	弹簧的最大直径	
弹簧内径	D_1	弹簧的最小直径　$D_1 = D_2 - 2d$	
弹簧中径	D	弹簧内径和外径的平均值 $D = (D_2 + D_1)/2 = D_1 + d = D_2 - d$	
旋向		弹簧螺旋线旋向，有左旋和右旋	
有效圈数	n	保持节距相等的圈数，为了工作平稳，一般不少于 3 圈	
支承圈数	n_Z	弹簧两端并紧、磨平或锻平，仅起支承或固定作用，一般取 1.5 圈、2 圈或 2.5 圈	
总圈数	n_1	有效圈与支承圈之和 $n_1 = n + n_Z$	
节距	t	相邻两有效圈上对应点的轴向距离	
自由高度	H_0	未受载荷时的弹簧高度 $H_0 = nt + (n_Z - 0.5)d$	
展开长度	L	制造弹簧所需钢丝的长度 $L \approx \pi D n_1$	

圆柱螺旋压缩弹簧画图步骤如图 4-1-23 所示。

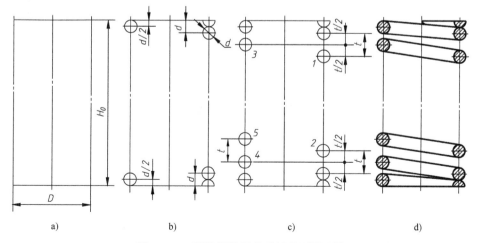

a)　　　　　b)　　　　　c)　　　　　d)

图 4-1-23　圆柱螺旋压缩弹簧的画图步骤

4.2 装配图概述

1. 装配图的作用

装配图的作用主要体现在以下几个环节：

1）设计环节，设计机器时，先绘制出反映机器或部件工作原理、结构特征和各零部件之间的装配、连接关系的装配图，才能进一步拆画、设计出零件图。

2）制造环节，装配图是制定装配工艺规程、进行生产和检验的技术依据。

3）安装调试、使用和维修环节，装配图是了解机器结构和性能的重要技术文件。

2. 装配图的内容

图 4-1-24 是球阀装配图，从该装配图可以看出，一张完整的装配图应包括以下四个方面内容：

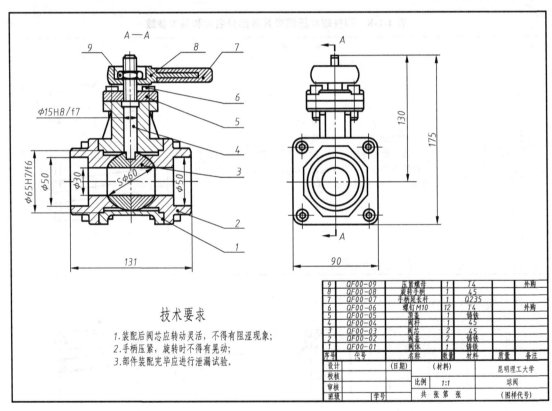

技术要求
1.装配后阀芯应转动灵活，不得有阻涩现象；
2.手柄压紧，旋转时不得有晃动；
3.部件装配完毕应进行泄漏试验。

9	QF00-09	压紧螺母	1	T4	外购
8	QF00-08	旋转手柄	1	45	
7	QF00-07	手柄足长杆	1	Q235	
6	QF00-06	螺钉M10	12	T4	外购
5	QF00-05	顶盖	1	铸铁	
4	QF00-04	阀杆	1	45	
3	QF00-03	阀芯	2	45	
2	QF00-02	阀盖	2	铸铁	
1	QF00-01	阀体		铸铁	
序号	代号	名称	数量	材料	质量 备注
设计		(日期)	(材料)		昆明理工大学
校核					
审核			比例	1:1	球阀
班级		学号	共 张第 张		(图样代号)

图 4-1-24　球阀装配图

1）一组图形。选择一组图形，采用适当的表达方式（视图、剖视、断面、局部放大等以及装配图特有的表达方法），将机器（或部件）的工作原理、零件的装配关系、连接和传动方式及主要零件的结构特征表达清楚。图 4-1-24 中，采用了全剖的主视图反映内部结构及各零件的连接关系，左视图反映外部形状。

2）必要的尺寸。装配图应标注机器（或部件）的规格（性能）、外形、安装、配合及其他在设计中经计算确定的重要尺寸。

3）技术要求。用文字或符号说明机器（或部件）在装配、检验、调试、运输、安装及使用、维修等方面所需达到的要求。

4）零部件序号、明细栏和标题栏。在装配图中，应对不同的零部件进行编号，在对应的明细栏中依次填写序号、名称、数量、备注等内容，标题栏填写的内容包括机器（或部件）的名称、规格、比例、图号及设计、制图、审核人员签名等。

4.3 装配图的表达方法

1. 规定画法

（1）接触面、配合面的画法 相邻两零件接触面或配合面画一条线，非接触面、非配合面（基本尺寸不同）画两条线。如表 4-1-3 所示，螺栓连接中，上、下两板的接合面只画一条线，螺栓杆与板上的通孔不接触，必须画两条线。

（2）剖面线的画法 在剖视图中，相邻两零件的剖面线方向应相反。当有三个或三个以上零件被剖时，必然有两个或多个剖面线方向相同的零件，此时应以改变剖面线间隔的疏密度来加以区分。但必须特别注意：同一个零件在不同视图中剖面线的方向、间隔必须保持一致。如图 4-1-24 所示。

（3）其他 对于紧固件及轴、球、手柄、键、连杆、钩子等实心零件，若剖切平面通过其对称平面或轴线时，这些零件均按不剖绘制，如需表达键槽、销孔等结构，轴和齿轮之间的键连接关系，可用局部剖视来表示，如表 4-1-3、图 4-1-17、图 4-1-18、图 4-1-20 所示。

2. 特殊画法

（1）拆卸画法 在装配图中，如果想要表达的部分被一个或几个零件遮住，而这些零件在其他视图中已表达清楚，则可以假想将这些零件拆去，只画出所要表达部分的视图。采用拆卸画法时，视图上方要注明："拆去 XX"等字样。

（2）沿结合面剖切画法 为了表达装配体内部结构，可采用沿结合面剖切，此时结合面上不画剖面线，但被切断的连接件横断面要打剖面线。如图 4-2-1 所示溢流液压泵的装配图中，左视图就是沿着泵盖 7 和垫片 9 的结合面剖切后画出的局部剖视图。

（3）假想画法 为了表达运动零件的运动范围和极限位置或者是与本部件有关但又不属于本部件的相邻零、部件，可以用细双点画线画出其轮廓。如图 4-3-1 机用虎钳装配图中，在主视图中用细双点画线表示活动钳身 4 的极限工作位置。

（4）夸大画法 对薄片零件、细丝弹簧、小锥度、微小间隙等，若无法用实际尺寸或比例画出，可采用夸大画法。如图 4-2-1 中垫片 9 的画法。

（5）简化画法 在装配图中，零件的某些工艺结构，如圆角、倒角、退刀槽等允许省略不画，对于若干相同的零件组，如螺栓、螺钉连接等，可详细地画出一组或几组，其余用点画线表示其中心装配位置即可。如图 4-3-1 俯视图中螺钉 10 的画法。

4.4 装配图的尺寸标注

装配图与零件图的作用不同，不是制造零件的直接依据，因此，不需要标注出零件的全部尺寸，一般仅标注下列几类尺寸。

1. 性能（规格）尺寸

表示装配体工作性能或产品规格的尺寸，是设计和选用产品的依据。如图 4-1-24 中阀芯 3 的孔径 $\phi30$。

2. 装配尺寸

用于保证机器（或部件）装配性能的尺寸，包括零件间有配合要求的尺寸以及零件间的相对位置尺寸，如图 4-1-24 中，尺寸 $\phi65H7/f6$、$\phi15H8/f7$。

3. 安装尺寸

表示零、部件安装在机器上或机器安装在基座或其他工作位置时所需的尺寸。如图 4-1-24 中，尺寸 $\phi50$、$S\phi60$。

4. 外形尺寸

表示装配体总长、总宽、总高的外形轮廓尺寸，它为包装、运输和安装使用提供所需占有空间大小的尺寸。如图 4-1-24，尺寸 131、90、175。

5. 其他重要尺寸

根据装配体的结构特点和需要，必须标注的尺寸，如运动件的极限位置尺寸、零件间的主要定位尺寸、设计计算尺寸等。如图 4-1-24 中，尺寸 130。

以上五类尺寸，并非每张装配图上都需要全部标注，有时同一个尺寸，可同时具备多种尺寸功能，所以装配图上的尺寸标注要根据装配体的具体情况来确定。

4.5　装配图的零、部件序号及明细栏

为了便于看图、管理图样和组织生产，装配图中的所有零、部件都必须编写序号，同一装配图中相同的零、部件只编写一个序号，并在标题栏上方填写与图中序号一致的明细栏。

1. 编写序号的方法

1）编写序号的常用方法。在所指的零、部件的可见轮廓内画一圆点，从圆点开始画指引线（细实线），在指引线的末端画一水平线或圆（细实线），在水平线或圆内注写序号，序号的字高应比尺寸数字大一号或两号，如图 4-1-25a 所示；也可以在指引线末端附近注写序号，字高比尺寸数字大两号，如图 4-1-25b 所示。

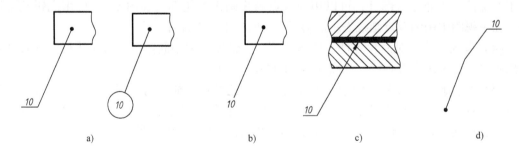

a)　　　　　　　b)　　　　　　　c)　　　　　　　d)

图 4-1-25　序号的编写方式

2）同一装配图中编写零件序号的形式应一致。

3）若指引线所指部分轮廓不便画圆点时，可在指引线末端画一箭头，并指向该部分轮

廓，如图 4-1-25c 所示。

4）指引线相互不能相交。当它通过有剖面线区域时，避免与剖面线平行；必要时，指引线可以画成折线，但只允许曲折一次，如图 4-1-25d 所示。

5）一组紧固件以及装配关系清楚的零件组，可以采用公共指引线，如图 4-1-26 所示。

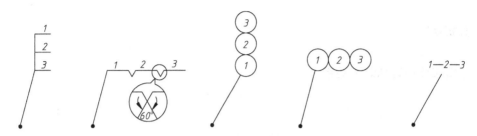

图 4-1-26　公共指引线的表示方法

6）装配图中的标准化组件，如油杯、滚动轴承、电动机等，可看做为一个整体，只编一个序号。

7）零件的序号应沿水平或垂直方向按顺时针或逆时针方向排列，序号间隔应尽可能相等，如图 4-1-24 所示。

2. 明细栏

明细栏是机器或部件的详细目录。图 4-1-27 为 GB/T 10609.2—2009 中给出的明细栏的格式和尺寸。

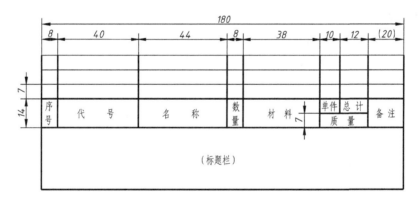

图 4-1-27　明细栏的格式和尺寸

明细栏应画在标题栏的上方，零、部件的序号应自下而上填写。如位置不够，可紧靠在标题栏的左边自下而上延续。如图 4-1-27 所示。

4.6　读装配图

读装配图就是根据装配图的图形、尺寸、符号和文字，搞清楚机器和部件的性能、工作原理、装配关系和各零件的主要结构、作用以及拆装顺序等。

装配图读图的一般方法和步骤如下：

1. 概括了解

识读装配图时，首先通过标题栏了解部件的名称、用途。从明细栏了解组成该部件的零件名称、数量、材料以及标准件的规格、数量，并在视图中找出相应的零件及所在位置。通过对视图的浏览，了解装配图的表达情况及装配体的复杂程度。从绘图比例和外形尺寸了解部件的大小。

2. 分析视图

了解视图的数量、名称、投射方向、剖切方法，各视图的表达意图和它们之间的关系。

3. 了解工作原理和装配关系

在概括了解的基础上，从机器或部件的传动路线或装配干线入手，弄清各零件间相互配合的要求，以及零件间的定位、连接方式、密封等问题，搞清楚运动零件与非运动零件的相互运动关系，这样就可以对机器或部件的工作原理和装配关系有一个深入的了解。

4. 分析零件主要结构形状和用途

前面的分析是综合的，为了更深入、细致地了解部件，还应进一步分析了解零件的主要结构和用途。

常用的分析方法：

1）利用剖面线的方向和间距来分析。国家标准规定：同一零件的剖面线在各个视图上的方向和间距应保持一致。

2）利用规定画法来分析。如实心零件在装配图中沿轴线剖开时，不画剖面线。据此能很快地将实心轴、手柄、螺纹连接件、键、销等零件区分出来。

3）利用零件序号，对照明细栏来分析。

5. 归纳总结

一般按以下几个主要问题进行归纳总结：

1）装配体的功能是什么？怎样实现？在工作状态下，装配体中各零件起什么作用？运动零件是如何协调运动的？

2）装配体的装配关系、连接方式是怎样的？有无润滑、密封及实现方式如何？

3）装配体的拆卸及装配顺序如何？

4）装配体如何使用？使用时有哪些注意事项？

5）装配图中各视图的表达重点、意图何在？所标注的尺寸属于哪一类？

上述读装配图的方法和步骤仅是一个概括的说明，实际读图时几个步骤往往是平行或交叉进行的。因此，读图时应根据具体情况和需要灵活运用。

4.7　装配示意图的画法

1. 装配示意图的作用

装配示意图是在机器或部件拆卸过程中所画的记录图样。其主要作用是避免零件拆卸后可能产生混乱致使重新装配时发生问题，此外在画装配图时也可作为参考。

2. 装配示意图的画法

装配示意图是用简单的线条示意性地画出机器或部件的结构、装配关系、工作原理和传动路线等。画图时，应采用 GB/T 4460—1984《机械制图机构运动简图符号》中所规定的符号。图 4-1-28 为机用虎钳装配示意图。

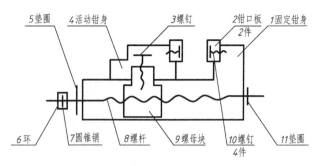

图 4-1-28　机用虎钳装配示意图

4.8　装配结构的合理性

1. 接触面与配合面结构的合理性

1）两个零件接触时，在同一方向只能有一对接触面，这样既可满足装配要求，也方便制造，如图 4-1-29 所示。

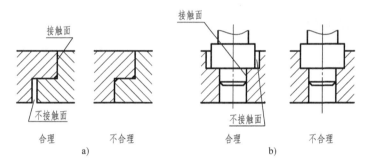

图 4-1-29　接触面结构的合理性

2）轴颈与孔配合时，应在孔的接触端面制作倒角或在轴肩根部切槽，以保证零件间的良好接触，如图 4-1-30 所示。

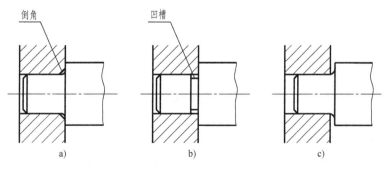

图 4-1-30　轴孔配合结构的合理性
a）合理　b）合理　c）不合理

2. 防松结构的合理性

为了防止机器因工作振动和冲击而使螺纹紧固件松开，常采用弹簧垫圈、双螺母、止动垫圈、开口销等防松装置，如图4-1-31所示。

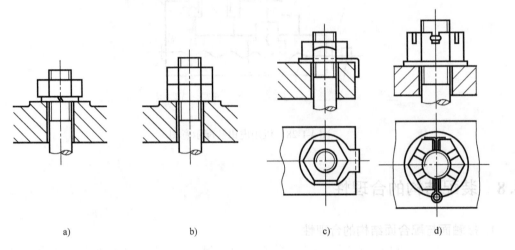

图 4-1-31　常见合理的防松结构

a）用弹簧垫圈防松　b）用双螺母防松　c）用止动垫圈防松　d）用开口销和六角槽形螺母防松

3. 防漏装置的合理性

为了防止机器中润滑油的外溢或阀门、管路中气体、液体的泄漏以及灰尘、杂屑的进入，必须采取防漏措施。图4-1-32是两种典型的防漏装置，通过压盖或螺母将填料压紧而起到防漏作用。

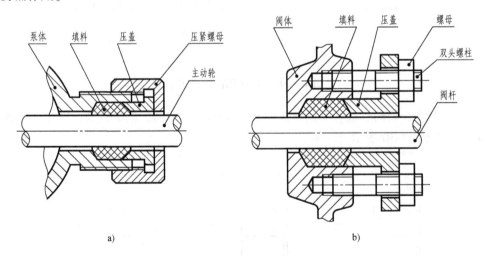

图 4-1-32　两种典型的防漏装置

4. 便于装拆的合理结构

1）对于采用销钉连接的结构，为了便于加工和拆卸，应尽量将销孔加工成通孔；对于不便加工成通孔的零件，不通孔的深度应大于销钉插入的深度，最好选用带螺孔的销钉，如图4-1-33所示。

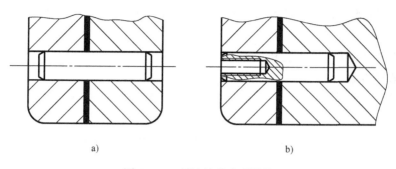

图 4-1-33　销连接的合理结构

a）通孔　b）不通孔

2）对于螺纹连接装置，必须留出装拆时工具或手所需的足够的活动空间，如图 4-1-34 所示。

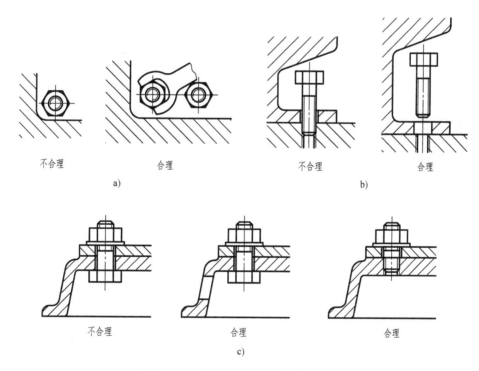

图 4-1-34　螺纹连接件装拆的合理结构

a）留出扳手活动的空间　b）留出螺钉活动的空间　c）加手孔或采用双头螺柱

4.9　装配图的绘制

装配图的作用是表达机器或部件的工作原理、装配关系以及主要零件的结构、形状。因此在画装配图之前，要对所绘制的机器或部件的工作原理、装配关系以及主要零件的形状、零件之间的相对位置、定位方式等进行分析，重点围绕主要装配干线进行工作。在机器或部件中，有些装配关系密切的零件可能是围绕着一条或者多条轴线进行装配，这些轴线称为装配轴线或装配干线。

装配图的绘制应按以下方法和步骤进行：

1. 确定表达方案

表达方案包括主视图的选择、其他视图的配置及表达方法的选择。

（1）主视图的选择

1）按机器或部件的工作位置放置。当工作位置倾斜时，可将其调整摆正，使主要装配干线、主要安装面处于特殊位置。

2）能较好地表达机器或部件的工作原理和结构特征。

3）能较好地表达零（部）件的相对位置和装配关系，以及主要零件的形状特征。

4）在表达方法上，通常选择通过装配干线将机器或部件剖开，画出剖视图作为装配图的主视图。

（2）其他视图的配置

1）考虑还有哪些装配关系、工作原理以及主要零件的结构特征还没有表达清楚，再选择其他视图以及相应的表达方法。

2）尽可能考虑用基本视图以及基本视图上的剖视图（包括装配图的一些特殊表达方法）来表达有关内容。

3）要考虑合理地布置视图的位置，使图样清晰并有利于图幅的充分利用。

2. 画图步骤

1）根据表达方案确定的视图数目、部件的实际大小和复杂程度，选择合适的比例和图幅，并在图纸上进行布局。注意留出标注尺寸、编注零件序号、书写技术要求、画标题栏和明细栏的位置（表4-1-9）。

2）画出各视图的主要基准线，包括装配干线、对称中心线、轴线及作图基准线等。

3）画出各视图主要部分的底稿，以装配干线为基准，由内向外逐个画出各个零件，也可由外向内画或根据情况灵活应用。一般从主视图画起，几个视图配合进行。但也可从其他视图画起，再画主视图。

4）画次要零件、小零件及各部分细节。

5）底稿画完后，经校核整理，加深图线，画剖面线，标注尺寸，编写零、部件序号，填写明细栏、标题栏和技术要求等，完成装配图。

任 务 实 施

根据前面所讲的相关知识，我们来绘制如图4-1-1所示千斤顶的装配图。

1. 了解、分析千斤顶的结构与工作原理

螺旋千斤顶利用螺旋传动来顶举重物，是汽车修理或机械安装等行业常用的一种起重和顶压工具。工作时，重物压于顶垫之上，将绞杆穿入螺旋杆上部的孔中，转动绞杆，因底座及螺套不动，则螺旋杆在作圆周运动的同时，靠螺纹配合作上、下移动，从而顶起和放下重物。螺旋套镶在底座里，并用螺钉紧定。顶垫套在螺旋杆顶部，与其球面形成传递承重之配合面，螺旋杆顶部加工出一环形槽，螺钉穿过顶垫侧面的螺孔，前端伸进环形槽里，将顶垫与螺旋杆锁住，两者不能脱开，但能作相对转动。

2. 绘制千斤顶装配示意图

根据前面的分析，可画出千斤顶的装配示意图，如图 4-1-35 所示。

3. 拟定表达方案

表达方案包括选择主视图、确定视图的数量和各视图的表达方法。

（1）主视图的选择

1）放置。按工作位置放置，千斤顶的工作位置也是其自然的安放位置。

2）视图的选择方案。主视图选择全剖视图，反映千斤顶的整体形象、工作原理、装配干线、零件间的装配关系及零件的主要结构。

（2）其他视图的选择 由于千斤顶总体结构不是很复杂，主视图已能较清楚地表达清楚装配图体的总体情况，因此不必再选择其他视图。只是为了显示绞杆穿过螺旋杆的情况，在全剖的主视图中，再采用一个局部剖视表达。

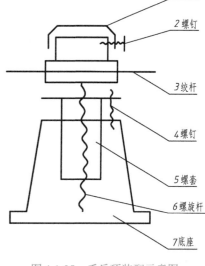

1 顶垫
2 螺钉
3 绞杆
4 螺钉
5 螺套
6 螺旋杆
7 底座

图 4-1-35 千斤顶装配示意图

4. 绘制千斤顶装配图的步骤

千斤顶装配图的绘图步骤及说明见表 4-1-9。

表 4-1-9 千斤顶装配图绘图步骤

	绘 图 步 骤	待装配零件
第一步	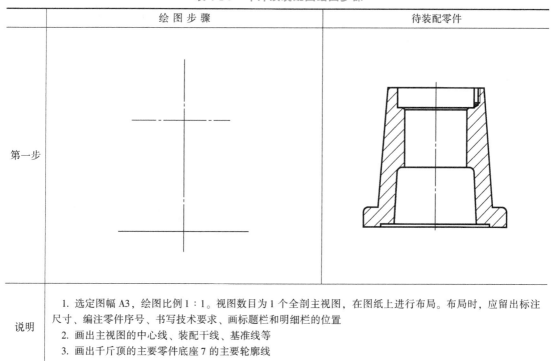	
说明	1. 选定图幅 A3，绘图比例 1∶1。视图数目为 1 个全剖主视图，在图纸上进行布局。布局时，应留出标注尺寸、编注零件序号、书写技术要求、画标题栏和明细栏的位置 2. 画出主视图的中心线、装配干线、基准线等 3. 画出千斤顶的主要零件底座 7 的主要轮廓线	

（续）

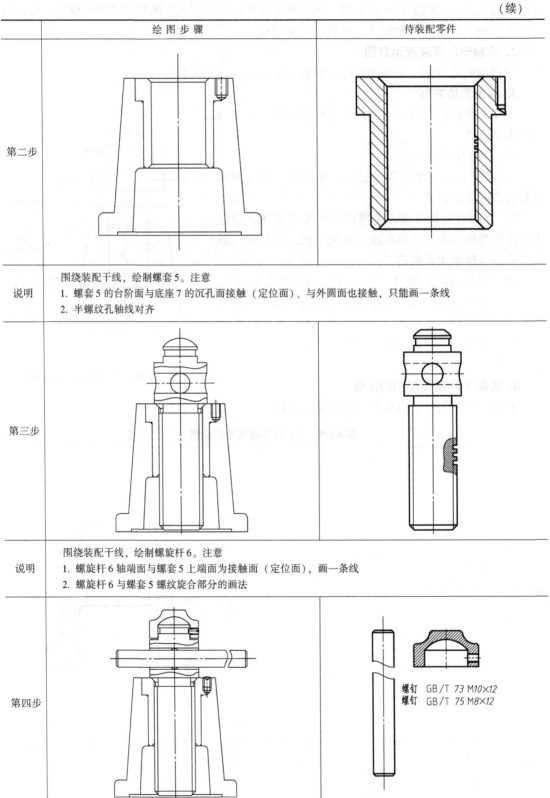

绘 图 步 骤	待装配零件
第二步	
说明 围绕装配干线，绘制螺套5。注意 1. 螺套5的台阶面与底座7的沉孔面接触（定位面）、与外圆面也接触，只能画一条线 2. 半螺纹孔轴线对齐	
第三步	
说明 围绕装配干线，绘制螺旋杆6。注意 1. 螺旋杆6轴端面与螺套5上端面为接触面（定位面），画一条线 2. 螺旋杆6与螺套5螺纹旋合部分的画法	
第四步	螺钉 GB/T 73 M10×12 螺钉 GB/T 75 M8×12

（续）

绘 图 步 骤	待装配零件

说明	绘制其余小零件：绞杆 3、顶垫 1、螺钉 2、螺钉 4。注意 1. 绞杆 3 直径比螺旋杆 6 上的孔直径小，无配合关系，两者之间要画两条线（局部剖视图表示） 2. 顶垫 1 内部球面与螺旋杆 6 顶端球面形成配合面，画一条线 3. 螺钉连接的画法

绘图步骤	

第五步	

说明	校核、描深、画剖面线。注意 1. 主要的剖视图先画 2. 画完一个零件所有的剖面线，再画另外一个，以免剖面线方向出错

第六步	

说明	标注尺寸、编排序号、填写技术要求、明细栏、标题栏，完成全图

绘制装配图的方法和步骤：

1. 了解、分析千斤顶的结构与工作原理。

2. 确定表达方案。

3. 定图幅、定比例、画图框、标题栏和明细栏。

4. 画出各视图的主要基准线，并画出主要装配干线的主视图。

5. 逐层画出各视图。围绕主要装配干线，由里向外（或由外向里），逐个画出主要零件图。

6. 由装配关系依次绘制其他次要零件、小零件及各部分的细节。

7. 校核、描深、画剖面线。

8. 标注尺寸、编排序号、填写技术要求、明细栏、标题栏，完成全图。

任务2 液压泵装配图的识读与绘制

液压泵是冷却系统及润滑系统中常用的部件，依靠一对齿轮的高速旋转运动输送油液。本任务是识读图4-2-1所示的溢流液压泵装配图，要了解液压泵部件的工作原理和使用性能；弄清各零件在部件中的功能、零件间的装配关系和连接方式；读懂部件中主要零件的结构形状；了解装配图中标注的尺寸及技术要求；熟练掌握装配图识读的方法和步骤，正确识读机器或部件的装配图。

相关知识仍然用到上述4.1~4.8节的知识，不再赘述。

根据前面所讲的相关知识，我们来识读图4-2-1所示液压泵的装配图。

1. 概括了解

从液压泵装配图（图4-2-1）的明细栏可以看出，液压泵是由21种零件组成，其中件3、5、8、11、14、19、20是标准件，其他是专用件。

2. 分析视图

液压泵装配图共选用三个基本视图表达。

主视图采用了 $A-A$ 全剖视图，它能将该部件的结构特点以及零件间的装配、连接关系大部分表达出来。

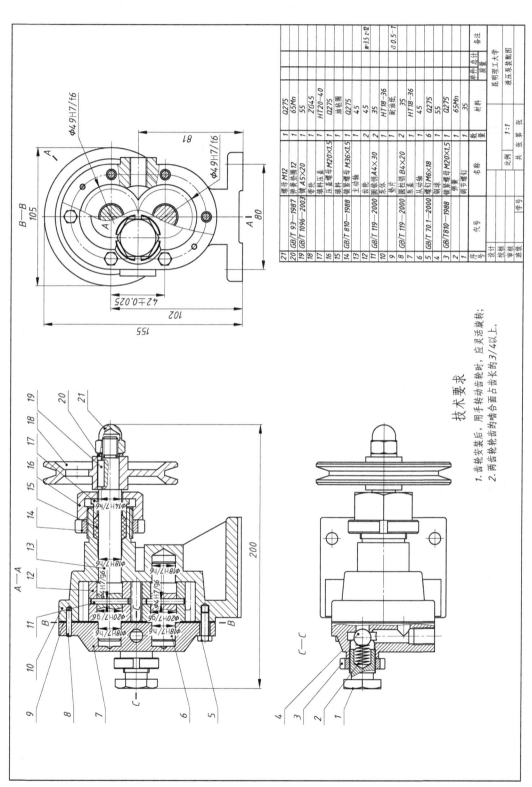

技术要求

1. 齿轮安装后, 用手转动齿轮时, 应灵活旋转;
2. 两齿轮轮齿的啮合面占齿长的3/4以上。

图 4-2-1 液压泵装配图

序号	代号	名称	数量	材料	备注
21		螺母 M12	1	Q275	
20	GB/T 93—1987	弹簧垫圈12	1	65Mn	
19	GB/T 1096—2003	键 A5×20	1	55	
18		带轮	1	ZG45	
17		填料压盖	1	HT20-40	
16		压盖螺母 M20×1.5	1	Q275	
15		填料	1	油毡圈	
14	GB/T 810—1988	圆螺母螺母 M36×1.5	1	Q275	
13		主动轴	1	45	
12		齿轮	2	45	m=3.5 z=12
11	GB/T 119—2000	圆锥销A4×30	2	35	
10		垫片	1	青油纸	δ0.5-1
9	GB/T 119—2000	圆柱销B4×20	2	35	
8		泵体	1	HT18-36	
7		从动轴	1	45	
6	GB/T 70.1—2000	螺钉M6×18	6	Q275	
5		锥球	1	HT18-36	
4	GB/T810—1988	圆螺母螺母 M20×1.5	1	55	
3		弹簧	1	65Mn	
2		调节螺钉	1	35	
1		泵盖	1		

设计			单位	昆明理工大学		设计	
校核			质量			数量	
审核			比例	1:1		液压泵装配图	
班级			共 张 第 张				

左视图采用了 $B-B$ 局部剖，它是沿着泵盖 7 和泵体 10 的结合面剖切的，可以清楚地反映出液压泵的外部形状和齿轮的啮合情况。在此基础上再采用一次局部剖，表达泵体 10 上油口的形状。

俯视图采用了 $C-C$ 局部剖，能清楚地反映泵盖 7 中起安全保护作用的回油装置的结构情况及部件的整体外形。

液压泵的外形尺寸长 200mm、宽 105mm、高 155mm，体积不大。

3. 了解工作原理和装配关系

左视图反映了液压泵的工作原理。当带轮 18 按逆时针方向旋转时，通过键 19，将转矩传递给主动轴 13，再通过销 11 带动主动轴上的齿轮 12 作逆时针转动，通过齿轮啮合带动从动轴 6 上的齿轮 12 作顺时针转动。如图 4-2-2 所示，当主动齿轮旋转时，带动从动齿轮旋转，在两个齿轮的啮合处，由于轮齿瞬时脱离啮合，使泵室右腔压力下降形成局部真空，油池内的液压油便在大气压的作用下，从吸油口进入泵室右腔低压区，随着齿轮的转动，由齿间将油带入泵室左腔，并使油产生压力经出油口排出，送至机器中需要润滑的部位。

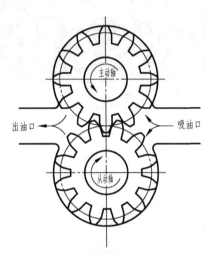

液压泵还有一套安全保护回流装置，其工作原理可从俯视图局部剖视中看出：当油路不畅或用油量减少而使出油口的油压增大，超过弹簧 2 对钢球 4 的压力时，弹簧 2 被压缩，钢球 4 被推开，油从泵盖上的小孔由出油口流回到进油口的一端，使油压不再升高，以保证安全。油压恢复正常后，在弹簧 2 的作用下，钢球 4 复位。

图 4-2-2 液压泵工作原理

4. 分析零件主要结构形状和用途

分析液压泵泵体 10 的结构形状。首先，从标注序号的主视图中找到序号 10，并确定其视图范围。然后，对线条找投影关系，以及根据同一零件在各个视图中剖面线相同这一原则来确定该件在俯视图和左视图中的投影。这样就可以根据从装配图中分离出来的属于该件的三个投影进行分析，想象出泵体 10 的结构形状：主体为一长圆形实体，左端（主视方向）挖出一 8 字形空腔，用于放置两啮合齿轮；右端上、下为一大一小两个圆柱体，上端大圆柱内部为沉孔，用于装配主动轴 13 和填料 15 等，圆柱外端攻螺纹，用于连接压盖螺母 16；下端小圆柱内为一不通孔，用于安装从动轴 6。泵体 10 主体的前、后中部各有一圆柱凸台，内部加工管螺纹孔，用于连接进、出油管。泵体 10 端面外缘均匀分布 6 个螺纹孔及两个销孔，用于连接泵盖 7 时安装螺钉和定位销。

类似可分析泵盖 7 的结构形状：主体是与泵体 10 对应的长圆形板，左端是带有拔模斜度的长圆形凸台，在凸台的垂直方向上分布着一个圆柱台、一个半圆柱台，两者内部钻有互相贯通的孔，圆柱台上的孔是为了安装回油装置中的弹簧 2 和钢球 4，半圆柱台上的孔是回油通道。泵盖 7 的右端面中部上、下各有一个不通孔，用于与主动轴 13、从动轴 6 配合，端面边缘分布着与泵体对应一致的 6 个通孔及两个销孔。

泵体 10 与泵盖 7 安装在一起，将两齿轮密封在泵腔内，同时对两齿轮轴起支承作用，所以要用圆锥销来定位，以保证泵盖 7 与泵体 10 上的轴孔能够很好地对中。

5. 归纳总结

液压泵主要有两条装配干线：一条是主动齿轮轴系统。它是由主动轴 13 通过圆锥销 11 连接齿轮 12 构成，安装在泵体 10 和泵盖 7 的轴孔内，在主动齿轮轴的右边伸出端，装有填料 15、填料压盖 17 及压盖螺母 16 等。另一条是从动齿轮轴系统，它由从动轴 6 通过圆锥销 11 连接齿轮 12 构成，也是安装在泵体 10 和泵盖 7 的轴孔内，与主动齿轮啮合在一起。

对于主动齿轮轴和从动齿轮轴两条主干线的结构，还可以进行更深一步的分析：

1）连接和固定方式。在液压泵中，泵盖 7 和泵体 10 是靠六角螺钉 5 与泵体 10 连接，并用圆柱销 8 来定位。填料 15 是由填料压盖 17 抵住，由压盖螺母 16 将其拧压在泵体的孔槽内。两齿轮的轴向是靠泵盖 7 的端面及泵体 10 腔体的端面分别与齿轮的两端面接触定位的。

2）配合关系。带轮 18 和主动轴 13 的配合为 $\phi14H7/k6$，属于基孔制过渡配合。这种轴、孔两零件间较紧密的配合，既便于装配，又有利于和键一起将两零件连成一体传递动力。

主动轴 13、从动轴 6 与泵盖 7 及泵体 10 支承处的配合尺寸 $\phi18H7/h6$ 为间隙配合，此配合是间隙配合类型中间隙最小的种类，以保证轴在孔中既能转动，又可减小或避免轴的径向跳动。

齿轮 11 与主动轴 13、从动轴 6 的配合为 $\phi20H7/g6$，圆锥销 11 与齿轮轴孔的配合为 $\phi4H7/g6$，是优先选用的间隙配合，便于加工和装配。

尺寸 42 ± 0.025 反映出对齿轮啮合中心距的要求，该尺寸的准确与否会直接影响齿轮的传动情况。

3）密封装置。在液压泵中，主动齿轮轴伸出端有填料 15、填料压盖 17 及压盖螺母 16；泵盖 7 与泵体 10 接触面间装有垫片 9，它们都是防止油泄漏的密封装置。

4）液压泵的拆卸顺序是：先拧下泵盖 7 上的六颗螺钉 5，泵盖 7 与泵体 10 及垫片 9 即可分开；再将螺母 21 拧下，将垫圈 20、带轮 18 取出，键 19 取下，即可将两齿轮轴抽出，然后再将压盖螺母 16 拧下，取出填料压盖 17。如需要重新装上，可按拆卸的相反次序进行。

在以上分析的基础上，还要对技术要求和全部尺寸进行分析，并把部件的性能、结构、装配、操作、维修等几方面联系起来研究，进行总结归纳，想象出整个装配体的结构形状。

图 4-2-3 和图 4-2-4 分别为液压泵三维造型和立体分解图，以供参考。

图 4-2-3 液压泵三维造型

以上看图的方法和步骤，只是为大家提供一个基本思路，彼此不能截然分开，看图时还应根据装配图的具体情况加以运用。

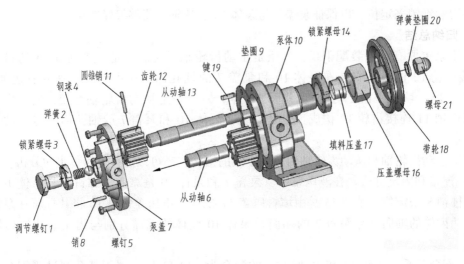

图 4-2-4　液压泵立体分解图

读液压泵装配图时，根据明细栏与零件序号，在装配图中逐一对照各零件的投影轮廓进行分析，其中标准件和常用件都有规定画法。调节螺钉1、锁紧螺母3和14、垫片9、填料压盖17、压盖螺母16等零件形状比较简单，不难看懂，应重点分析泵体10和泵盖7。

任务3　由机用虎钳装配图拆画零件图

任务分析

机用虎钳是安装在机床的工作台上，用于夹紧工件，以便切削加工的一种通用工具。本任务是读懂图 4-3-1 所示机用虎钳装配图，并将活动钳身4从装配图中拆画出来，形成零件图。要了解机用虎钳的工作原理和功能；弄清各零件在部件中的功能、零件间的装配关系和连接方式；读懂部件中主要零件的结构形状；了解装配图中相关零件的工艺、结构合理性要求；熟练掌握识读装配图的方法和步骤；掌握由装配图拆画零件图的方法和步骤。

相关知识

4.10　由装配图拆画零件图

在新产品设计过程中，一般是先画出装配图，方案通过后，再根据装配图拆画出零件图进行加工制造，然后再根据装配图进行组装。拆画零件图必须在看懂装配图的基础上进行，其主要步骤及注意事项如下：

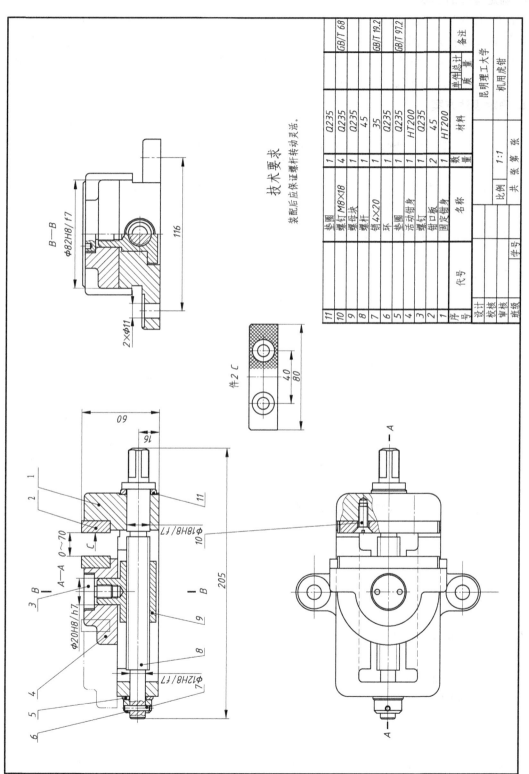

序号	代号	名称	数量	材料	单件总计 质 量	备注
11		垫圈	1	Q235		GB/T 68
10		螺钉 M8×18	4	Q235		
9		螺母块	1	Q235		
8		螺杆	1	45		
7		销 4×20	1	35		GB/T 19.2
6		环	1	Q235		
5		垫圈	1	Q235		GB/T 97.2
4		活动钳身	1	HT200		
3		螺钉	1	Q235		
2		钳口板	2	45		
1		固定钳身	1	HT200		

					昆明理工大学	
设计			比例		机用虎钳	
校核			1:1			
审核			共 张 第 张			
班级						

技 术 要 求

装配后应保证螺杆转动灵活。

件2 C

图 4-3-1 机用虎钳装配图

1. 确定零件的形状

装配图主要表达机器或部件的工作原理及零件间的装配关系，并不要求将每一个零件的结构形状都表达清楚，因此在拆画零件图时，首先要仔细分析、读懂装配图，根据零件在装配图中的作用及相邻零件之间的关系，将要拆画的零件从装配图中分离出来，再根据该零件在装配图中的投影及与相邻零件间的关系想象出零件的形状。

2. 确定表达方案

由于装配图与零件图表达的出发点和侧重点不同，因此拆画零件的视图数量和表达方法不能简单地从装配图中照抄照搬，而应根据零件本身的结构特点确定零件的视图选择和表达方案。

一般来说，对于轴套类零件，仍按加工位置（轴线水平位置）选取主视图。但许多零件尤其是箱体类零件的主视图方位与装配图还是一致的。

在各视图中，应将装配图中省略了的零件工艺结构补全，如倒角、倒圆、退刀槽、越程槽等。

3. 尺寸标注

首先确定尺寸基准，再根据零件图尺寸标注的要求进行标注。

拆画零件图尺寸的获得方法：

1）抄注。装配图中所注尺寸。

2）查找。标准结构和工艺结构应查有关标准校对后再标注。

3）计算。某些尺寸应根据装配图所给定的参数，通过计算来确定。如齿轮的分度圆、齿顶圆直径等，应根据装配图所给的模数、齿数及有关公式计算得到。

4）量取。在装配图中未注出的尺寸，在图样比例准确时，可直接量取，取整数。

另外，在标注尺寸时应注意，有装配关系的尺寸应互相协调。如配合部分的轴、孔，其基本尺寸应相同。其他尺寸，也应相互适应，使之不致在零件装配或运动时产生矛盾或产生干涉现象。

4. 确定表面结构的表示和其他技术要求

下面讲述如何通过所学知识从图4-3-1所示机用虎钳装配图中拆画活动钳身4零件图的方法和步骤。

1. 机用虎钳的工作原理

机用虎钳是安装在机床工作台上的一种通用夹紧工具。其工作原理是：旋转螺杆8，使螺母块9带动活动钳身4作水平方向左右移动，夹紧工件进行切削加工。

2. 识读装配图

机用虎钳主要零件之间的装配关系是：螺母块9从固定钳身1的下方空腔装入工字形槽内，再装入螺杆8，并用垫圈11、垫圈5以及环6、圆柱销7将螺杆8轴向固定；通过螺钉3将活动钳身4与螺母块9连接，最后用螺钉10将两块钳口板2分别与固定钳身1和活动钳身2连接。装配示意图如图4-1-28所示。图4-3-2为其三维造型。

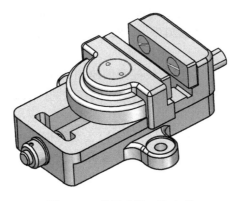

图 4-3-2　机用虎钳三维造型

3. 从装配图中分离所拆零件

1）将装配图各视图中属于该零件的线框和剖面区拆出。根据零件的序号、投影关系、剖面线等从装配图的各个视图中找出活动钳身 4 的投影，从装配图中分离出的活动钳身 4 的投影如图 4-3-3a 所示。

2）根据零件的作用及装配关系补画被其他零件遮挡的轮廓以及活动钳身 4 在装配图中被省略的某些结构，如倒角、倒圆等，如图 4-3-3b 所示。注意在拆出的主视图中看不见活动钳身 4 前后伸出的两块侧向导板，此时要根据它与固定钳身 1 的连接关系及拆出的俯视图、左视图的投影关系来确定其结构形状。

4. 确定表达方案

从拆出的视图可看出，该零件结构不是很复杂，可以不作大的变动。从装配图的主视图中拆画活动钳身 4 的图形，显示出其内部结构，可作为零件图的主视图，既符合该零件的安装位置和工作位置，又突出了零件的结构形状特征；再加上俯视图、左视图（此处左视图也可省略）反映零件的外形结构。在俯视图上采用局部剖，显示螺纹孔的结构；为了更清晰地反映用来安装钳口板 2 的两个螺纹孔的位置，可增加一个右视方向的局部视图，螺纹孔的定位尺寸根据装配图中钳口板的 C 向视图确定。如图 4-3-4 所示。

5. 尺寸标注

对于装配图中已给出的尺寸，都是重

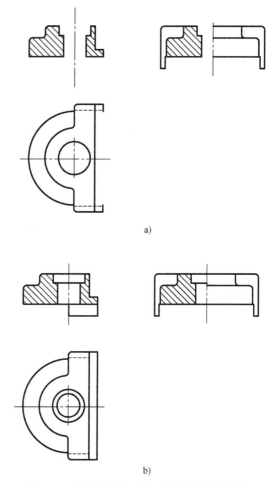

a)

b)

图 4-3-3　从装配图中分离出活动钳身投影图

要尺寸，可直接抄注在零件图上。对于配合尺寸，应查阅相应的国家标准，并注出该尺寸的上、下极限偏差，如图 4-3-4 中的 $\phi20^{+0.033}_{0}$、$82^{+0.35}_{0}$ 等尺寸，或根据配合代号写出该尺寸的公差代号。

对装配图中未标注的尺寸，应按照装配图的绘图比例从图中直接量取，对于标准结构（如螺孔、销孔、键槽等），量取的尺寸还必须查阅相应的国家标准，并将其修正为标准值。

6. 确定技术要求

零件的技术要求（如表面结构、几何公差等），要根据装配图上所示该零件在部件中的功用及与其他零件的配合关系，并结合自己掌握的结构和工艺方面的知识来确定。如图 4-3-4 所示。

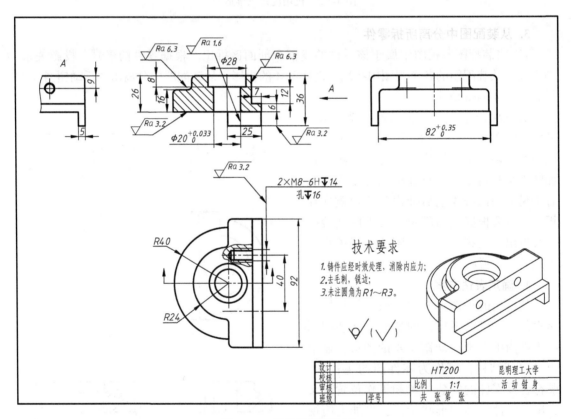

图 4-3-4　活动钳身零件图

由装配图拆画零件图，应在了解装配件工作原理、读懂装配图的基础上进行。装配图表达装配件的工作原理、各零件间的装配关系，而零件图应全面地表达零件的结构形状、尺寸、技术要求等信息。因此，零件图的表达方案应根据零件的结构特点重新选择，切不可从装配图中照搬。

　　本项目重点介绍了装配图的画图方法和读图方法。装配图与零件图虽有许多共同点，但作用和内容却有所不同。画装配图时要注意采用机械制图相关国家标准的规定画法，并合理采用一些特殊画法；装配结构应符合便于拆装和使用的工艺要求，尺寸标注、零部件的编号以及明细栏的填写不容忽视，要力求图样内容的完整性和表达方案的合理性，在此基础上尽可能使图样简明、清晰。读装配图时，要先了解名称，再结合明细栏和视图仔细分析其结构与组成，然后再分析其工作原理和装配关系，并了解其技术要求，在读懂装配图的基础上，还要能够把每个非标准零件从装配图中拆分开，并按装配图上标明的结构和装配关系画出其零件图。

项目五 轴测图绘制

1. 了解平面图形与轴测图在工程应用上的区别。
2. 了解常见轴测投影的分类、形成及应用特点。
3. 掌握基本几何体、组合体正等轴测图和斜二等轴测图的绘制方法。

任务1 支座正等轴测图的绘制

如何根据图5-1-1a所示支座的三视图，画出正等轴测图5-1-1b？

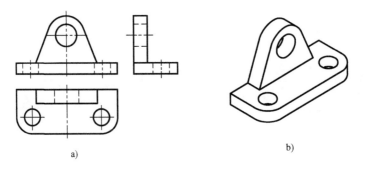

图5-1-1 三面正投影图与轴测图的比较

a) 支座三视图 b) 轴测图

尽管前面各项目所绘制的正投影图，如图5-1-1a所示，具有作图简便、度量性和实形性好的优点，但直观性差，缺乏立体感，不熟悉看图知识的人难以看懂。为帮助读图，工程上常采用能在一个投影面上同时反映物体长、宽、高三个方向的形状，富有立体感且直观性较强的轴测图作为辅助图样，如图5-1-1b所示。同时，绘制各形体的轴测图，是提高空间想象能力、进行实物构形的一种有效手段。

由图5-1-1分析，支座由水平底板和正平立板两个基本体组合而成，可分别绘制两基本体的轴测图并叠加。为完成此任务，需要搞清楚轴测图的基本概念、基本形体轴测图的画法步骤，包括基本平面立体、曲面立体，最后采用组合体轴测图画法完成任务。下面我们就相关知识进行具体学习。

5.1 轴测图概述

1. 轴测图的形成

如图 5-1-2 所示，物体在 V、H 面上的投影，就是前面所介绍的多面正投影。将物体连同确定其空间位置的直角坐标系，沿不平行于任一坐标面的方向，用平行投影法将其投射到单一投影面上，所得到的能同时反映物体长、宽、高三个方向的尺度和形状的图形，称为轴测投影图，简称轴测图。P 面称为轴测投影面，S 表示投射方向。

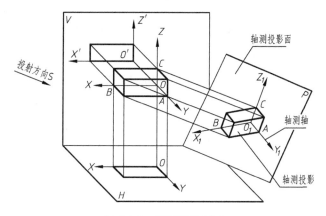

图 5-1-2 轴测图的形成

投射方向垂直于轴测投影面所形成的轴测图，称为正轴测图，如图 5-1-3a 所示。投射方向倾斜于轴测投影面所形成的轴测图，称为斜轴测图，如图 5-1-3b 所示。

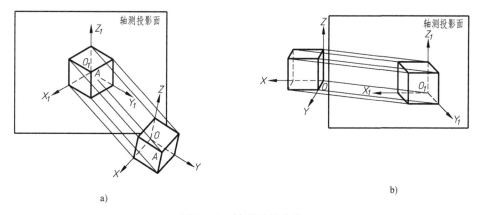

a)   b)

图 5-1-3 轴测图的分类

a）正轴测图 b）斜轴测图

直角坐标轴 OX、OY、OZ 的轴测投影 O_1X_1、O_1Y_1、O_1Z_1 称为轴测轴；相邻两轴测轴之间的夹角，$\angle X_1O_1Z_1$、$\angle X_1O_1Y_1$、$\angle Y_1O_1Z_1$ 称为轴间角；轴测轴上的单位长度与相应坐标轴上的单位长度的比值，称为轴向伸缩系数。OX、OY、OZ 轴上的轴向伸缩系数通常用 p、

q、r 表示。

2. 轴测图的基本性质

1）物体上相互平行的线段，在轴测图中仍然相互平行。

2）物体上平行于坐标轴的线段，在轴测图中仍然平行于相应的轴测轴，其轴向伸缩系数等于该轴测轴的轴向伸缩系数。

3）坐标轴上的线段在轴测图中仍在相应的轴测轴上；位于空间线段上的点，在轴测图中仍位于线段的轴测投影上。

3. 轴测图的度量原则

绘制轴测投影图时，只能沿轴或其平行的方向按相应轴向伸缩系数换算后直接度量。

4. 常用的轴测图

若改变物体与轴测投影面的相对位置，或选择不同的投射方向，将使轴测图有不同的轴间角和轴向伸缩系数，按此分类，有很多种。根据立体感较强、易于作图的原则，常用的轴测图有正等轴测图（正等测）和斜二轴测图（斜二测）两种，见表5-1-1。

表5-1-1　常用的轴测图

类　别	正　等　测	斜　二　测
形成特点	1. 投射线与轴测投影面垂直 2. 三条直角坐标轴都不平行于轴测投影面	1. 投射线与轴测投影面倾斜 2. 坐标轴 OX、OZ 平行于轴测投影面
轴测图图例	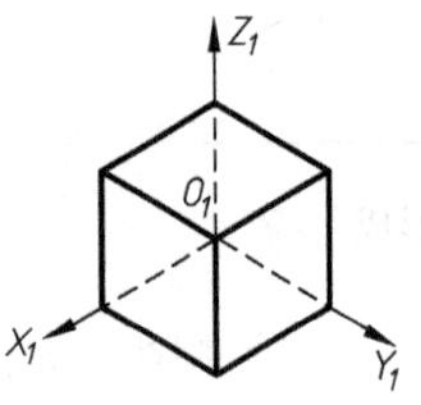	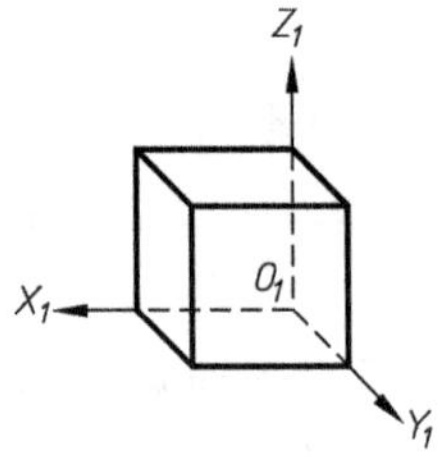
轴间角和轴向伸缩系数	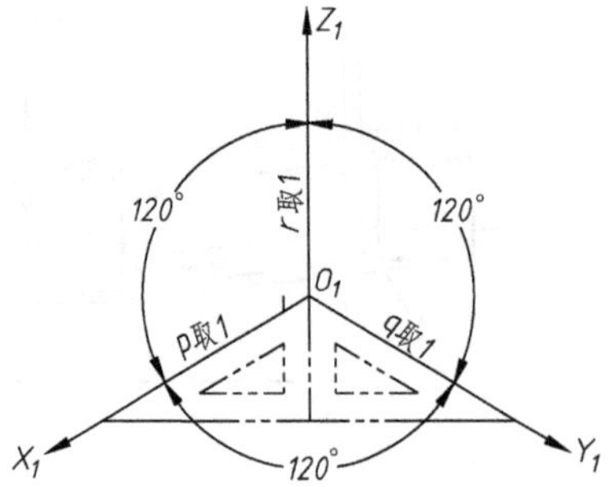 $p_1 = q_1 = r_1 \approx 0.82$。采用简化系数，在正等测中，取 $p = q = r = 1$	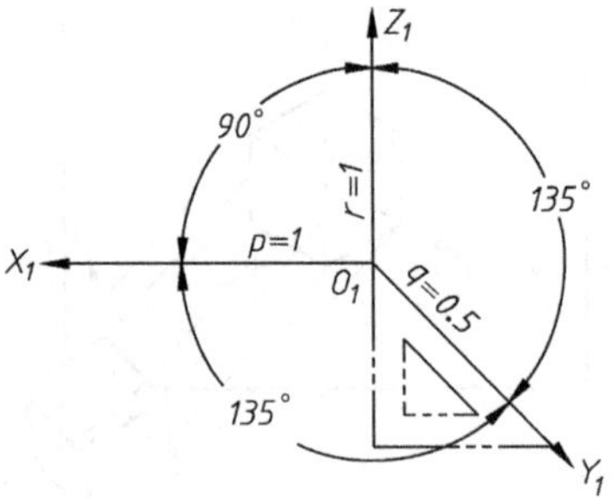 $p = r = 1$，$q = 0.5$
作图特点	沿轴测轴 O_1X_1、O_1Y_1、O_1Z_1 方向的尺寸分别取实长	平行于 XOZ 坐标面的线段或图形的斜二测反映实长或实形，沿 O_1Y_1 方向的尺寸为实长的一半
方法	1. 坐标法。沿坐标轴测量，根据立体上点的坐标来确定点在轴测图中位置的画法 2. 切割法。对一些不完整的形体，可先按完整形体画出，然后按切割顺序及切割位置，逐个画出被切去部分的轴测图 3. 组合法。对一些复杂的立体，用形体分析法，先将其分解为若干基本形体，然后逐一组合	

（续）

类　别	正　等　测	斜　二　测
步骤	1. 对所绘立体进行形体分析，应先在视图上选定原点，确定坐标轴 2. 画轴测图。先画轴测轴，根据上述方法绘制轴测图	
作图 注意	1. 一般选立体中心点、平面图形顶点等为原点，选对称中心线、轴线、主要轮廓线为坐标轴 2. 在确定坐标轴和具体作图时，要考虑作图简便，有利于按坐标关系定位和度量，并尽可能减少作图线 3. 为使图形清晰，轴测图上一般不画细虚线。必要时为增强图形直观性，可画出少量细虚线	

5.2　基本形体正等轴测图画法

1. 平面立体的正等测画法

绘制平面立体的轴测图，实质上是绘制立体上点、棱线、棱面的轴测图的集合。

例 5-1-1　作图 5-1-4a 所示正六棱柱的正等测。

分析：因为正六棱柱的顶面和底面都是处于水平位置的正六边形，于是取顶面的中心为原点，并如图 5-1-4a 所示确定坐标轴，用坐标法作轴测图。

作图步骤见图 5-1-4b ~ e。

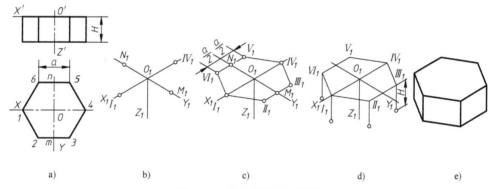

图 5-1-4　作六棱柱的正等测

a）在视图上选定原点和坐标轴。原点在顶面中心　b）画轴测轴，并在其上确定 I_1、IV_1 和 M_1、N_1

c）过 M_1、N_1 作直线平行于 O_1X_1，并在所作两直线上各取量取 $a/2$ 确定四个顶点，连接各顶点

d）过各顶点向下取尺寸 H 画各棱线　e）画底面各边并加深，即完成全图

2. 曲面立体的正等测画法

简单的曲面立体有圆柱、圆锥、圆球和圆环，它们的端面或断面均为圆。因此，首先要掌握坐标面内或平行于坐标面的圆的正等测画法。

（1）平行于坐标面的圆的正等测　平行于坐标面的圆的正等测都是椭圆，图 5-1-5 画出了立方体表面上三个内切圆的正等测椭圆。三个椭圆除了长短轴的方向不同外，画法都是一样的。圆所在平面平行于水平面（H 面）时，其椭圆长轴垂直于 O_1Z_1 轴；圆所在平面平行于正平面（V 面）时，其椭圆长轴垂直于 O_1Y_1 轴；圆所在平面平行于侧平面（W 面）时，其椭圆长轴垂直于 O_1X_1 轴。

（2）正等测椭圆的近似画法　图 5-1-6 为平行于 H 面的圆的正投影，图中细实线为外切正方形，现以此为例，说明正等测中椭圆的近似画法，作图过程如图 5-1-7 所示。平行于坐标面的圆的正等测椭圆长轴的方向与菱形的长对角线重合，短轴的方向垂直于长轴，即与菱形的短对角线重合。

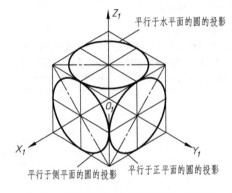

图 5-1-5 平行于坐标面的圆的正等测

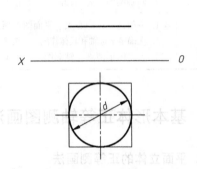

图 5-1-6 平行于 H 面的圆的投影

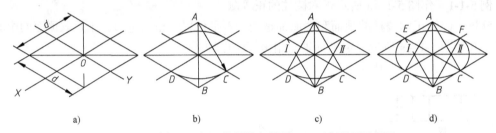

图 5-1-7 平行于坐标面的圆的正等测——近似椭圆的画法

a) 画轴测轴，按圆的外切正方形画出菱形 b) 分别以 A、B 为圆心，AC 为半径画两大弧 c) 连接 AD 和 AC 交长轴于 I、II 两点 d) 分别以 I、II 为圆心，I D、II C 为半径画小弧，在 C、D、E、F 处与大弧连接

例 5-1-2 作图 5-1-8a 所示的圆柱的正等测。

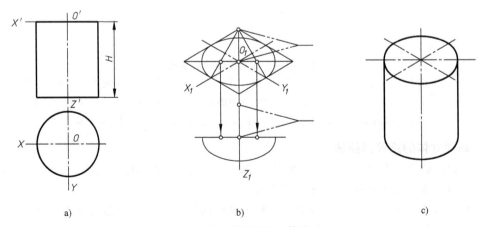

图 5-1-8 作圆柱的正等测

a) 圆柱的两面投影和确定坐标轴 b) 画轴测轴。画顶面的近似椭圆，再把连接圆弧的圆心向下移 H，作底面近似椭圆的可见部分 c) 作与两个椭圆相切的圆柱面轴测投影的转向轮廓线，加深

分析：因为圆柱的轴线是铅垂线，顶圆和底圆都是水平圆，因此取顶圆的圆心为原点，如图 5-1-8a 所示确定坐标轴，用坐标法作轴测图。

作图步骤见图 5-1-8b、c。

（3）圆角的简化画法　平行于坐标面的圆角是圆的一部分，其轴测图是椭圆的一部分。常见的四分之一圆周的圆角，其正等测恰好是近似椭圆四段弧中的一段。从切点作相应棱线的垂线，即可获得圆弧的圆心。

根据上述知识，现在绘制 5-1-9a 所示支架的正等测。作图过程分析如下：

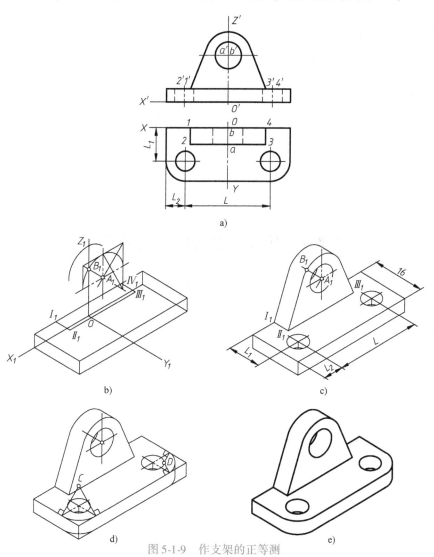

图 5-1-9　作支架的正等测

a）支架的两面投影和确定坐标轴　b）画轴测轴。先画底板的轮廓，再画竖板与它的交线 I_1、II_1、III_1、IV_1。确定竖板后孔口的圆心 B_1，由 B_1 定出前孔口的圆心 A_1，画出竖板圆柱面顶部的正等测近似椭圆弧　c）由 I_1、II_1、III_1 各点作椭圆弧的切线，再作出右上方的公切线和竖板上的圆柱孔，完成竖板的正等测。由 L_1、L_2 和 L 确定底板顶面上两个圆柱孔口的圆心，作出这两个孔的正等测近似椭圆　d）从底板顶面上圆角的切点作切线的垂线，交得圆心 C、D，再分别在切点间作圆弧，得顶面圆角的正等测。再作出底面圆角的正等测。最后，作右边两圆弧的公切线，完成切割成带两个圆角的底板的正等测　e）加深并完成全图

支架由上、下两块板组成，可采用组合法绘制轴测图，支架上面一块竖板的顶面是圆柱面，两侧的斜壁与圆柱面相切，中间有一圆柱孔。下面是一块带圆角的长方形底板，底板的左、右两边都有圆孔。因为支架左右对称，取后下底边的中点为原点，如图 5-1-9a 所示确定坐标轴。

作图步骤见图 5-1-9b ~ e。

1. 轴测图符合人们的视觉习惯，直观性强，能够加强学生的空间立体概念，提高空间想象能力及分析能力，对画图、读图有很大帮助。

2. 为正确绘制轴测图，应先在三视图中建立合理的坐标系，再依据形体结构确定绘制轴测图的方法步骤。只能沿轴或其平行的方向进行度量，轴测投影具有平行性、从属性。

3. 绘制轴测图方法详见表 5-1-1，复杂组合体应先用形体分析法，分析组合体的组成部分、连接形式和相对位置，然后逐个画出各组成部分的轴测图，最后按照它们的连接形式，完成轴测图。

4. 如果形体水平方向有圆或三个方向都有圆，采用正等测表达立体感好且度量方便。当形体只有一个方向有圆或形状复杂时，采用斜二测作图较方便，不宜采用正等测。

任务 2　压盖斜二等轴测图的绘制

如何根据图 5-2-1a 所示压盖的两视图，画出斜二等轴测图？

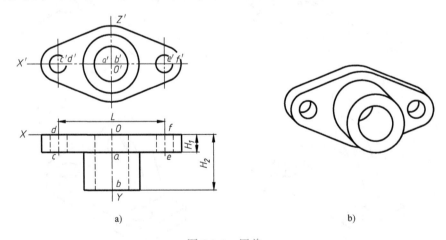

图 5-2-1　压盖

a) 压盖的两面投影　b) 压盖轴测图

压盖由圆柱和底板组成。可分别绘制两基本体的轴测图并叠加。具体结构，圆柱中间有

圆孔，底板左、右、上、下为圆柱面，两侧有圆孔，且圆柱被放置成平行于 XOZ 坐标面的位置，若选用正等测，平行于 V 面的投影椭圆过多，不方便绘制，为完成此任务，需要补充斜二测知识。下面我们就相关知识进行具体学习。

5.3　斜二测画法

1. 斜二测轴测轴、轴间角和轴向伸缩系数

详见表 5-1-1 所示，斜二测的轴向伸缩系数 $p = r = 1$，$q = 0.5$，轴间角为 $\angle XOZ = 90°$、$\angle XOY = \angle YOZ = 135°$。

2. 平行于坐标面的圆的斜二测

图 5-2-2 画出了立方体表面上三个内切圆的斜二测：平行于坐标面 $X_1O_1Z_1$ 的圆的斜二测，仍是大小相等的圆；平行于坐标面 $X_1O_1Y_1$ 和 $Y_1O_1Z_1$ 的圆的斜二测都是椭圆，且形状相同，但长轴方向不同。

作平行于坐标面 $X_1O_1Y_1$ 和 $Y_1O_1Z_1$ 的圆的斜二测时，可用"八点法"作椭圆。图示画法为"八点法"作平行于坐标面 $X_1O_1Y_1$ 的圆的斜二测椭圆：先画出圆心和两条平行于坐标轴的直径的斜二测，这就是斜二测椭圆的一对共轭直径，即斜二测椭圆的共轭轴，过共轭轴的端点 K、L、M、N 作共轭轴的平行线，得平行四边形 $EGHF$。再作等腰直角三角形 EE_1K，取 $KH_1 = KH_2 = KE_1$，分别由 H_1、H_2 作 KL 的平行线，交对角线于点 1、2、3、4，用曲线板将它们和共轭轴的端点连成椭圆。

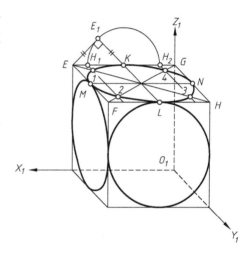

图 5-2-2　平行于坐标面的圆的斜二测

3. 斜二测画法

斜二测中，形体上平行于 XOZ 坐标面（V 面）的直线或平面图形，都反映实长和实形。当形体只有一个方向有圆或形状复杂时，采用斜二测作图较方便，应使形体上的圆或复杂形状放置成与 XOZ 坐标面平行，其斜二测才反映实形。斜二测画法与正等测相同。

根据上述知识，现在绘制 5-2-1b 所示压盖的斜二测。作图过程分析如下：

压盖轴测图根据任务分析，适合选用斜二测。取底板后面的中心为原点，确定坐标轴，如图 5-2-1a 所示。

绘图步骤见图 5-2-3b ~ d。

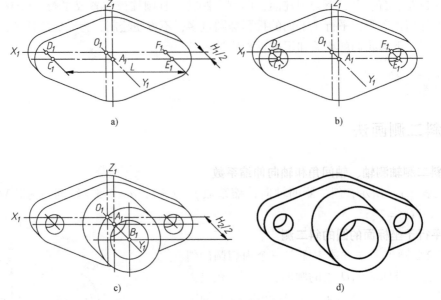

图 5-2-3　作压盖的斜二测

a) 画轴测轴。由两面投影中所标注的尺寸 H_1、L 确定底板前面的中心 A_1 和底板两侧圆柱的圆心 C_1、D_1、E_1、F_1，
画出底板　b) 以 C_1、D_1、E_1、F_1 为圆心作出底板两侧的圆孔　c) 由尺寸 H_2 确定圆柱前端面的圆心 B_1，
以 A_1、B_1 为圆心画出圆柱，再以 O_1、B_1 为圆心画出圆柱中间的圆孔　d) 加深并完成全图

任 务 总 结

1. 当形体只有一个方向有圆或形状复杂时，采用斜二测作图较方便，应使形体上的圆或复杂形状放置成与 XOZ 坐标面平行。

2. 无论正等测还是斜二测，绘制时都应先在三视图中建立合理的坐标系，再依据形体结构确定绘制轴测图的方法步骤。只能沿轴或其平行的方向进行度量，轴测投影具有平行性、从属性。

项 目 总 结

1. 通过本项目的学习，掌握轴测图及轴测图基本绘制方法：坐标法、切割法、组合法。在工程上应用正投影图能够准确、完整地表达物体的形状，且作图简便，但是缺乏立体感，因此，工程上常用直观性较强，富有立体感的轴测图作为辅助图样，可以直观说明机器及零部件的外形、内部结构或工作原理。

2. 本项目主要学习简单平面立体和曲面立体的正等轴测图和斜二轴测图的作图方法，通过轴测图的学习，为大家读懂正投影图提供形体分析与构思的思路和方法。

3. 正等轴测图符合人的视觉习惯，能形象逼真的展现物体，但是它仍不能真实反应物体每个表面的形状。除了正等轴测图以外，我们还经常用到斜二测图，绘制轴测图时如何选择正等测还是斜二测见任务总结。

附　　录

附录A　螺　纹

附表1　普通螺纹直径与螺距系列、基本尺寸（摘自 GB/T 193—2003、GB/T 196—2003）

（单位：mm）

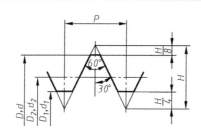

D—内螺纹大径

d—外螺纹大径

D_2—内螺纹中径

d_2—外螺纹中径

D_1—内螺纹小径

d_1—外螺纹小径

P—螺距

H—原始三角形高度

标注示例：

M10-6g（粗牙普通外螺纹、公称直径 d = 10mm、右旋、中径和顶径公差带代号均为6g、中等旋合长度）

M10×1-6H-LH（细牙普通内螺纹、公称直径 D = 10mm、螺距 P = 1、左旋、中径和顶径公差带代号均为6H、中等旋合长度）

公称直径 D、d		螺距 P		粗牙小径 D_1，d_1	公称直径 D、d		螺距 P		粗牙小径 D_1，d_1
第一系列	第二系列	粗牙	细牙		第一系列	第二系列	粗牙	细牙	
3		0.5	0.35	2.459		22	2.5	3、1.5、1	19.294
	3.5	0.6		2.850	24		3		20.752
4		0.7	0.5	3.242		27	3		23.752
	4.5	0.75		3.688					
5		0.8		4.134	30		3.5	(3)、2、1.5、1	26.211
6		1	0.75	4.917		33	3.5	(3)、2、1.5	29.211
	7	1	0.75	5.917	36	7	4	3、2、1.5	31.670
8		1.25	1、0.75	6.647					
10		1.5	1.25、1、0.75	8.376		39	4		34.676
12		1.75	1.25、1	10.106	42		4.5	4、3、2、1.5	37.129
	14	2	1.5、1.25、1	11.835		45	4.5		40.129
16		2	1.5、1	13.835	48		5		42.587
	18	2.5	2、1.5、1	15.294		52	5		46.587
20		2.5		17.294	56		5.5		50.064

注：1. 优先选用第一系列，其次是第二系列，括号中的尺寸尽可能不用。

2. 公称直径 D、d 第三系列未列入。

3. 中径 D_2、d_2 未列入。

4. M14×1.25 仅用于发动机的火花塞。

附表2 细牙普通螺纹螺距与小径的关系 （单位：mm）

螺距 P	小径 D_1、d_1	螺距 P	小径 D_1、d_1	螺距 P	小径 D_1、d_1
0.35	$D-1+0.621$	1	$D-2+0.917$	2	$D-3+0.835$
0.5	$D-1+0.459$	1.25	$D-2+0.647$	3	$D-4+0.752$
0.75	$D-1+0.188$	1.5	$D-2+0.376$	4	$D-5+0.670$

注：表中的小径按 $D_1=d_1=d-2\times\frac{5}{8}H$、$H=\frac{\sqrt{3}}{2}P$ 计算得出。

附表3 管螺纹

55°密封管螺纹（摘自 GB/T 7306.1、7306.2—2000）

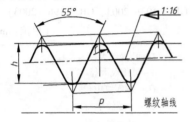

55°非密封管螺纹（摘自 GB/T 7307—2001）

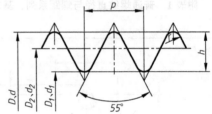

标注示例：

$R_1$1/2（尺寸代号1/2、右旋圆锥外螺纹）

Rc1/2LH（尺寸代号1/2、左旋圆锥内螺纹）

Rp2（尺寸代号2、右旋圆柱内螺纹）

标注示例：

G1/2 LH（尺寸代号1/2、左旋内螺纹）

G1/2A（尺寸代号1/2、A级右旋外螺纹）

尺寸代号	每25.4mm 内的牙数 n	螺距 P	牙高 h	基本直径		
				大径 $d=D$	中径 $d_2=D_2$	小径 $d_1=D_1$
1/16	28	0.907	0.581	7.723	7.142	6.561
1/8	28	0.907	0.581	9.728	9.147	8.566
1/4	19	1.337	0.856	13.157	12.301	11.445
3/8	19	1.337	0.856	16.662	15.806	14.950
1/2	14	1.814	1.162	20.955	19.793	18.631
5/8	14	1.814	1.162	22.911	21.749	20.587
3/4	14	1.814	1.162	26.441	25.279	24.117
7/8	14	1.814	1.162	30.201	29.039	27.877
1	11	2.309	1.479	33.249	31.770	30.291
1⅛	11	2.309	1.479	37.897	36.418	34.939
1¼	11	2.309	1.479	41.910	40.431	38.952
1½	11	2.309	1.479	47.803	46.324	44.845
1¾	11	2.309	1.479	53.746	52.267	50.788
2	11	2.309	1.479	59.614	58.135	56.656
2¼	11	2.309	1.479	65.710	64.231	62.752
2½	11	2.309	1.479	75.184	73.705	72.226
2¾	11	2.309	1.479	81.534	80.055	78.576
3	11	2.309	1.479	87.884	86.405	84.926
3½	11	2.309	1.479	100.330	98.851	97.372
4	11	2.309	1.479	113.030	111.551	110.072
4½	11	2.309	1.479	125.730	124.251	122.772
5	11	2.309	1.479	138.430	136.951	135.472
5½	11	2.309	1.479	151.130	149.651	148.172
6	11	2.309	1.479	163.830	162.351	160.872

注：1. 本标准规定了牙型角为55°、螺纹副本身不具有密封性的圆柱管螺纹的牙型、尺寸、公差和标记。适用于管子、阀门、管接头、旋塞及其他管路附件的螺纹连接。

2. 若要求此连接具有密封性，应在螺纹以外设计密封面结构（例如圆锥面、平端面等）。在密封面内加合适的密封介质，利用螺纹将密封面锁紧密封。

附表 4　梯形螺纹（摘自 GB/T 5796.2—2005、GB/T 5796.3—2005）（单位：mm）

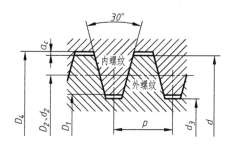

d—外螺纹大径
d_3—外螺纹小径
D_4—内螺纹大径
D_1—内螺纹小径
d_2—外螺纹中径
D_2—内螺纹中小径
P—螺距
a_c—牙顶间隙

标注示例：

Tr40 × 14（P7）LH-7H

（公称直径 D = 40mm、导程 Ph = 14mm、螺距 P = 7mm、双线左旋梯形内螺纹、中径公差带代号为 7H、中等旋合长度）

公称直径 d		螺距 P	中径 $d_2 = D_2$	大径 D_4	小径		公称直径 d		螺距 P	中径 $d_2 = D_2$	大径 D_4	小径	
第一系列	第二系列				d_3	D_1	第一系列	第二系列				d_3	D_1
8		1.5	7.25	8.30	6.20	6.50		26	3	24.50	26.50	22.50	23.00
	9	1.5	8.25	9.30	7.20	7.50			5	23.50	26.50	20.50	21.00
		2	8	9.50	6.50	7.00			8	22.00	27.00	17.00	18.00
10		1.5	9.25	10.30	8.20	8.50	28		3	26.50	28.50	24.50	25.00
		2	9	10.50	7.50	8.00			5	25.50	28.50	22.50	23.00
	11	2	10	11.50	8.50	9.00			8	24.00	29.00	19.00	20.00
		3	9.5	11.50	7.50	8.00		30	3	28.50	30.50	26.50	29.00
12		2	11	12.50	9.50	10.00			6	27.00	31.00	23.00	24.00
		3	10.5	12.50	8.50	9.00			10	25.00	31.00	19.00	20.00
	14	2	13	14.50	11.50	12.00	32		3	30.50	32.50	28.50	29.00
		3	12.5	14.50	10.50	11.00			6	29.00	33.00	25.00	26.00
16		2	15	16.50	13.50	14.00			10	27.00	33.00	21.00	22.00
		4	14	16.50	11.50	12.00		34	3	32.50	34.50	30.50	31.00
	18	2	17	18.50	15.50	16.00			6	31.00	35.00	27.00	28.00
		4	16	18.50	13.50	14.00			10	29.00	35.00	23.00	24.00
20		2	19	20.50	17.50	18.00	36		3	34.50	36.50	32.50	33.00
		4	18	20.50	15.50	16.00			6	33.00	37.00	29.00	30.00
24		3	22.5	24.50	20.50	21			10	31.00	37.00	25.00	26.00
		5	21.5	24.50	18.50	19	40		3	38.50	40.50	36.50	37.00
		8	20	25	15.00	16			7	36.50	41.00	32.00	33.00
									10	35.00	41.00	29.00	30.00

注：优先选用第一系列的直径。

附录 B　常用的标准件

附表 5　六角头螺栓（一）　　　　　　　　　　　　　　　　　　　（单位：mm）

六角头螺栓—A 和 B 级（摘自 GB/T 5782—2000）

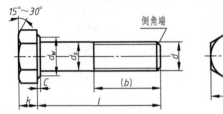

标注示例：

螺栓　GB/T 5782　M12×100

（螺纹规格 d = M12、公称长度 l = 100mm、性能等级为 8.8 级、表面氧化、杆身半螺纹、产品等级为 A 级的六角头螺栓）

螺纹规格 d		M5	M6	M8	M10	M12	M16	M20	M24	M30	M36	M42
$b_{参考}$	$l_{公称} \leqslant 125$	16	18	22	26	30	38	46	54	66	78	—
	$125 < l_{公称} \leqslant 200$	22	24	28	32	36	44	52	60	72	84	96
	$l_{公称} > 200$	35	37	41	45	49	57	65	73	85	97	109
c_{max}		0.5	0.5	0.6	0.6	0.6	0.8	0.8	0.8	0.8	0.8	1
$k_{公称}$		3.5	4.0	5.3	6.4	7.5	10	12.5	15	18.7	22.5	26
d_{smax}		5	6	8	10	12	16	20	24	30	36	42
s_{max} = 公称		8	10	13	16	18	24	30	36	46	55	65
e_{min}	A	8.79	11.05	14.38	17.77	20.03	26.75	33.53	39.98	—	—	—
	B	8.63	10.89	14.20	17.59	19.85	26.17	32.95	39.55	50.85	60.79	71.3
d_{wmin}	A	6.88	8.88	11.63	14.63	16.63	22.49	28.19	33.61	—	—	—
	B	6.74	8.74	11.47	14.47	16.47	22	27.7	33.25	42.75	51.11	59.95
$l_{范围}$	GB/T 5782	25~50	30~60	35~80	40~100	45~120	55~160	65~200	80~240	90~300	110~300	130~400
$l_{系列}$		25、30、35、40、45、50、55、60、65、70、80、90、100、110、120、130、140、150、160、180、220、240、260、280、300、320、340、360、380、400、420、440、460、480、500										

注：1. 螺纹公差：6g；性能等级：8.8。

　　2. 公称直径 D、d 第三系列未列入。

　　3. 产品等级：A 级用于 $d \leqslant 24$ 和 $l \leqslant 10d$ 或 $\leqslant 150$（按较小值）；B 级用于 $d > 24$ 或 $l > 10d$ 或 > 150（按较小值）。

附表 6　六角头螺栓（二）　　　　　　　　　　　　　　　　　　　（单位：mm）

六角头螺栓　C 级（摘自 GB/T 5780—2000）

六角头螺栓　全螺纹　C 级（摘自 GB/T 5781—2000）

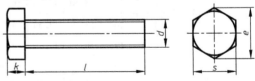

标注示例：

螺栓　GB/T 5780　M20×100（螺纹规格 d = M20、公称长度程 l = 100mm、性能等级为 4.8 级、不经表面处理、杆身半螺纹、产品等级为 C 级的六角头螺栓）

（续）

螺纹规格 d		M5	M6	M8	M10	M12	M16	M20	M24	M30	M36	M42
$b_{参考}$	$l_{公称} \leq 125$	16	18	22	26	30	38	46	54	66	—	—
	$125 < l_{公称} \leq 200$	22	24	28	32	36	44	52	60	72	84	96
	$l_{公称} > 200$	35	37	41	45	49	57	65	73	85	97	109
$k_{公称}$		3.5	4.0	5.3	6.4	7.5	10	12.5	15	18.7	22.5	26
s_{max}		8	10	13	16	18	24	30	36	46	55	65
e_{min}		8.63	10.9	14.2	17.59	19.85	26.17	32.95	39.55	50.85	60.79	71.3
$l_{范围}$	GB/T 5780	25~50	30~60	35~80	40~100	45~120	55~160	65~200	80~240	90~300	110~300	160~420
	GB/T 5781	10~40	12~50	16~65	20~80	25~100	35~100	40~100	50~100	60~100	70~100	80~420
$l_{公称}$		10、12、16、20、25、30、35、40、45、50、55、60、65、70、80、90、100、110、120、130、140、150、160、180、220、240、260、280、300、320、340、360、380、400、420、440、460、480、500										

附表7　1型六角螺母　　　　　　　　　　　　（单位：mm）

1型六角螺母—A 和 B 级（摘自 GB/T 6170—2015）　　　　1型六角螺母—C 级（摘自 GB/T 41—2000）
　　　允许制造的型式

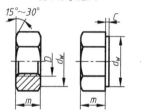
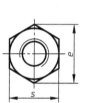
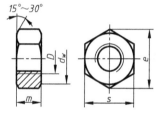

标注示例：

螺母　GB/T 6170 M20（螺纹规格 D = M20、性能等级为 10 级、不经表面处理、产品等级为 A 级的 1 型六角螺母）

螺母　GB/T 41 M12（螺纹规格 D = M12、性能等级为 5 级、不经表面处理、产品等级为 C 级的 1 型六角螺母）

螺纹规格 D		M5	M6	M8	M10	M12	M16	M20	M24	M30	M36	M42
c		0.5		0.6			0.8					1
s_{max}		8	10	13	16	18	24	30	36	46	55	65
e_{min}	A、B 级	8.79	11.05	14.38	17.77	20.03	26.75	32.95	39.55	50.85	60.79	71.3
	C 级	8.63	10.89	14.2	17.59	19.85	26.17	32.95	39.55	50.85	60.79	71.3
m_{max}	A、B 级	4.7	5.2	6.8	8.4	10.8	14.8	18	21.5	25.6	31	34
	C 级	5.6	6.4	7.9	9.5	12.2	15.9	18.7	22.3	26.4	31.9	34.9
d_{wmin}	A、B 级	6.9	8.9	11.6	14.6	16.6	22.5	27.7	33.3	42.8	51.1	60
	C 级	6.7	8.7	11.5	14.5	16.5	22	27.7	33.3	42.8	51.1	60

附表8　双头螺柱　　　　　　　　　　　　（单位：mm）

GB/T 897—1988（$b_m = 1d$）　GB/T 898—1988（$b_m = 1.25d$）　　GB/T 899—1988（$b_m = 1.5d$）　GB/T 900—1988（$b_m = 2d$）

A 型　　　　　　　　　　　　　　　　　B 型

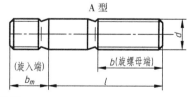
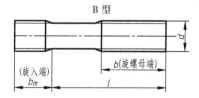

标注示例：

螺柱 GB/T 900 M10×50（两端均为粗牙普通螺纹，d = M10，l = 50mm，性能等级为 4.8 级，不经表面处理，B 型，$b_m = 2d$ 的双头螺柱）

（续）

螺纹规格	b_m（公称）				螺柱长度 l/旋螺母端长度 b
d	GB/T 897	GB/T 898	GB/T 899	GB/T 900	
M5	5	6	8	10	（16~22）/8、（25~40）/14、
M6	6	8	10	12	（16~22）/10、（25~30）/14、（32~75）/18
M8	8	10	12	16	（20~22）/12、（25~30）/16、（32~90）/22
M10	10	12	15	20	（25~28）/14、（30~38）/16、（40~120）/26、132/32
M12	12	15	18	24	（25~30）/16、（32~40）/20、（45~120）/30、（130~180）/36
M16	16	20	24	32	（30~38）/20、（40~55）/30、（60~120）/38、（130~200）/44
M20	20	25	30	40	（35~40）/25、（45~65）/35、（70~120）/46、（130~200）/52
（M24）	24	30	36	48	（45~50）/30、（55~75）/45、（80~120）/54、（130~200）/60
（M30）	30	38	45	60	（60~65）/40、（70~90）/50、（95~120）/66、（130~200）/72、（210~250）/85
M36	36	45	54	72	（65~75）/45、（80~110）/60、120/78、（130~200）/84、（210~300）/97
M42	42	52	63	84	（70~80）/50、（85~110）/70、120/90、（130~200）/96、（210~300）/109
$l_{系列}$	12、16、20、25、30、35、40、45、50、60、70、80、90、100~260（10进位）、280、300				

注：1. 尽可能不采用括号内的规格。

2. $b_m = 1d$，一般用于钢对钢；$b_m = (1.25~1.5)d$，一般用于钢对铸铁；$b_m = 2d$，一般用于钢对铝合金。

附表9 螺钉（一）　　　　　　　　　（单位：mm）

开槽圆柱头螺钉（GB/T 65—2000）　　开槽盘头螺钉（GB/T 67—2008）　　开槽沉头螺钉（GB/T 68—2000）

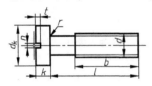 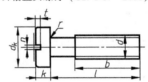 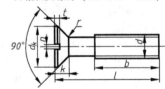

标注示例：

螺钉　GB/T 65—2000　M5×20（螺纹规格 d = M5、公称长度 l = 20mm、性能等级为4.8级，不经表面处理的A级开槽圆柱头螺钉）

螺纹规格 d		M1.6	M2	M2.5	M3	M4	M5	M6	M8	M10
GB/T 65—2000	d_{kmax}	3	3.8	4.5	5.5	7	8.5	10	13	16
	k_{max}	1.1	1.4	1.8	2	2.6	3.3	3.9	5	6
	t_{min}	0.45	0.6	0.7	0.85	1.1	1.3	1.6	2	2.4
	r_{min}	0.1	0.1	0.1	0.1	0.2	0.2	0.25	0.4	0.4
	l	2~16	3~20	3~25	4~35	5~40	6~50	8~60	10~80	12~80
	全螺纹时最大长度	全螺纹				40				
GB/T 67—2008	d_{kmax}	3.2	4	5	5.6	80	9.5	12	16	20
	k_{max}	1	1.3	1.5	1.8	2.4	3	3.6	4.8	6
	t_{min}	0.35	0.5	0.6	0.7	1	1.2	1.4	1.9	2.4
	r_{min}	0.1	0.1	0.1	0.1	0.2	0.2	0.25	0.4	0.4
	l	2~16	2.5~20	3~25	4~30	5~40	6~50	8~60	10~80	12~80
	全螺纹时最大长度	30				40				

（续）

螺纹规格 d		M1.6	M2	M2.5	M3	M4	M5	M6	M8	M10
GB/T 68—2000	d_{kmax}	3	3.8	4.7	5.5	8.4	9.3	11.3	15.8	18.3
	k_{max}	1	1.2	1.5	1.65	2.7		3.3	4.65	5
	t_{min}	0.32	0.4	0.5	0.6	1	1.1	1.2	1.8	2
	r_{max}	0.4	0.5	0.6	0.8	1	1.1	1.2	1.8	2
	l	2.5~16	3~20	4~25	5~30	6~40	8~50	8~60	10~80	12~80
	全螺纹时最大长度	30				45				
n		0.4	0.5	0.6	0.8	1.2	1.6	2	2.5	
b_{min}		25				38				
$l_{系列}$		2、2.5、3、4、5、6、8、10、12、（14）、16、20、25、30、35、40、45、50、（55）、60、（65）、70、（75）、80								

注：尽可能不采用括号内的规格。

附表10　螺钉（二）　　　　　　　　　　　　　　（单位：mm）

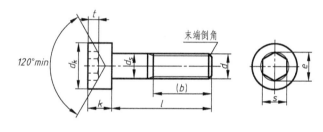

内六角圆柱头螺钉（GB/T 70.1—2008）

标记示例：

螺钉　GB/T 70.1—2008　M5×20（螺纹规格 d = M5、公称长度 l = 20mm、性能等级为8.8级、表面氧化的内六角圆柱头螺钉）

螺纹规格 d		M4	M5	M6	M8	M10	M12	(M14)	M16	M20	M24
螺距 P		0.7	0.8	1	1.25	1.5	1.75	2	2	2.5	3
$b_{参考}$		20	22	24	28	32	36	40	44	52	60
d_{kmax}	光滑头部	7	8.5	10	13	16	18	21	24	30	36
	滚花头部	7.22	8.72	10.22	13.27	16.27	18.27	21.33	24.33	30.33	36.39
k_{max}		4	5	6	8	10	12	14	16	20	24
t_{min}		2	2.5	3	4	5	6	7	8	10	12
$s_{公称}$		3	4	5	6	8	10	12	14	17	19
e_{min}		3.44	4.58	5.72	6.86	9.15	11.43	13.72	16	19.44	21.73
d_{smin}		4	5	6	8	10	12	14	16	20	24
$l_{范围}$		6~40	8~50	10~60	12~80	16~100	20~120	25~140	25~160	30~200	40~200
全螺纹是最大长度		25	25	30	35	40	45	55	55	65	80
$l_{系列}$		6、8、10、12、（14）、（16）、20、25、30、35、40、45、50、（55）、60、（65）、70、80、90、100、110、120、130、140、150、160、180、200									

注：尽可能不采用括号内的规格。

附表 11　螺钉（三）　　　　　　　　　　　　（单位：mm）

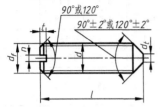

开槽锥端紧定螺钉
（摘自 GB/T 71—1985）

开槽平端紧定螺钉
（摘自 GB/T 73—1985）

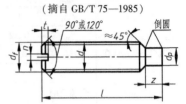

开槽长圆柱端紧定螺钉
（摘自 GB/T 75—1985）

标记示例：

螺钉 GB/T 73—2000　M5×20-14H（螺纹规格 d = M5、公称长度 l = 20mm、性能等级为 14H 级、表面氧化的开槽平端紧定螺钉）

螺纹规格 d			M1.2	M1.6	M2	M2.5	M3	M4	M5	M6	M8	M10
n（公称）			0.2	0.25	0.25	0.4	0.4	0.6	0.8	1	1.2	1.6
t_{min}			0.40	0.56	0.64	0.72	0.8	1.12	1.28	1.6	2	2.4
GB/T 71	d_{tmax}		0.12	0.16	0.2	0.25	0.3	0.4	0.5	1.5	2	2.5
	l 公称	短	2	2~2.5		2~3	2~3	2~4	2~5	2~6	2~8	2~10
		长	2~6	2~8	3~10	3~12	4~16	6~20	8~25	8~30	10~40	12~50
GB/T 73	d_p	max	0.6	0.8	1	1.5	2	2.5	3.5	4	5.5	7
		min	0.35	0.55	0.75	1.25	1.75	2.25	3.2	3.7	5.2	6.64
	l 公称	短	—	2	2~2.5	2~3	2~3	2~4	2~5	2~6	2~6	2~8
		长	2~6	2~8	2~10	2.5~12	3~16	4~20	5~25	6~30	8~40	10~50
GB/T 75	d_{pmax}		—	0.8	1	1.5	2	2.5	3.5	4	5.5	7
	z_{min}		—	0.8	1	1.25	1.5	2	2.5	3	4	5
	l 公称	短	—	2	2~2.5	2~3	2~4	2~5	2~6	2~6	2~8	
		长	—	2.5~8	3~10	4~12	5~16	6~20	8~25	8~30	10~40	12~50

附表 12　垫圈　　　　　　　　　　　　　　（单位：mm）

平垫圈 A 级（摘自 GB/T 97.1—2002）
平垫圈　倒角型 A 级（摘自 GB/T 97.2—2002）

平垫圈 C 级（摘自 GB/T 95—2002）
标准型弹簧垫圈（摘自 GB/T 93—1987）

平垫圈

倒角型平垫圈

标准型弹簧垫圈　　　　弹簧垫圈开口画法

标记示例：

垫圈　GB/T 97.1—2002　8（标准系列、公称规格8、硬度等级为200HV级、不经表面处理、产品等级为 A 级的平垫圈）

垫圈　GB/T 93—1987　10（规格16、材料为65Mn、表面氧化的标准型弹簧垫圈）

（续）

公称规格（螺纹大径 d）		4	5	6	8	10	12	16	20	24	30	36	42
GB/T 97.1 （A 级）	d_1	4.3	5.3	6.4	8.4	10.5	13	17	21	25	31	37	45
	d_2	9	10	12	16	20	24	30	37	44	56	66	78
	h	0.8	1	1.6	1.6	2	2.5	3	3	4	4	5	8
GB/T 97.2 （A 级）	d_1	—	5.3	6.4	8.4	10.5	13	17	21	25	31	37	45
	d_2	—	10	12	16	20	24	30	37	44	56	66	78
	h	—	1	1.6	1.6	2	2.5	3	3	4	4	5	8
GB/T 95 （C 级）	d_1	4.5	5.5	6.6	9	11	13.5	17.5	22	26	33	39	45
	d_2	9	10	12	16	20	24	30	37	44	56	66	78
	h	0.8	1	1.6	1.6	2	2.5	3	3	4	4	5	8
GB/T 93	d_1	4.1	5.1	6.1	8.1	10.2	12.2	16.2	20.2	24.5	30.5	36.5	42.5
	$s=b$	1.1	1.3	1.6	2.1	2.6	3.1	4.1	5	6	7.5	9	10.5
	h	2.8	3.3	4	5.3	6.5	7.8	10.3	12.5	15	18.6	22.5	26.3
	$m \leqslant$	0.55	0.65	0.8	1.05	1.3	1.55	2.05	2.5	3	3.75	4.5	5.25

注：1. A 级适用于精装配系列。C 级适用于中等装配系列。

　　2. C 级垫圈没有 $Ra\,3.2\mu m$ 和去毛刺的要求。

附表 13　平键及键槽各部尺寸（摘自 GB/T 1095—2003）　　　　（单位：mm）

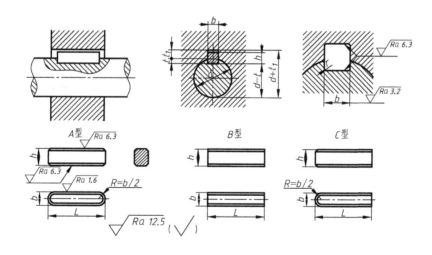

标记示例：

GB/T　1096　键 16×10×100　（普通 A 型平键、$b=16mm$、$h=10mm$、$L=100mm$）

GB/T　1096　键 B16×10×100　（普通 B 型平键、$b=16mm$、$h=10mm$、$L=100mm$）

GB/T　1096　键 C16×10×100　（普通 C 型平键、$b=16mm$、$h=10mm$、$L=100mm$）

（续）

轴	键		键槽											
			宽度 b						深 度				半径 r	
公称直径 d	基本尺寸 b×h	长度 L	基本尺寸 b	极 限 偏 差					轴 t		毂 t_1			
				松联结		正常连接		紧密连接	基本尺寸	极限偏差	基本尺寸	极限偏差		
				轴 H9	毂 D10	轴 N9	毂 JS9	轴和毂 P9					min	max
>6~8	2×2	6~20	2	+0.025 0	+0.060 +0.020	-0.004 -0.029	±0.0125	-0.006 -0.031	1.2		1.0		0.08	0.16
>10~12	3×3	6~36	3						1.8	+0.1 0	1.4	+0.1 0		
>10~12	4×4	8~45	4	+0.030 0	+0.078 +0.030	0 -0.030	±0.015	-0.012 -0.042	2.5		1.8		0.16	0.25
>12~17	5×5	10~56	5						3.0		2.3			
>17~22	6×6	14~70	6						3.5		2.8			
>22~30	8×7	18~90	8	+0.036 0	+0.098 +0.040	0 -0.036	±0.018	-0.015 -0.051	4.0		3.3		0.25	0.40
>30~38	10×8	22~110	10						5.0		3.3			
>38~44	12×8	28~140	12	+0.043 0	+0.120 +0.050	0 -0.043	±0.0215	-0.018 -0.061	5.0		3.3			
>44~50	14×9	36~160	14						5.5		3.8		0.25	0.40
>50~58	16×10	45~180	16						6.0	+0.2 0	4.3	+0.2 0		
>58~65	18×11	50~200	18						7.0		4.4			
>65~75	20×12	56~220	20	+0.052 0	+0.149 +0.065	0 -0.052	±0.026	-0.022 -0.074	7.5		4.9			
>75~85	22×14	63~250	22						9.0		5.4		0.40	0.6
>85~95	25×14	70~280	25						9.0		5.4			
>95~110	28×16	80~320	28						10.0		6.4			

$L_{系列}$　6~22（2进位）、25、28、32、36、40、45、50、56、63、70、80、90、100、110、125、140、160、180、200、220、250、280、320、360、400、450、500

注：1. $(d-t)$ 和 $(d+t_1)$ 两组组合尺寸的极限偏差按相应的 t 和 t_1 的极限偏差选取，但 $(d-t)$ 极限偏差应取负号（-）。

2. 键宽 b 的极限偏差为 h8；键高 h 的极限偏差为 h11；键长 L 的极限偏差为 h14。

附表14　圆柱销 不淬硬钢和奥氏体不锈钢（摘自 GB/T 119.1—2000）（单位：mm）

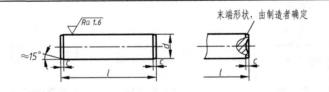

标记示例：

销　GB/T 119.1—2000　6 m6×30

（公称直径 d = 6mm、公差为 m6、公称长度 l = 30mm、材料为钢、不经淬火、不经表面热处理的圆柱销）

销　GB/T 119.1—2000　6 m6×30-A1

（公称直径 d = 6mm、公差为 m6、长度 l = 30mm、材料为 A1 组奥氏体不锈钢、表面简单处理的圆柱销）

$d_{公称}$	2	2.5	3	4	5	6	8	10	12	16	20	25
$c≈$	0.35	0.4	0.5	0.63	0.8	1.2	1.6	2	2.5	3.5	4	
$l_{范围}$	6~20	6~24	8~30	8~40	10~50	12~60	14~80	18~95	22~140	26~180	35~200	50~200
$l_{系列}$	2、3、4、5、6~32（2进位）、35~100（5进位）、120~200（20进位）（公称长度 >200，按20递增）											

注：公差直径 d 的公差：m6 和 h8。

附表 15　圆锥销（摘自 GB/T 117—2000）　　　　　　　（单位：mm）

A 型　　　　　　　B 型

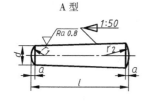

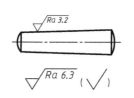

A 型（磨削）：锥面表面粗糙度
$Ra = 0.8\mu m$；

B 型（切削或冷镦）：锥面表面粗
糙度 $Ra = 3.2\mu m$

$$r_1 \approx d \quad r_2 \approx \frac{a}{2} + d + \frac{(0.02l)^2}{8a}$$

标记示例：

销　GB/T 117—2000　6×30

（公称直径 $d = 6mm$、公称长度 $l = 30mm$、材料为 35 钢、热处理硬度 28～38HRC、表面氧化处理的 A 级圆锥销）

$d_{公称}$	2	2.5	3	4	5	6	8	10	12	16	20	25
$a \approx$	0.25	0.3	0.4	0.5	0.63	0.8	1	1.2	1.6	2	2.5	3
$l_{范围}$	10～35	10～35	12～45	14～55	18～60	22～90	22～120	26～160	32～180	40～200	45～200	50～200
$l_{系列}$	2、3、4、5、6～32（2 进位）、35～100（5 进位）、120～200（20 进位）（公称长度＞200，按 20 递增）											

附表 16　滚动轴承　　　　　　　　　　　　　　　　　（单位：mm）

深沟球轴承 （摘自 GB/T 276—2013）	圆锥滚子轴承 （摘自 GB/T 297—2015）	推力球轴承 （摘自 GB/T 301—2015）
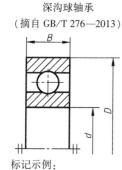	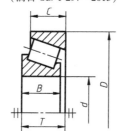	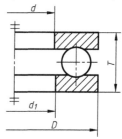
标记示例： 滚动轴承 6310 GB/T 276	标记示例： 滚动轴承 30212 GB/T 297	标记示例： 滚动轴承 51305 GB/T 301

轴承代号	d	D	B	轴承代号	d	D	B	C	T	轴承代号	d	d_{1min}	D_{max}	T
尺寸系列［（0）2］				尺寸系列［02］						尺寸系列［12］				
6202	15	35	11	30203	17	40	12	11	13.25	51202	15	17	32	12
6203	17	40	12	30204	20	47	14	12	15.25	51203	17	19	35	12
6204	20	47	14	30205	25	52	15	13	16.25	51204	20	22	40	14
6205	25	52	15	30206	30	62	16	14	17.25	51205	25	27	47	15
6206	30	62	16	30207	35	72	17	15	18.25	51206	30	32	52	16
6207	35	72	17	30208	40	80	18	16	19.75	51207	35	37	62	18
6208	40	80	18	30209	45	85	19	16	20.75	51208	40	42	68	19
6209	45	85	19	30210	50	90	20	17	21.75	51209	45	47	73	20
6210	50	90	20	30211	55	100	21	18	22.75	51210	50	52	78	22
6211	55	100	21	30212	60	110	22	19	23.75	51211	55	57	90	25
6212	60	110	22	30213	65	120	23	20	24.75	51212	60	62	95	26

（续）

尺寸系列［（0）3］				尺寸系列［03］					尺寸系列［13］			
6302	15	42	13	30302	15	42	13	11	14.25	51304	20	22	47	18
6303	17	47	14	30303	17	47	14	12	15.25	51305	25	27	52	18
6304	20	52	15	30304	20	52	15	13	16.25	51306	30	32	60	21
6305	25	62	17	30305	25	62	17	15	18.25	51307	35	37	68	24
6306	30	72	19	30306	30	72	19	16	20.75	51308	40	42	78	26
6307	35	80	21	30307	35	80	21	18	22.75	51309	45	47	85	28
6308	40	90	23	30308	40	90	23	20	25.25	51310	50	52	95	31
6309	45	100	25	30309	45	100	25	22	27.25	51311	55	57	105	35
6310	50	110	27	30310	50	110	27	23	29.25	51312	60	62	110	35
6311	55	120	29	30311	55	120	29	25	31.5	51313	65	67	115	36
6312	60	130	31	30312	60	130	31	26	33.5	51314	70	72	125	40
尺寸系列［（0）4］				尺寸系列［13］						尺寸系列［14］			
6403	17	62	17	31305	25	62	17	13	18.25	51405	25	27	60	24
6404	20	72	19	31306	30	72	19	14	20.75	51406	30	32	70	28
6405	25	80	21	31307	35	80	21	15	22.75	51407	35	37	80	32
6406	30	90	23	31308	40	90	23	17	25.25	51408	40	42	90	36
6407	35	100	25	31309	45	100	25	18	27.25	51409	45	47	100	39
6408	40	110	27	31310	50	110	27	19	29.25	51410	50	52	110	43
6409	45	120	29	31311	55	120	29	21	31.5	51411	55	57	120	48
6410	50	130	31	31312	60	130	31	22	33.5	51412	60	62	130	51
6411	55	140	33	31313	65	140	33	23	36	51413	65	68	140	56
6412	60	150	35	31314	70	150	35	25	38	51414	70	73	150	60
6413	65	160	37	31315	75	160	37	26	40	51415	75	78	160	65

注：圆括号中的尺寸系列代号在轴承代号中可以省略。

附录 C 极限与配合

附表 17 标准公差数值（摘自 GB/T 1800.1—2009）

公称尺寸/mm		标准公差等级																
		IT1	IT2	IT3	IT4	IT5	IT6	IT7	IT8	IT9	IT10	IT11	IT12	IT13	IT14	IT15	IT16	IT17	IT18
大于	至	μm																	
—	3	0.8	1.2	2	3	4	6	10	14	25	40	60	100	140	250	400	600	1000	1400
3	6	1	1.5	2.5	4	5	8	12	18	30	48	75	120	180	300	480	750	1200	1800
6	10	1	1.5	2.5	4	6	9	15	22	36	58	90	150	220	360	580	900	1500	2200
10	18	1.2	2	3	5	8	11	18	27	43	70	110	180	270	430	700	1100	1800	2700
18	30	1.5	2.5	4	6	9	13	21	33	52	84	130	210	330	520	840	1300	2100	3300
30	50	1.5	2.5	4	7	11	16	25	39	62	100	160	250	390	620	1000	1600	2500	3900
50	80	2	3	5	8	13	19	30	46	74	120	190	300	460	740	1200	1900	3000	4600
80	120	2.5	4	6	10	15	22	35	54	87	140	220	350	540	870	1400	2200	3500	5400
120	180	3.5	5	8	12	18	25	40	63	100	160	250	400	630	1000	1600	2500	4000	6300

（续）

公称尺寸/mm		标准公差等级																	
大于	至	IT1	IT2	IT3	IT4	IT5	IT6	IT7	IT8	IT9	IT10	IT11	IT12	IT13	IT14	IT15	IT16	IT17	IT18
		μm																	
180	250	4.5	7	10	14	20	29	46	72	115	185	290	460	720	1150	1850	2900	4600	7200
250	315	6	8	12	16	23	32	52	81	130	210	320	520	810	1300	2100	3200	5200	8100
315	400	7	9	13	18	25	36	57	89	140	230	360	570	890	1400	2300	3600	5700	8900
400	500	8	10	15	20	27	40	63	97	155	250	400	630	970	1550	2500	4000	6300	9700

注：1. 公称尺寸大于 500mm 的 IT1～IT5 的标准公差数值为试行的，此表未摘录。

2. 公称尺寸小于或等于 1mm 时，无 IT14～IT18。

附表 18　轴的基本偏差数值（摘自 GB/T 1800.1—2009）　　　　　（单位：μm）

公称尺寸 mm		基本偏差数值														
		上偏差 es												下偏差 ei		
大于	至	所有标准公差等级												j		
														IT5 和 IT6	IT7	IT8
		a	b	c	cd	d	e	ef	f	fg	g	h	js			
—	3	−270	−140	−60	−34	−20	−14	−10	−6	−4	−2	0	偏差=±IT$_n$/2，式中 IT$_n$ 是 IT 数值	−2	−4	−6
3	6	−270	−140	−70	−46	−30	−20	−14	−10	−6	−4	0		−2	−4	—
6	10	−280	−150	−80	−56	−40	−25	−18	−13	−8	−5	0		−2	−5	—
10	14	−290	−150	−95	—	−50	−32	—	−16	—	−6	0		−3	−6	—
14	18															
18	24	−300	−160	−110	—	−65	−40	—	−20	—	−7	0		−4	−8	—
24	30															
30	40	−310	−170	−120	—	−80	−50	—	−25	—	−9	0		−5	−10	—
40	50	−320	−180	−130												
50	65	−340	−190	−140	—	−100	−60	—	−30	—	−10	0		−7	−12	—
65	80	−360	−200	−150												
80	100	−380	−220	−170	—	−120	−72	—	−36	—	−12	0		−9	−15	—
100	120	−410	−240	−180												
120	140	−460	−260	−200	—	−145	−85	—	−43	—	−14	0		−11	−18	—
140	160	−520	−280	−210												
160	180	−580	−310	−230												
180	200	−660	−340	−240	—	−170	−100	—	−50	—	−15	0		−13	−21	—
200	225	−740	−380	−260												
225	250	−820	−420	−280												
250	280	−920	−480	−300	—	−190	−110	—	−56	—	−17	0		−16	−26	—
280	315	−1050	−540	−330												
315	355	−1200	−600	−360	—	−210	−125	—	−62	—	−18	0		−18	−28	—
355	400	−1350	−680	−400												
400	450	−1500	−760	−440	—	−230	−135	—	−68	—	−20	0		−20	−32	—
450	500	−1650	−840	−480												

（续）

公称尺寸 mm		基本偏差数值															
		下偏差 ei															
大于	至	IT4至IT7	≤IT3 >IT7	所有标准公差等级													
		k		m	n	p	r	s	t	u	v	x	y	z	za	zb	zc
—	3	0	0	+2	+4	+6	+10	+14	—	+18	—	+20	—	+26	+32	+40	+60
3	6	+1	0	+4	+8	+12	+15	+19	—	+23	—	+28	—	+35	+42	+50	+80
6	10	+1	0	+6	+10	+15	+19	+23	—	+28	—	+34	—	+42	+52	+67	+97
10	14	+1	0	+7	+12	+18	+23	+28	—	+33	—	+40	—	+50	+64	+90	+130
14	18										+39	+45	—	+60	+77	+108	+150
18	24	+2	0	+8	+15	+22	+28	+35	—	+41	+47	+54	+63	+73	+98	+136	+188
24	30								+41	+48	+55	+64	+75	+88	+118	+160	+218
30	40	+2	0	+9	+17	+26	+34	+43	+48	+60	+68	+80	+94	+112	+148	+200	+274
40	50								+54	+70	+81	+97	+114	+136	+180	+242	+325
50	65	+2	0	+11	+20	+32	+41	+53	+66	+87	+102	+122	+144	+172	+226	+300	+405
65	80						+43	+59	+75	+102	+120	+146	+174	+210	+274	+360	+480
80	100	+3	0	+13	+23	+37	+51	+71	+91	+124	+146	+178	+214	+258	+335	+445	+585
100	120						+54	+79	+104	+144	+172	+210	+254	+310	+400	+525	+690
120	140	+3	0	+15	+27	+43	+63	+92	+122	+170	+202	+248	+300	+365	+470	+620	+800
140	160						+65	+100	+134	+190	+228	+280	+340	+415	+535	+700	+900
160	180						+68	+108	+146	+210	+252	+310	+380	+465	+600	+780	+1000
180	200	+4	0	+17	+31	+50	+77	+122	+166	+236	+284	+350	+425	+520	+670	+880	+1150
200	225						+80	+130	+180	+258	+310	+385	+470	+575	+740	+960	+1250
225	250						+84	+140	+196	+284	+340	+425	+520	+640	+820	+1050	+1350
250	280	+4	0	+20	+34	+56	+94	+158	+218	+315	+385	+475	+580	+710	+920	+1200	+1550
280	315						+98	+170	+240	+350	+425	+525	+650	+790	+1000	+1300	+1700
315	355	+4	0	+21	+37	+62	+108	+190	+268	+390	+475	+590	+730	+900	+1150	+1500	+1900
355	400						+114	+208	+294	+435	+530	+660	+820	+1000	+1300	+1650	+2100
400	450	+5	0	+23	+40	+68	+126	+232	+330	+490	+595	+740	+920	+1100	+1450	+1850	+2400
450	500						+132	+252	+360	+540	+660	+820	+1000	+1250	+1600	+2100	+2600

附表 19　孔的基本偏差数值（摘自 GB/T 1800.1—2009）　　　　（单位：μm）

公称尺寸 mm		基本偏差数值																		
		下偏差 EI												上偏差 ES						
		所有标准公差等级												IT6	IT7	IT8	≤IT8	>IT8	≤IT8	>IT8
大于	至	A	B	C	CD	D	E	EF	F	FG	G	H	JS	J			K		M	
—	3	+270	+140	+60	+34	+20	+14	+10	+6	+4	+2	0		+2	+4	+6	0	0	-2	-2
3	6	+270	+140	+70	+46	+30	+20	+14	+10	+6	+4	0		+5	+6	+10	-1+△	—	-4+△	-4
6	10	+280	+150	+80	+56	+40	+25	+18	+13	+8	+5	0		+5	+8	+12	-1+△	—	-6+△	-6
10	14	+290	+150	+95	—	+50	+32	—	+16	—	+6	0		+6	+10	+15	-1+△	—	-7+△	-7
14	18	+290	+150	+95	—	+50	+32	—	+16	—	+6	0		+6	+10	+15	-1+△	—	-7+△	-7
18	24	+300	+160	+110	—	+65	+40	—	+20	—	+7	0	偏差=±IT$_n$/2，式中IT$_n$是IT数值	+8	+12	+20	-2+△	—	-8+△	-8
24	30	+300	+160	+110	—	+65	+40	—	+20	—	+7	0		+8	+12	+20	-2+△	—	-8+△	-8
30	40	+310	+170	+120	—	+80	+50	—	+25	—	+9	0		+10	+14	+24	-2+△	—	-9+△	-9
40	50	+320	+180	+130	—	+80	+50	—	+25	—	+9	0		+10	+14	+24	-2+△	—	-9+△	-9
50	65	+340	+190	+140	—	+100	+60	—	+30	—	+10	0		+13	+18	+28	-2+△	—	-11+△	-11
65	80	+360	+200	+150	—	+100	+60	—	+30	—	+10	0		+13	+18	+28	-2+△	—	-11+△	-11
80	100	+380	+220	+170	—	+120	+72	—	+36	—	+12	0		+16	+22	+34	-3+△	—	-13+△	-13
100	120	+410	+240	+180	—	+120	+72	—	+36	—	+12	0		+16	+22	+34	-3+△	—	-13+△	-13
120	140	+460	+260	+200	—	+145	+85	—	+43	—	+14	0		+18	+26	+41	-3+△	—	-15+△	-15
140	160	+520	+280	+210	—	+145	+85	—	+43	—	+14	0		+18	+26	+41	-3+△	—	-15+△	-15
160	180	+580	+310	+230	—	+145	+85	—	+43	—	+14	0		+18	+26	+41	-3+△	—	-15+△	-15
180	200	+660	+340	+240	—	+170	+100	—	+50	—	+15	0		+22	+30	+47	-4+△	—	-17+△	-17
200	225	+740	+380	+260	—	+170	+100	—	+50	—	+15	0		+22	+30	+47	-4+△	—	-17+△	-17
225	250	+820	+420	+280	—	+170	+100	—	+50	—	+15	0		+22	+30	+47	-4+△	—	-17+△	-17
250	280	+920	+480	+300	—	+190	+110	—	+56	—	+17	0		+25	+36	+55	-4+△	—	-20+△	-20
280	315	+1050	+540	+330	—	+190	+110	—	+56	—	+17	0		+25	+36	+55	-4+△	—	-20+△	-20
315	355	+1200	+600	+360	—	+210	+125	—	+62	—	+18	0		+29	+39	+60	-4+△	—	-21+△	-21
355	400	+1350	+680	+400	—	+210	+125	—	+62	—	+18	0		+29	+39	+60	-4+△	—	-21+△	-21
400	450	+1500	+760	+440	—	+230	+135	—	+68	—	+20	0		+33	+43	+66	-5+△	—	-23+△	-23
450	500	+1650	+840	+480	—	+230	+135	—	+68	—	+20	0		+33	+43	+66	-5+△	—	-23+△	-23

（续）

公称尺寸 mm		基本偏差数值 — 上偏差 ES																△值					
		≤IT8	>IT8	≤IT7	标准公差等级 >IT7												标准公差等级					
大于	至	N		P~ZC	P	R	S	T	U	V	X	Y	Z	ZA	ZB	ZC	IT3	IT4	IT5	IT6	IT7	IT8
—	3	-4	-4	在>IT7的相应数值上增加一个△值	-6	-10	-14	—	-18	—	-20	—	-26	-32	-40	-60	0	0	0	0	0	0
3	6	-8+△	0		-12	-15	-19	—	-23	—	-28	—	-35	-42	-50	-80	1	1.5	1	3	4	6
6	10	-10+△	0		-15	-19	-23	—	-28	—	-34	—	-42	-52	-67	-97	1	1.5	2	3	6	7
10	14	-12+△	0		-18	-23	-28	—	-33	—	-40	—	-50	-64	-90	-130	1	2	3	3	7	9
14	18	-12+△	0		-18	-23	-28	—	-33	-39	-45	—	-60	-77	-108	-150	1	2	3	3	7	9
18	24	-15+△	0		-22	-28	-35	—	-41	-47	-54	-63	-73	-98	-136	-188	1.5	2	3	4	8	12
24	30	-15+△	0		-22	-28	-35	-41	-48	-55	-64	-75	-88	-118	-160	-218	1.5	2	3	4	8	12
30	40	-17+△	0		-26	-34	-43	-48	-60	-68	-80	-94	-112	-148	-200	-274	1.5	3	4	5	9	14
40	50	-17+△	0		-26	-34	-43	-54	-70	-81	-97	-114	-136	-180	-242	-325	1.5	3	4	5	9	14
50	65	-20+△	0		-32	-41	-53	-66	-87	-102	-122	-144	-172	-226	-300	-405	2	3	5	6	11	16
65	80	-20+△	0		-32	-43	-59	-75	-102	-120	-146	-174	-210	-274	-360	-480	2	3	5	6	11	16
80	100	-23+△	0		-37	-51	-71	-91	-124	-146	-178	-214	-258	-335	-445	-585	2	4	5	7	13	19
100	120	-23+△	0		-37	-54	-79	-104	-144	-172	-210	-254	-310	-400	-525	-690	2	4	5	7	13	19
120	140	-27+△	0		-43	-63	-92	-122	-170	-202	-248	-300	-365	-470	-620	-800	3	4	6	7	15	23
140	160	-27+△	0		-43	-65	-100	-134	-190	-228	-280	-340	-415	-535	-700	-900	3	4	6	7	15	23
160	180	-27+△	0		-43	-68	-108	-146	-210	-252	-310	-380	-465	-600	-780	-1000	3	4	6	7	15	23
180	200	-31+△	0		-50	-77	-122	-166	-236	-284	-350	-425	-520	-670	-880	-1150	3	4	6	9	17	26
200	225	-31+△	0		-50	-80	-130	-180	-258	-310	-385	-470	-575	-740	-960	-1250	3	4	6	9	17	26
225	250	-31+△	0		-50	-84	-140	-196	-284	-340	-425	-520	-640	-820	-1050	-1350	3	4	6	9	17	26
250	280	-34+△	0		-56	-94	-158	-218	-315	-385	-475	-580	-710	-920	-1200	-1550	4	4	7	9	20	29
280	315	-34+△	0		-56	-98	-170	-240	-350	-425	-525	-650	-790	-1000	-1300	-1700	4	4	7	9	20	29
315	355	-37+△	0		-62	-108	-190	-268	-390	-475	-590	-730	-900	-1150	-1500	-1900	4	5	7	11	21	32
355	400	-37+△	0		-62	-114	-208	-294	-435	-530	-660	-820	-1000	-1300	-1650	-2100	4	5	7	11	21	32
400	450	-40+△	0		-68	-126	-232	-330	-490	-595	-740	-920	-1100	-1450	-1850	-2400	5	5	7	13	23	34
450	500	-40+△	0		-68	-132	-252	-360	-540	-660	-820	-1000	-1250	-1600	-2100	-2600	5	5	7	13	23	34

附表20 优先及常用轴公差带及其极限偏差（摘自 GB/T 1800.2—2009）

（单位：μm）

公称尺寸 mm		公差带												
		c	d	f	g	h				k	n	p	s	u
大于	至	11	9	7	6	6	7	9	11	6	6	6	6	6
—	3	-60 / -120	-20 / -45	-6 / -16	-2 / -8	0 / -6	0 / -10	0 / -25	0 / -60	+6 / 0	+10 / +4	+12 / +6	+20 / +14	+24 / +18
3	6	-70 / -145	-30 / -60	-10 / -22	-4 / -12	0 / -8	0 / -12	0 / -30	0 / -75	+9 / +1	+16 / +8	+20 / +12	+27 / +19	+31 / +23
6	10	-80 / -170	-40 / -76	-13 / -28	-5 / -14	0 / -9	0 / -15	0 / -36	0 / -90	+10 / +1	+19 / +10	+24 / +15	+32 / +23	+37 / +28

（续）

公称尺寸 mm 大于	至	公差带 c 11	d 9	f 7	g 6	h 6	h 7	h 9	h 11	k 6	n 6	p 6	s 6	u 6
10	14	−95 / −205	−50 / −93	−16 / −34	−6 / −17	0 / −11	0 / −18	0 / −43	0 / −110	+12 / +1	+23 / +12	+29 / +18	+39 / +28	+44 / +33
14	18	−95 / −205	−50 / −93	−16 / −34	−6 / −17	0 / −11	0 / −18	0 / −43	0 / −110	+12 / +1	+23 / +12	+29 / +18	+39 / +28	+44 / +33
18	24	−110 / −240	−65 / −117	−20 / −41	−7 / −20	0 / −13	0 / −21	0 / −52	0 / −130	+15 / +2	+28 / +15	+35 / +22	+48 / +35	+54 / +41
24	30	−110 / −240	−65 / −117	−20 / −41	−7 / −20	0 / −13	0 / −21	0 / −52	0 / −130	+15 / +2	+28 / +15	+35 / +22	+48 / +35	+61 / +48
30	40	−120 / −280	−80 / −142	−25 / −50	−9 / −25	0 / −16	0 / −25	0 / −62	0 / −160	+18 / +2	+33 / +17	+42 / +26	+59 / +43	+76 / +60
40	50	−130 / −290	−80 / −142	−25 / −50	−9 / −25	0 / −16	0 / −25	0 / −62	0 / −160	+18 / +2	+33 / +17	+42 / +26	+59 / +43	+86 / +70
50	65	−140 / −330	−100 / −174	−30 / −60	−10 / −29	0 / −19	0 / −30	0 / −74	0 / −190	+21 / +2	+39 / +20	+51 / +32	+72 / +53	+106 / +87
65	80	−150 / −340	−100 / −174	−30 / −60	−10 / −29	0 / −19	0 / −30	0 / −74	0 / −190	+21 / +2	+39 / +20	+51 / +32	+78 / +59	+121 / +102
80	100	−170 / −390	−120 / −207	−36 / −71	−12 / −34	0 / −22	0 / −35	0 / −87	0 / −220	+25 / +3	+45 / +23	+59 / +37	+93 / +71	+146 / +124
100	120	−180 / −400	−120 / −207	−36 / −71	−12 / −34	0 / −22	0 / −35	0 / −87	0 / −220	+25 / +3	+45 / +23	+59 / +37	+101 / +79	+166 / +144
120	140	−200 / −450	−145 / −245	−43 / −83	−14 / −39	0 / −25	0 / −40	0 / −100	0 / −250	+28 / +3	+52 / +27	+68 / +43	+117 / +92	+195 / +170
140	160	−210 / −460	−145 / −245	−43 / −83	−14 / −39	0 / −25	0 / −40	0 / −100	0 / −250	+28 / +3	+52 / +27	+68 / +43	+125 / +100	+215 / +190
160	180	−230 / −480	−145 / −245	−43 / −83	−14 / −39	0 / −25	0 / −40	0 / −100	0 / −250	+28 / +3	+52 / +27	+68 / +43	+133 / +108	+235 / +210
180	200	−240 / −530	−170 / −285	−50 / −96	−15 / −44	0 / −29	0 / −46	0 / −115	0 / −290	+33 / +4	+60 / +31	+79 / +50	+151 / +122	+265 / +236
200	225	−260 / −550	−170 / −285	−50 / −96	−15 / −44	0 / −29	0 / −46	0 / −115	0 / −290	+33 / +4	+60 / +31	+79 / +50	+159 / +130	+287 / +258
225	250	−280 / −570	−170 / −285	−50 / −96	−15 / −44	0 / −29	0 / −46	0 / −115	0 / −290	+33 / +4	+60 / +31	+79 / +50	+169 / +140	+313 / +284
250	280	−300 / −620	−190 / −320	−56 / −108	−17 / −49	0 / −32	0 / −52	0 / −130	0 / −320	+36 / +4	+66 / +34	+88 / +56	+190 / +158	+347 / +315
280	315	−330 / −650	−190 / −320	−56 / −108	−17 / −49	0 / −32	0 / −52	0 / −130	0 / −320	+36 / +4	+66 / +34	+88 / +56	+202 / +170	+382 / +350
315	355	−360 / −720	−210 / −350	−62 / −119	−18 / −54	0 / −36	0 / −57	0 / −140	0 / −360	+40 / +4	+73 / +37	+98 / +62	+226 / +190	+426 / +390
355	400	−400 / −760	−210 / −350	−62 / −119	−18 / −54	0 / −36	0 / −57	0 / −140	0 / −360	+40 / +4	+73 / +37	+98 / +62	+244 / +208	+471 / +435

（续）

公称尺寸 mm 大于	至	c 11	d 9	f 7	g 6	h 6	h 7	h 9	h 11	k 6	n 6	p 6	s 6	u 6
400	450	−440 −840	−230 −385	−68 −131	−20 −60	0 −40	0 −63	0 −155	0 −400	+45 +5	+80 +40	+108 +68	+272 +232	+530 +490
450	500	−480 −880											+292 +252	+580 +540

附表 21　优先及常用孔公差带及其极限偏差（摘自 GB/T 1800.2—2009）

（单位：μm）

公称尺寸 mm 大于	至	C 11	D 9	F 8	G 7	H 7	H 8	H 9	H 11	K 7	N 7	P 7	S 7	U 7
—	3	+120 +60	+45 +20	+20 +6	+12 +2	+10 0	+14 0	+25 0	+60 0	0 −10	−4 −14	−6 −16	−14 −24	−18 −28
3	6	+145 +70	+60 +30	+28 +10	+16 +4	+12 0	+18 0	+30 0	+75 0	+3 −9	−4 −16	−8 −20	−15 −27	−19 −31
6	10	+170 +80	+76 +40	+35 +13	+20 +5	+15 0	+22 0	+36 0	+90 0	+5 −10	−4 −19	−9 −24	−17 −32	−22 −37
10	14	+205 +95	+93 +50	+43 +16	+24 +6	+18 0	+27 0	+43 0	+110 0	+6 −12	−5 −23	−11 −29	−21 −39	−26 −44
14	18													
18	24	+240 +110	+117 +65	+53 +20	+28 +7	+21 0	+33 0	+52 0	+130 0	+6 −15	−7 −28	−14 −35	−27 −48	−33 −54
24	30													−40 −61
30	40	+280 +120	+142 +80	+64 +25	+34 +9	+25 0	+39 0	+62 0	+160 0	+7 −18	−8 −33	−17 −42	−34 −59	−51 −76
40	50	+290 +130												−61 −86
50	65	+330 +140	+174 +100	+76 +30	+40 +10	+30 0	+46 0	+74 0	+190 0	+9 −21	−9 −39	−21 −51	−42 −72	−76 −106
65	80	+340 +150											−48 −78	−91 −121
80	100	+390 +170	+207 +120	+90 +36	+47 +12	+35 0	+54 0	+87 0	+220 0	+10 −25	−10 −45	−24 −59	−58 −93	−111 −146
100	120	+400 +180											−66 −101	−131 −166
120	140	+450 +200	+245 +145	+106 +43	+54 +14	+40 0	+63 0	+100 0	+250 0	+12 −28	−12 −52	−28 −68	−77 −117	−155 −195
140	160	+460 +210											−85 −125	−175 −215
160	180	+480 +230											−93 −133	−195 −235

（续）

公称尺寸 mm		公差带											
		C	D	F	G	H				K	N	P	S	U
大于	至	11	9	8	7	7	8	9	11	7	7	7	7	7
180	200	+530 +240											−105 −151	−219 −265
200	225	+550 +260	+285 +170	+122 +50	+61 +15	+46 0	+72 0	+115 0	+290 0	+13 −33	−14 −60	−33 −79	−113 −159	−241 −287
225	250	+570 +280											−123 −169	−267 −313
250	280	+620 +300	+320 +190	+137 +56	+69 +17	+52 0	+81 0	+130 0	+320 0	+16 −36	−14 −66	−36 −88	−138 −190	−295 −347
280	315	+650 +330											−150 −202	−330 −382
315	355	+720 +360	+350 +210	+151 +62	+75 +18	+57 0	+89 0	+140 0	+360 0	+17 −40	−16 −73	−41 −98	−169 −226	−369 −426
355	400	+760 +400											−187 −244	−414 −471
400	450	+840 +440	+385 +230	+165 +68	+83 +20	+63 0	+97 0	+155 0	+400 0	+18 −45	−17 −80	−45 −108	−209 −272	−467 −530
450	500	+880 +480											−229 −292	−517 −580

附录 D 常用的零件结构要素

附表 22 零件倒圆与倒角（GB/T 6403.4—2008） （单位：mm）

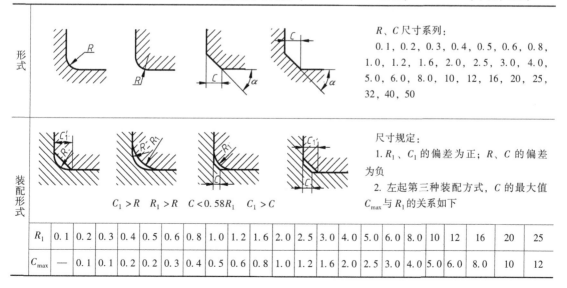

R、C尺寸系列：
0.1，0.2，0.3，0.4，0.5，0.6，0.8，1.0，1.2，1.6，2.0，2.5，3.0，4.0，5.0，6.0，8.0，10，12，16，20，25，32，40，50

尺寸规定：
1. R_1、C_1 的偏差为正；R、C 的偏差为负
2. 左起第三种装配方式，C 的最大值 C_{max} 与 R_1 的关系如下

$C_1 > R$ $R_1 > R$ $C < 0.58R_1$ $C_1 > C$

R_1	0.1	0.2	0.3	0.4	0.5	0.6	0.8	1.0	1.2	1.6	2.0	2.5	3.0	4.0	5.0	6.0	8.0	10	12	16	20	25
C_{max}	—	0.1	0.1	0.2	0.2	0.3	0.4	0.5	0.6	0.8	1.0	1.2	1.6	2.0	2.5	3.0	4.0	5.0	6.0	8.0	10	12

附表 23 砂轮越程槽（摘自 GB/T 6403.5—2008）　　　　　（单位：mm）

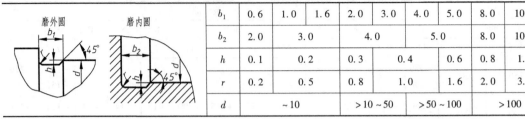

b_1	0.6	1.0	1.6	2.0	3.0	4.0	5.0	8.0	10.0
b_2	2.0	3.0			4.0		5.0	8.0	10.0
h	0.1	0.2		0.3		0.4	0.6	0.8	1.2
r	0.2	0.5		0.8		1.0	1.6	2.0	3.0
d		~10			>10~50		>50~100		>100

注：1. 越程槽内二直线相交处，不允许产生尖角。

　　2. 越程槽深度 h 与圆弧半径 r，要满足 $r \leqslant 3h$。

　　3. 磨削具有数个直径的工件时，可使用同一规格的越程槽。

　　4. 直径 d 值大的零件，允许选择小规格的砂轮越程槽。

　　5. 砂轮越程槽的尺寸公差和表面粗糙度根据该零件的结构、性能确定。

附录 E　常用材料及热处理名词解释

附表 24　常用钢材

名称	钢号		主要用途	说明
碳素结构钢	Q215-A		受力不大的铆钉、螺钉、轮轴、凸轮、焊件、渗碳件	Q 表示屈服点，数字表示屈服点数值，A、B 等表示质量等级
	Q235-A		螺栓、螺母、拉杆、钩、连杆、楔、轴、焊件	
	Q235-B		金属构造物中一般机件、拉杆、轴、焊件	
	Q255-A		重要的螺钉、拉杆、钩、楔、连杆、轴、销、齿轮	
	Q275		键、牙嵌离合器、链板、闸带、受大静载荷的齿轮轴	
优质碳素结构钢	08F		要求可塑性好的零件：管子、垫片、渗碳片、氰化件	1. 数字表示钢中平均含碳量的万分数，例如 45 表示平均含碳量为 0.45% 2. 序号表示抗拉强度、硬度依次增加，延伸率依次降低
	15		渗碳件、紧固件、冲模锻件、化工容器	
	20		杠件、轴套、钩、螺钉、渗碳件与氰化件	
	25		轴、辊子、连接器、紧固件中的螺栓、螺母	
	30		曲轴、转轴、轴销、连轩、横梁、星轮	
	35		曲轴、摇杆、拉杆、键、销、螺栓、转轴	
	40		齿轮、齿条、链轮、凸轮、轧辊、曲柄轴	
	45		齿轮、轴、联轴器、衬套、活塞销、链轮	
	50		活塞杆、齿轮、不重要的弹簧	
	55		齿轮、连杆、扁弹簧、轧辊、偏心轮、轮圈、轮缘	
	60		叶片、弹簧	
	30Mn		螺栓、杠杆、制动板	含锰量 0.7%~1.2% 的优质碳素钢
	40Mn		用于承受疲劳载荷零件：轴、曲轴、万向联轴器	
	50Mn		用于高负荷下耐磨的热处理零件：齿轮、凸轮、摩擦片	
	60Mn		弹簧、发条	
合金结构钢	铬钢	15Cr	渗碳齿轮、凸轮、活塞销、离合器	1. 合金结构钢前面两位数字表示钢中含碳量的万分数 2. 合金元素以化学符号表示 3. 合金元素含量小于 1.5% 时，仅注出元素符号
		20Cr	较重要的渗碳件	
		30Cr	重要的调质零件：轮轴、齿轮、摇杆、重要的螺栓、滚子	
		40Cr	较重要的调质零件：齿轮、进气阀、辊子、轴	
		45Cr	强度及耐磨性高的轴、齿轮、螺栓	
	铬锰钛钢	20CrMnTi	汽车上的重要渗碳件：齿轮	
		30CrMnTi	汽车、拖拉机上强度特高的渗碳齿轮	

（续）

名称	钢　号	主 要 用 途	说　明
铸钢	ZG230-450	机座、箱体、支架	ZG 表示铸钢，数字表屈服点及抗拉强度（MPa）
	ZG310-570	齿轮、飞轮、机架	

附表 25　常用铸铁

名称	牌　号	硬度（HBW）	主 要 用 途	说　明
灰铸铁	HT100	114～173	机床中受轻负荷，磨损无关重要的铸件，如托盘、把手、手轮等	HT 是灰铸铁代号，其后数字表示抗拉强度（MPa）
	HT150	132～197	承受中等弯曲应力，摩擦面间压强高于 500MPa 的铸件，如机床底座、工作台、汽车变速箱、泵体、阀体、阀盖等	
	HT200	151～229	承受较大弯曲应力，要求保持气密性的铸件，如机床立柱、刀架、齿轮箱体、床身、液压缸、泵体、阀体、带轮、轴承盖和架等	
	HT250	180～269	承受高弯曲应力、拉应力，要求高度气密性的铸件，如阀体、液压缸、气缸、联轴器、机体、齿轮、齿轮箱外壳、飞轮、衬筒、凸轮、轴承座等	
	HT300	207～313	承受高弯曲应力、拉应力，要求高度气密性的铸件，如高压液压缸、泵体、阀体、汽轮机隔板等	
	HT350	238～357	轧钢滑板、辊子、炼焦柱塞等	
球墨铸铁	QT400-15	130～180	韧性高，低温性能好，且有一定的耐蚀性，用于制作汽车、拖拉机中的轮毂、壳体、离合器拨叉等	QT 为球磨铸铁代号，其后第一组数字表示抗拉强度（MPa），第二组数字表示延伸率（%）
	QT400-18	130～180		
	QT500-7	170～230	具有中等强度和韧性，用于制作内燃机中液压泵齿轮、汽轮机的中温气缸隔板、水轮机阀门体等	
	QT450-10	160～210		
	QT600-3	190～270		
可锻铸铁	KTH300-06	≤150	用于承受冲击、振动等零件，如汽车零件、机床附件、各种管接头、低压阀门、曲轴和连杆等	KTH、KTZ、KTB 分别为黑心、珠光体、白心可锻铸铁代号，其后第一组数字表示抗拉强度（MPa），第二组数字表示延伸率（%）
	KTH350-10	≤150		
	KTZ450-06	150～200		
	KTB400-05	≤220		

附表 26　常用有色金属及其合金

名称或代号	牌　号	主 要 用 途	说　明
62 黄铜	H62	散热器、垫圈、弹簧、各种网、螺钉及其他零件	H 表示黄铜，字母后的数字表示含铜的平均百分数
40-2 锰黄铜	ZCuZn40Mn2	轴瓦、衬套及其他减磨零件	Z 表示铸造，字母后的数字表示含铜、锰、锌的平均百分数
5-5-5 锡青铜	ZCuSn5PbZn5	在较高负荷和中等滑动速度下工作的耐磨、耐蚀零件	字母后的数字表示含锡、铅、锌的平均百分数
9-2 铝青铜	ZCuAl9Mn2	耐蚀、耐磨零件，要求气密性高的铸件，高强度、耐磨、耐蚀零件及 250℃ 以下工作的管配件	字母后的数字表示含铝、锰或铁的平均百分数
10-3 铝青铜	ZCuAl10Fe3		

（续）

名称或代号	牌　号	主 要 用 途	说　　明
17-4-4 铅青铜	ZCuPb17Sn4Zn4	高滑动速度的轴承和一般耐磨件等	字母后的数字表示含铅、锡、锌的平均百分数
ZL201（铝铜合金） ZL301（铝铜合金）	ZAlCu5Mn ZAlCuMg10	用于铸造形状较简单的零件，如支臂、挂架梁等 用于铸造小型零件，如海轮配件、航空配件等	
硬铝	LY12	高强度硬铝，适用于制造高负荷零件及构件，但不包括冲压件和锻压件，如飞机骨架等	LY 表示硬铝、数字表示顺序号

附表 27　常用非金属材料

材料名称及标准号	牌　号	主 要 用 途	说　　明
工业用橡胶板	耐酸橡胶板 （GB/T 5574）	2807 2709	具有耐酸碱性能，用作冲制密封性能较好的垫圈	较高硬度 中等硬度
	耐油橡胶板 （GB/T 5574）	3707 3709	可在一定温度的油中工作，适用冲制各种形状的垫圈	较高硬度
	耐热橡胶板 （GB/T 5574）	4708 4710	可在热空气、蒸汽（100℃）中工作，用作冲制各种垫圈和隔热垫板	较高硬度 中等硬度
尼龙	尼龙 66 尼龙 1010		用于制作齿轮等传动零件，有良好的消音性，运转时噪声小	具有高抗拉强度的冲击韧性，耐热（>100℃）、耐弱酸、耐弱碱、耐油性好
耐油橡胶石棉板 （GB/T 539）			供航空发动机的煤油、润滑油及冷气系统结合处的密封衬垫材料	有厚度为 0.4~3.0mm 的十种规格
毛毡 （FZ/T 25001—2012）			用作密封、防漏油、防震、缓冲衬垫等，按需选用细毛、半粗毛、粗毛	厚度为 1~30mm
有机玻璃板 （GB/T 7134—2008）			适用于耐腐蚀和需要透明的零件，如油标、油杯、透明管道等	耐盐酸、硫酸、草酸、烧碱和纯碱等一般碱性及二氧化碳、臭氧等腐蚀

附表 28　热处理名词解释

名　　词	代号及标注示例	说　　明	应　　用
退火	Th	将钢件加热至临界温度以上（一般是 710~715℃，个别合金钢 800~900℃）30~50℃，保温一段时间，然后缓慢冷却	用来消除铸、锻、焊零件的内应力，降低硬度，便于切削加工、细化金属晶粒，改善组织、增加韧性
正火	Z	将钢件加热到临界温度以上，保温一段时间，然后用空气冷却，冷却速度比退火快	用来处理低碳和中碳结构钢及渗碳零件，使其组织细化，增加强度与韧性，减少内应力，改善切削性能
淬火	C C48：淬火回火至 45~50HRC	将钢件加热到临界温度以上，保温一段时间，然后在水、盐水或油中急速冷却，使其得到高硬度	用来提高钢的硬度和强度极限，但淬火会引起内应力，使钢变脆，所以淬火后必须回火
回火	回火	回火是将淬硬的钢件加热到临界点以下的温度，保温一段时间，然后在空气中或油中冷却下来	用来消除淬火后的脆性和内应力，提高钢的塑性和冲击韧性

（续）

名　词		代号及标注示例	说　明	应　用
调质		T T235：调质处理至 220～250HBW	淬火后在 450～650℃ 进行高温回火，称为调质	用来使钢获得高的韧性和足够的强度，重要的齿轮、轴及丝杆等零件需经调质处理
表面淬火	火焰淬火	H54：火焰淬火后，回火至 50～55HRC	用火焰或高频电流，将零件表面迅速加热至临界温度以上，急速冷却	使零件表面获得高硬度，而心部保持一定的韧性，使零件既耐磨又能承受冲击，表面淬火常用来处理齿轮等
	高频淬火	G52：高频淬火后，回火到 50～55HRC		
渗碳淬火		S0.5—C59：渗碳层深 0.5mm，淬火硬度 56～62HRC	在渗碳剂中将钢件加热到 900～950℃，停留一定时间，将碳渗入钢表面，深度约 0.5～2mm，再淬火后回火	增加钢件的耐磨性能、表面硬度、抗拉强度和疲劳极限，适用于低碳、中碳（含量＜0.40%）结构钢的中小型零件
氮化		D0.3—900：氮化层深度 0.3mm，硬度大于 850HV	氮化是在 500～600℃ 通入氮的炉子内加热，向钢的表面渗入氮原子的过程，氮化层为 0.025～0.8mm，氮化时间需 40～50 小时	增加钢件的耐磨性能、表面硬度、疲劳极限和抗蚀能力，适用于合金钢、碳钢、铸铁件，如机床主轴、丝杆以及在潮湿碱小和燃烧气体介质的环境中工作的零件
氰化		Q59：氰化淬火后，回火至 5662HRC	在 820～860℃ 炉内通入碳和氮，保温 1～2 小时，使钢件的表面同时渗入碳、氮原子，可得到 0.2～0.5mm 的氰化层	增加表面硬度、耐磨性、疲劳强度和耐蚀性，用于要求硬度高、耐磨的中、小型及薄片零件和刀具等
时效		时效处理	低温回火后、精加工之前，加热到 100～160℃，保持 10～40 小时，对铸件也可用天然时效（放在露天中一年以上）	使工件消除内应力和稳定形状，用于量具、精密丝杆、床身导轨、床身等
发蓝发黑		发蓝或发黑	将金属零件放在很浓的碱和氧化剂溶液中加热氧化，使金属表面形成一层氧化铁所组成的保护性薄膜	防腐蚀、美观，用于一般连接的标准件和其他电子类零件
硬度		HBW（布氏硬度）	材料抵抗硬的物体压入其表面的能力称硬度，根据测定的方法不同，可分布氏硬度、洛氏硬度和维氏硬度 硬度的测定是检验材料经热处理后的机械性能	用于退火、正火、调质的零件及铸件的硬度检验
		HRC（洛氏硬度）		用于经淬火、回火及表面渗碳、渗氮等处理的零件硬度检验
		HV（维氏硬度）		用于薄层硬化零件的硬度检验

参 考 文 献

[1] 吴艳萍. 机械制图 [M]. 北京：机械工业出版社, 2013.

[2] 涂晶洁. 机械制图（项目式教学）[M]. 北京：机械工业出版社, 2013.

[3] 王槐德. 机械制图新旧标准代换教程 [M]. 修订版. 北京：中国标准出版社, 2008.

[4] 王晓青, 范冬英. 工程制图 [M]. 北京：机械工业出版社, 2013.

[5] 管巧娟. 构形基础与机械制图 [M]. 北京：机械工业出版社, 2013.

[6] 袁理丁, 王建. 机械制图实验教程 [M]. 北京：高等教育出版社, 2015.

[7] 金大鹰. 机械制图 [M]. 2 版. 北京：机械工业出版社, 2015.